国家级规划教材配套参考书

物理化学学习指导

王淑兰　霍玉秋　边立君　编著

北　京
冶金工业出版社
2013

内容提要

本书为普通高等教育“十一五”国家级规划教材《物理化学》(第4版)(冶金工业出版社，2013)的配套参考书，全书共11章，由主要公式、教材习题解答、补充习题（附答案）、模拟试卷（附答案）等部分组成，旨在帮助读者掌握知识要点，巩固所学知识，提高学习能力。

本书可作为高等院校物理化学课程的同步辅导书，也可作为研究生入学考试的复习资料。

图书在版编目(CIP)数据

物理化学学习指导/王淑兰，霍玉秋，边立君编著．—北京：冶金工业出版社，2013.8

国家级规划教材配套参考书

ISBN 978-7-5024-6347-2

Ⅰ.①物… Ⅱ.①王… ②霍… ③边… Ⅲ.①物理化学—高等学校—教学参考资料 Ⅳ.①O64

中国版本图书馆 CIP 数据核字(2013)第160219号

出 版 人 谭学余
地　　址 北京北河沿大街嵩祝院北巷39号，邮编 100009
电　　话 (010)64027926 电子信箱 yjcbs@cnmip.com.cn
责任编辑 谢冠伦 美术编辑 彭子赫 版式设计 葛新霞
责任校对 卿文春 责任印制 牛晓波
ISBN 978-7-5024-6347-2
冶金工业出版社出版发行；各地新华书店经销；北京虎彩文化传播有限公司印刷
2013年8月第1版，2013年8月第1次印刷
169mm×239mm；14.25印张；275千字；219页
26.00元

冶金工业出版社投稿电话：(010)64027932 投稿信箱：tougao@cnmip.com.cn
冶金工业出版社发行部 电话：(010) 64044283 传真：(010)64027893
冶金书店 地址：北京东四西大街46号(100010) 电话：(010)65289081(兼传真)

前　言

由东北大学王淑兰主编的《物理化学》(第4版)(冶金工业出版社，2013)是一本很受读者欢迎的优秀教材，已被全国多所高等院校冶金工程、材料科学与工程、材料加工、矿物加工、化学工程与工艺等专业选用。

经验证明，通过适量的习题练习，可以加深对物理化学的理解和应用；同时为了帮助学生解决学习中经常遇到的问题，东北大学物理化学教研室精心编写了《物理化学学习指导》一书。

本书是在高等学校规划教材《物理化学习题解答》(冶金工业出版社，2009) 的基础上修订而成的，本次修订修改了原习题解答中的错误，以最新版教材的内容为依据，对教材中的主要公式进行了补充归纳，并对教材中的所有习题进行了全面解答；在附录中还增加了五套模拟试卷，可以帮助读者检验学习成果。

本书共11章，1~3章及模拟试卷由霍玉秋编写，8~10章由边立君编写，其余章节由王淑兰编写。全书的统稿工作由王淑兰负责。

由于作者水平所限，书中不足之处，恳请读者批评指正。

作　者
2013年5月

目　录

1 热力学第一定律

1.1 主要公式

（1）体积功：

$$W = -p_{\text{ex}}\Delta V \tag{1-1}$$

式中，p 为环境压力。

（2）热力学第一定律：

$$\Delta U = Q + W \tag{1-2}$$

$$\mathrm{d}U = \delta Q + \delta W \tag{1-3}$$

$$\mathrm{d}U = \delta Q - p\mathrm{d}V + \delta W' \tag{1-4}$$

热力学第一定律中的加号是由功的正负号的规定决定的。当系统得到功为正功时，就取加号。

（3）理想气体的焓变：

$$H = U + pV \tag{1-5}$$

$$\Delta H = \Delta U + \Delta(pV) = \Delta U + \Delta(nRT) = \Delta U + nR\Delta T \tag{1-6}$$

（4）恒容热及恒容热容：

$$\delta Q_V = \mathrm{d}U,\quad Q_V = \Delta U \tag{1-7}$$

$$C_V(T) = \frac{\delta Q_V}{\mathrm{d}T} = \left(\frac{\partial U}{\partial T}\right)_V,\quad Q_V = \Delta U = \int_{T_1}^{T_2} nC_{V,\mathrm{m}}\mathrm{d}T \tag{1-8}$$

（5）恒压热及恒压热容：

$$\delta Q_p = \mathrm{d}H,\quad Q_p = \Delta H \tag{1-9}$$

$$C_p(T) = \frac{\delta Q_p}{\mathrm{d}T} = \left(\frac{\partial H}{\partial T}\right)_p,\quad Q_p = \Delta H = \int_{T_1}^{T_2} nC_{p,\mathrm{m}}\mathrm{d}T \tag{1-10}$$

（6）热容与温度的关系：

$$C_{p,\mathrm{m}}^{\ominus}(T) = a + bT + c'T^{-2} \tag{1-11}$$

式中，a，b 及 c' 是经验常数。

（7）理想气体恒温可逆功：

$$W_{\mathrm{r}} = -\int_{V_1}^{V_2} \frac{nRT}{V}\mathrm{d}V = -nRT\ln\frac{V_2}{V_1} = nRT\ln\frac{p_2}{p_1} \tag{1-12}$$

（8）理想气体绝热可逆过程方程：

$$\frac{T_2}{T_1} = \left(\frac{V_2}{V_1}\right)^{1-\gamma} \tag{1-13}$$

$$\frac{T_2}{T_1} = \left(\frac{p_2}{p_1}\right)^{1-\frac{1}{\gamma}} \tag{1-14}$$

$$p_1 V_1^{\gamma} = p_2 V_2^{\gamma} \tag{1-15}$$

（9）焦汤系数：

$$\mu_{\text{J-T}} = \left(\frac{\partial T}{\partial p}\right)_H \tag{1-16}$$

（10）理想气体恒压热效应与恒容热效应的关系：

$$\Delta_r H_m = \Delta_r U_m + \Delta n_m(RT) \tag{1-17}$$

（11）物质标准摩尔生成焓与反应焓的关系：

$$\Delta_r H_m^{\ominus} = \sum_B \nu_B H_m^{\ominus}(\text{B}) \tag{1-18}$$

即化学反应的标准焓变等于产物的标准摩尔生成焓减去反应物的标准摩尔生成焓。

（12）物质标准摩尔燃烧焓与反应焓的关系：

$$\Delta_r H_m^{\ominus}(T) = \sum_B \nu_B \Delta_c H_m^{\ominus}(B,T) \tag{1-19}$$

即化学反应的标准焓变等于反应物的标准摩尔燃烧焓减去产物的标准摩尔燃烧焓。

（13）基尔霍夫公式：

$$\Delta_r H_m^{\ominus}(T) = \Delta_r H_0 + \int \Delta_r C_{p,m}^{\ominus}(\text{B})\,\mathrm{d}T \tag{1-20}$$

不定积分

$$\Delta_r H_m^{\ominus}(T) = \Delta H_0 + \Delta a T + \frac{1}{2}\Delta b T^2 - \Delta c' \frac{1}{T} \tag{1-21}$$

相变过程

$$\Delta_r H_m^{\ominus}(T) = \Delta_r H_m^{\ominus}(T_1) \pm \Delta_{相变} H_m + \int_{T_1}^{T_{相变}} \Delta_r C_{p,m,\text{I}}^{\ominus}(\text{B})\,\mathrm{d}T + \int_{T_{相变}}^{T_2} \Delta_r C_{p,m,\text{II}}^{\ominus}(\text{B})\,\mathrm{d}T \tag{1-22}$$

式中，$T_{相变}$ 为相变温度；$\Delta_{相变}H_m$ 为摩尔相变焓。若产物发生相变，则 $\Delta_{相变}H_m$ 取“+”号；若反应物发生相变，则 $\Delta_{相变}H_m$ 取“-”号。

1.2　教材习题解答

1-1　某系统在压力 100kPa 下，恒压可逆膨胀，体积增大 5L，计算所做的功。

解：根据可逆膨胀过程体积功的公式，直接计算得到

$$W = -p\Delta V = -100\times 10^3\text{Pa}\times 5\times 10^{-3}\text{m}^3 = -500\text{J}$$

1-2 在压力100kPa下，1mol液体苯在其沸点80℃变为蒸气，求Q，W，ΔU，ΔH。设苯蒸气为理想气体，已知苯在沸点时的蒸发热为394.4J·g^{-1}。

解：该反应是可逆的相变过程，

$$\Delta H = Q_p = M_{苯}\,\Delta_{\text{vap}}H = 78\text{g}\cdot\text{mol}^{-1}\times 394.4\text{J}\cdot\text{g}^{-1}$$
$$= 30763.2\text{J}\cdot\text{mol}^{-1} = 30.76\text{kJ}\cdot\text{mol}^{-1}$$
$$W = -p\Delta V \approx -pV(\text{g}) = -n(\text{g})RT$$
$$= -1\text{mol}\times 8.314\text{J}\cdot\text{mol}^{-1}\cdot\text{K}^{-1}\times(273+80)\text{K}$$
$$\approx -2935\text{J} = -2.94\text{kJ}$$
$$\Delta U = Q + W = 30.76\text{kJ} - 2.94\text{kJ} = 27.82\text{kJ}$$

1-3 2mol H_2在0℃，压力为100kPa下恒压可逆膨胀至100L，求Q，W，ΔU，ΔH。

解：H_2在常压下可按理想气体处理，先求出末态温度，再计算ΔU和ΔH。

末态温度

$$T_2 = T_1V_2/V_1 = T_1V_2/(nRT_1/p_1) = (p_1V_2)/(nR)$$
$$= (100\times 10^3\text{Pa}\times 100\times 10^{-3}\text{m}^3)/(2\text{mol}\times 8.314\text{J}\cdot\text{mol}^{-1}\cdot\text{K}^{-1})$$
$$= 601.4\text{K}$$
$$W = -p(V_2-V_1) = -nR\Delta T$$
$$= -2\text{mol}\times 8.314\text{J}\cdot\text{mol}^{-1}\cdot\text{K}^{-1}\times(601.4-273)\text{K}$$
$$\approx -5461\text{J} = -5.46\text{kJ}$$
$$Q = \Delta H = n\times C_{p,\text{m}}(T_2-T_1)$$
$$= 2\text{mol}\times\frac{7}{2}\times 8.314\text{J}\cdot\text{mol}^{-1}\cdot\text{K}^{-1}\times(601.4-273)\text{K}$$
$$\approx -19112\text{J} = 19.11\text{kJ}$$
$$\Delta U = Q + W = 19.11\text{kJ} - 5.46\text{kJ} = 13.65\text{kJ}$$

1-4 已知在温度25℃，压力100kPa下，反应$Ag+\frac{1}{2}Cl_2 = AgCl$在烧杯中直接进行，放热127.03kJ。若将此反应组装成原电池，在上述条件下进行反应，则除了做膨胀功外，还对外做电功109.60kJ，求在电池做功的同时，放出多少热。

解：相同始末态经历两个途径，ΔU相同，Q、W不同。

途径Ⅰ：在烧杯中进行反应

$$\Delta U_1 = Q_1 + W_1$$

途径Ⅱ：在原电池中进行反应

$$\Delta U_2 = Q_2 + W_2 = Q_2 + W_1 + W'$$

式中，W_1为体积功；W'为非体积功。

由　　$\Delta U_1 = \Delta U_2$

则　　$Q_1 = Q_2 + W'$

$$Q_2 = Q_1 - W' = -127.03\text{kJ} - (-109.6\text{kJ})$$
$$= -17.43\text{kJ}$$

1-5　计算1mol铅由25℃加热到300℃时所吸收的热。

解： 无非体积功的恒压过程，$Q_p = \Delta H$。

查表得　$C_{p,\text{m}}(\text{铅}) = (23.55 + 9.74\times10^{-3}T)\text{J}\cdot\text{mol}^{-1}\cdot\text{K}^{-1}$

$$\Delta H = \int_{T_1}^{T_2} nC_{p,\text{m}}\text{d}T = n\int_{298}^{573}(23.55 + 9.74\times10^{-3}T)\text{d}T$$
$$= 1\text{mol}\times[23.55\text{J}\cdot\text{mol}^{-1}\cdot\text{K}^{-1}\times(573-298)\text{K} + 9.74\times10^{-3}\text{J}\cdot\text{mol}^{-1}\cdot\text{K}^{-2}\times(573^2-298^2)\text{K}^2/2]$$
$$\approx 7640\text{J} = 7.64\text{kJ}$$

1-6　竖罐炼锌时，锌蒸气由1100℃进入450℃的冷凝室被冷凝成锌液。求冷凝每1kg锌蒸气所放出的热。

解： 对无非体积功的恒压过程，$Q_p = \Delta H$。

由于锌的沸点是911℃，所以设计下列几步恒压过程：

$$\underset{1373\text{K}}{\text{Zn(g)}} \xrightarrow{\Delta H_1} \underset{1184\text{K}}{\text{Zn(g)}} \xrightarrow{-\Delta H_\text{v}} \underset{1184\text{K}}{\text{Zn(l)}} \xrightarrow{\Delta H_2} \underset{723\text{K}}{\text{Zn(l)}}$$

查表得

$$\Delta H_\text{v} = 115.1\text{kJ}\cdot\text{mol}^{-1}$$
$$C_{p,\text{m}}(\text{g}) = 20.79\text{J}\cdot\text{mol}^{-1}\cdot\text{K}^{-1},\quad C_{p,\text{m}}(\text{l}) = 31.38\text{J}\cdot\text{mol}^{-1}\cdot\text{K}^{-1}$$
$$M(\text{Zn}) = 65.4\text{g}\cdot\text{mol}^{-1}$$

$$\Delta H = \Delta H_1 - \Delta H_\text{v} + \Delta H_2$$
$$= (1000\text{g}/65.4\text{g}\cdot\text{mol}^{-1})\times\left[\int_{1373}^{1184}C_{p,\text{m}}(\text{g})\text{d}T - \Delta H_\text{v} + \int_{1184}^{723}C_{p,\text{m}}(\text{l})\text{d}T\right]$$
$$= (1000\text{g}/65.4\text{g}\cdot\text{mol}^{-1})\times[20.79\text{J}\cdot\text{mol}^{-1}\cdot\text{K}^{-1}(1184-1373)\text{K} - 115100\text{J}\cdot\text{mol}^{-1} + 31.38\text{J}\cdot\text{mol}^{-1}\cdot\text{K}^{-1}(723-1184)\text{K}]$$
$$\approx -2041\times10^3\text{J} = -2041\text{kJ}$$

1-7　1mol单原子理想气体，温度为25℃，压力为100kPa，经两种过程达到同一末态：(1) 恒压加热，温度上升到1217℃，然后再经恒容降温到25℃。(2) 恒温可逆膨胀到20.26kPa。分别计算两个过程的ΔH，ΔU，W，Q。

解： (1) 恒压过程

$Q_p = \Delta H = nC_{p,\mathrm{m}}\Delta T_1 = 1\mathrm{mol} \times (5/2) \times 8.314\mathrm{J \cdot mol^{-1} \cdot K^{-1}} \times (1490 - 298)\mathrm{K}$

恒容过程

$Q_V = \Delta U = nC_{V,\mathrm{m}}\Delta T_2 = 1\mathrm{mol} \times (3/2) \times 8.314\mathrm{J \cdot mol^{-1} \cdot K^{-1}} \times (298 - 1490)\mathrm{K}$

$Q_1 = Q_p + Q_V = 1\mathrm{mol} \times (5/2 - 3/2) \times 8.314\mathrm{J \cdot mol^{-1} \cdot K^{-1}} \times (1490 - 298)\mathrm{K}$

$\approx 9.91 \times 10^3\mathrm{J} = 9.91\mathrm{kJ}$

理想气体的 ΔU、ΔH 只与温度有关，系统状态变化后，温度不变，即

$$\Delta U_1 = 0 \qquad \Delta H_1 = 0$$

$$W_1 = \Delta U_1 - Q_1 = -9.91\mathrm{kJ}$$

$$Q_1 = 9.91\mathrm{kJ}$$

（2）$\Delta U_2 = 0 \qquad \Delta H_2 = 0$

$W_2 = -nRT\ln(p_1/p_2) = -1\mathrm{mol} \times 8.314\mathrm{J \cdot mol^{-1} \cdot K^{-1}} \times 298\mathrm{K} \times \ln(100/20.26)$

$\approx -3.96 \times 10^3\mathrm{J} = -3.96\mathrm{kJ}$

$Q_2 = \Delta U_2 - W_2 = 3.96\mathrm{kJ}$

1-8 10mol 理想气体，温度为 27℃，压力为 1013kPa。求下列过程中气体所做的功：

（1）在空气中（101.3kPa）体积增大 1L；

（2）在空气中恒温膨胀到压力为 101.3kPa；

（3）恒温可逆膨胀到压力为 101.3kPa。

解：（1）$W_1 = -p_{外}\Delta V = -101.3 \times 10^3\mathrm{Pa} \times 1 \times 10^{-3}\mathrm{m^3} = -101.3\mathrm{J}$

（2）$V_1 = nRT_1/p_1 = 10\mathrm{mol} \times 8.314\mathrm{J \cdot mol^{-1} \cdot K^{-1}} \times 300\mathrm{K}/(1013 \times 10^3\mathrm{Pa})$

$= 24.6 \times 10^{-3}\mathrm{m^3}$

$V_2 = p_1V_1/p_2$

$= 1013 \times 10^3\mathrm{Pa} \times 24.6 \times 10^{-3}\mathrm{m^3}/(101.3 \times 10^3\mathrm{Pa})$

$= 246 \times 10^{-3}\mathrm{m^3}$

$W_2 = -p_{外}(V_2 - V_1)$

$= -101.3 \times 10^3\mathrm{Pa} \times (246 - 24.6) \times 10^{-3}\mathrm{m^3}$

$\approx -22.43 \times 10^3\mathrm{J} = -22.43\mathrm{kJ}$

（3）$W_3 = -nRT\ln\dfrac{V_2}{V_1} = -nRT\ln\dfrac{p_1}{p_2}$

$= -10\mathrm{mol} \times 8.314\mathrm{J \cdot mol^{-1} \cdot K^{-1}} \times 300\mathrm{K} \times \ln\dfrac{1013}{101.3}$

$= -57.43\mathrm{kJ}$

1-9 （1）2mol H_2，温度为 0℃，压力为 100kPa，恒温可逆压缩到 10L，求这一过程所做的功。

（2）从相同的初态，经绝热可逆压缩到 10L，求最后的温度及过程所做的功。

解：（1）$V_1 = nRT_1/p_1 = 2\text{mol} \times 8.314\text{J} \cdot \text{mol}^{-1} \cdot \text{K}^{-1} \times 273\text{K}/100 \times 10^3\text{Pa} = 45.4 \times 10^{-3}\text{m}^3$

$$W_1 = -nRT\ln\frac{V_2}{V_1}$$

$$= -2\text{mol} \times 8.314\text{J} \cdot \text{mol}^{-1} \cdot \text{K}^{-1} \times 273\text{K} \times \ln\frac{10 \times 10^{-3}}{45.4 \times 10^{-3}}$$

$$\approx 6.87 \times 10^3\text{J} = 6.87\text{kJ}$$

（2）$T_1V_1^{\gamma-1} = T_2V_2^{\gamma-1}$

$$T_2 = T_1\left(\frac{V_1}{V_2}\right)^{\gamma-1}$$

$$= 273\text{K}(45.4 \times 10^{-3}\text{m}^3/10 \times 10^{-3}\text{m}^3)^{1.40-1}$$

$$= 500\text{K}$$

$$W_2 = \Delta U_2 = \int_{T_1}^{T_2} nC_{V,\text{m}}\text{d}T = 2 \times \frac{5R}{2}(T_2 - T_1)$$

$$= 5\text{mol} \times 8.314\text{J} \cdot \text{mol}^{-1} \cdot \text{K}^{-1} \times (500 - 273)\text{K}$$

$$\approx 9.436 \times 10^3\text{J} = 9.436\text{kJ}$$

1-10 下列几种说法是否有误，请予指出：

（1）因为热力学能（内能）和焓是状态函数，而恒容过程 $Q_V = \Delta U$，恒压过程 $Q_p = \Delta H$，所以 Q_V 和 Q_p 也是状态函数；

（2）由于绝热过程 $Q = 0$，$\Delta U = W$，所以 W 也是状态函数。

答：（1）错。封闭系统发生无非体积功的恒容、恒压过程时，$Q_V = \Delta U$，$Q_p = \Delta H$，并不代表 Q_V 和 Q_p 是状态函数。

（2）错。在绝热过程中，系统内能变化等于和环境交换的功，即 $\Delta U = W$。不代表 W 是状态函数。

1-11 在一个绝热密闭（容积不变）的反应器中，通一电火花（设电火花的能量可以不计），使下列物质反应

（1）$H_2 + Cl_2 = 2HCl$；

（2）$2C_6H_5CO_2H(s) + 15O_2 = 14CO_2 + 6H_2O(g)$。

由于过程是绝热恒容的，所以 $Q = 0$，$W = 0$，$\Delta U = 0$，$\Delta H = 0$，这个结论对吗？

解：（1）$Q = 0$，$W = 0$，$\Delta U = 0$

$$\Delta H = \Delta U + \Delta(pV) = \Delta U + \Delta nRT = \Delta U = 0$$

所以，结论对。

（2）$Q = 0$，$W = 0$，$\Delta U = 0$

$$\Delta H = \Delta U + \Delta(pV) = \Delta U + \Delta nRT = \Delta U + (20 - 15)RT = 5RT \neq 0$$

所以，结论不对。

1-12 一个绝热气缸，带有一理想的无摩擦、无质量的绝热活塞（见图 1-1）。气缸内盛有一定量的 H_2 和 O_2 混合气体，若通一电火花引爆，系统经一恒压膨胀过程 $\Delta H = Q_p$，又因是绝热系统 $Q_p = 0$，故 $\Delta H = 0$。

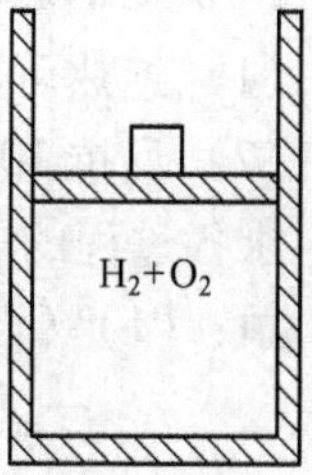

图 1-1 题 1-12

若：（1）不考虑电火花的能量；

（2）考虑电火花的能量。

试分析这两种情况下，上述结论对吗？

答：（1）对。$W' = 0$，$\Delta H = Q_p$ 成立。

绝热过程 $Q_p = 0$，得 $\Delta H = 0$。

（2）不对。$W' \neq 0$，$\Delta H = Q_p$ 不成立。

$Q_p = 0$，$\Delta H \neq 0$。

1-13 有一绝热密闭容器（见图 1-2），带有理想的（无摩擦、无质量）活塞，活塞的左边盛空气，右边为真空。

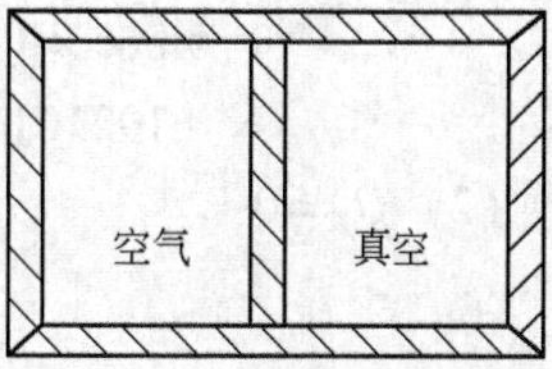

图 1-2 题 1-13

（1）若将销子拔掉，则空气向真空膨胀，问过程的 Q，W，ΔU 分别为多少？

（2）如（1），膨胀后，再将活塞推回原位置，问过程的 Q，W，ΔU 为正、为负还是为零？

（3）活塞回到原位置时，系统和环境是否恢复原状态？

解：（1）$W = 0$，$Q = 0$，$\Delta U = 0$；

（2）$Q = 0$，$W > 0$，$\Delta U = W > 0$；

（3）系统与环境都不能复原。

1-14 在图 1-2 所示的容器中，中间设一隔板，隔板左右两边分别盛等量的 H_2 和 N_2，将隔板抽掉后，过程的 Q，W，ΔU 为正、为负还是为零？

解：以整个容器内的气体为系统，$W = 0$，$Q = 0$，$\Delta U = 0$。

1-15 证明理想气体绝热可逆过程的功为：$W = \dfrac{p_1 V_1 - p_2 V_2}{\gamma - 1}$。

解：由理想气体绝热可逆过程方程 $pV^\gamma = C$（常数）

得可逆功

$$W = -\int_{V_1}^{V_2} p\mathrm{d}V = -\int_{V_1}^{V_2} \frac{C}{V^\gamma}\mathrm{d}V = \frac{1}{1-\gamma}\left(\frac{CV_2}{V_2^\gamma} - \frac{CV_1}{V_1^\gamma}\right)$$

将 $p = \dfrac{C}{V^\gamma}$ 代入上式，得

$$W = \frac{1}{1-\gamma}(p_2 V_2 - p_1 V_1) = \frac{1}{\gamma - 1}(p_1 V_1 - p_2 V_2)$$

1-16 5mol 双原子分子理想气体在0℃，压力1013kPa下进行下列过程：
（1）绝热可逆膨胀至101.3kPa；
（2）反抗101.3kPa恒定外压做绝热膨胀。
求各过程的 W，Q，ΔU，ΔH。

解：（1）$Q_1 = 0$

$$T_2 = (p_1/p_2)^{\frac{1-\gamma}{\gamma}} T_1 = 10^{-\frac{0.4}{1.4}} \times 273\text{K} = 141\text{K}$$

$$\Delta U_1 = nC_{V,\text{m}}(T_2 - T_1)$$
$$= 5\text{mol} \times \frac{5}{2} \times 8.314\text{J} \cdot \text{mol}^{-1} \cdot \text{K}^{-1} \times (141 - 273)\text{K}$$
$$= -13720\text{J}$$

$$W_1 = \Delta U_1 = -13720\text{J}$$

$$\Delta H_1 = nC_{p,\text{m}}(T_2 - T_1)$$
$$= 5\text{mol} \times (7/2) \times 8.314\text{J} \cdot \text{mol}^{-1} \cdot \text{K}^{-1} \times (141 - 273)\text{K}$$
$$= -19210\text{J}$$

（2）$Q_2 = 0$

$$\Delta U = W$$
$$nC_{V,\text{m}}(T_2 - T_1) = -p_{外}(V_2 - V_1)$$
$$p_{外} = p_2$$

得

$$nC_{V,\text{m}}(T_2 - T_1) = -nRT_2 + nRT_1\left(\frac{p_2}{p_1}\right)$$

$$T_2 = \frac{\left[C_{V,\text{m}} + \left(\frac{p_2}{p_1}\right)R\right]}{C_{V,\text{m}} + R} \times T_1 = \frac{2.6R}{3.5R}T_1 = 203\text{K}$$

$$\Delta U_2 = nC_{V,\text{m}}(T_2 - T_1)$$
$$= 5\text{mol} \times \frac{5}{2} \times 8.314\text{J} \cdot \text{mol}^{-1} \cdot \text{K}^{-1} \times (203 - 273)\text{K}$$
$$= -7275\text{J}$$

$$W_2 = \Delta U_2 = -7275\text{J}$$

$$\Delta H_2 = nC_{p,\text{m}}(T_2 - T_1)$$
$$= 5\text{mol} \times \frac{7}{2} \times 8.314\text{J} \cdot \text{mol}^{-1} \cdot \text{K}^{-1} \times (203 - 273)\text{K}$$
$$= -10185\text{J}$$

1-17 在25℃，压力3039kPa下，2mol N_2经恒温反抗恒外压膨胀至100kPa后，再恒容加热至300℃，求整个过程的 Q，W，ΔU，ΔH。已知 N_2 的 $C_{p,\text{m}} = 29.1\text{J} \cdot \text{mol}^{-1} \cdot \text{K}^{-1}$。

解：恒温恒外压膨胀过程：

$$\Delta U_1 = 0,\quad \Delta H_1 = 0$$

$$Q_1 = -W_1 = p_{外}(V_2 - V_1) = nRT_2 - nRT_1\left(\frac{p_2}{p_1}\right)$$

$$p_{外} = p_2, T_1 = T_2 = T$$

得

$$Q_1 = -W_1 = nRT\left(1 - \frac{p_2}{p_1}\right)$$

$$= 2\text{mol} \times 8.314\text{J} \cdot \text{mol}^{-1} \cdot \text{K}^{-1} \times 298\text{K}\left(1 - \frac{100\text{kPa}}{3039\text{kPa}}\right)$$

$$= 4792\text{J}$$

恒容升温过程：

$$\Delta U_2 = nC_{V,\text{m}}(T_2 - T_1) = n(C_{p,\text{m}} - R)(T_2 - T_1)$$

$$= 2\text{mol} \times (29.1 - 8.314)\text{J} \cdot \text{mol}^{-1} \cdot \text{K}^{-1} \times (573 - 298)\text{K}$$

$$= 11432\text{J}$$

$$\Delta H_2 = nC_{p,\text{m}}(T_2 - T_1) = 2\text{mol} \times 29.1\text{J} \cdot \text{mol}^{-1} \cdot \text{K}^{-1} \times (573 - 298)\text{K}$$

$$= 16005\text{J}$$

$$W_2 = 0, Q_2 = \Delta U_2 = 11432\text{J}$$

总过程

$$W = W_1 + W_2 = -4792\text{J}$$

$$Q = Q_1 + Q_2 = 4792\text{J} + 11432\text{J} = 16224\text{J}$$

$$\Delta U = \Delta U_1 + \Delta U_2 = 11432\text{J}$$

$$\Delta H = \Delta H_1 + \Delta H_2 = 16005\text{J}$$

1-18 求25℃时下列反应的恒压热效应与恒容热效应之差。

（1）$CH_4 + 2O_2 \xlongequal{\quad} CO_2 + 2H_2O(g)$；

（2）$FeO + C \xlongequal{\quad} Fe + CO$；

（3）$3H_2 + N_2 \xlongequal{\quad} 2NH_3$。

解：（1）$\Delta n = 3\text{mol} - 3\text{mol} = 0$

$$Q_p - Q_V = \Delta nRT = 0$$

（2）$\Delta n = 1\text{mol} - 0 = 1\text{mol}$

$$Q_p - Q_V = \Delta nRT$$

$$= 1\text{mol} \times 8.314\text{J} \cdot \text{mol}^{-1} \cdot \text{K}^{-1} \times 298\text{K}$$

$$= 2478\text{J}$$

（3）$\Delta n = 2\text{mol} - 4\text{mol} = -2\text{mol}$

$$Q_p - Q_V = \Delta nRT$$

$$= -2\text{mol} \times 8.314\text{J} \cdot \text{mol}^{-1} \cdot \text{K}^{-1} \times 298\text{K}$$

$$= -4955\text{J}$$

1-19　已知25℃时反应

(1) C(石墨) + CO_2 ══ 2CO　　$\Delta_r H^{\ominus}_{m,1} = 172.52 kJ \cdot mol^{-1}$；

(2) $Fe_3O_4 + 4CO$ ══ $3Fe + 4CO_2$　　$\Delta_r H^{\ominus}_{m,2} = -13.70 kJ \cdot mol^{-1}$；

求反应 (3) Fe_3O_4 + 4C(石墨) ══ 3Fe + 4CO 的热效应 $\Delta_r H^{\ominus}_m$。

解： 由4(1) + (2) = (3)得

$$\Delta_r H^{\ominus}_{m,3} = 4\Delta_r H^{\ominus}_{m,1} + \Delta_r H^{\ominus}_{m,2}$$

$$= 4 \times 172.52 kJ \cdot mol^{-1} - 13.70 kJ \cdot mol^{-1}$$

$$= 676.38 kJ \cdot mol^{-1}$$

1-20　已知25℃时下列反应的热效应

$$2Pb + O_2 \Longrightarrow 2PbO \qquad \Delta_r H^{\ominus}_{m,1} = -438.56 kJ \cdot mol^{-1} \qquad (1)$$

$$S + O_2 \Longrightarrow SO_2 \qquad \Delta_r H^{\ominus}_{m,2} = -296.90 kJ \cdot mol^{-1} \qquad (2)$$

$$2SO_2 + O_2 \Longrightarrow 2SO_3 \qquad \Delta_r H^{\ominus}_{m,3} = -197.72 kJ \cdot mol^{-1} \qquad (3)$$

$$Pb + S + 2O_2 \Longrightarrow PbSO_4 \qquad \Delta_r H^{\ominus}_{m,4} = -918.39 kJ \cdot mol^{-1} \qquad (4)$$

求反应(5) $PbO + SO_3 = PbSO_4$ 的热效应。

解： 由(5) = (4) $-\frac{1}{2}$(3) $-\frac{1}{2}$(1) − (2)得

$$\Delta_r H^{\ominus}_{m,5} = \Delta_r H^{\ominus}_{m,4} - \frac{1}{2}\Delta_r H^{\ominus}_{m,3} - \frac{1}{2}\Delta_r H^{\ominus}_{m,1} - \Delta_r H^{\ominus}_{m,2}$$

$$= -918.39 kJ \cdot mol^{-1} - \frac{1}{2}(-197.72) kJ \cdot mol^{-1} -$$

$$\frac{1}{2}(-438.56) kJ \cdot mol^{-1} + 296.90 kJ \cdot mol^{-1}$$

$$= -303.35 kJ \cdot mol^{-1}$$

1-21　已知25℃时下列反应的热效应

$$Ag_2O + 2HCl(g) \Longrightarrow 2AgCl + H_2O(l) \qquad \Delta_r H^{\ominus}_{m,1} = -324.71 kJ \cdot mol^{-1} \qquad (1)$$

$$2Ag + \frac{1}{2}O_2 \Longrightarrow Ag_2O \qquad \Delta_r H^{\ominus}_{m,2} = -30.57 kJ \cdot mol^{-1} \qquad (2)$$

$$\frac{1}{2}H_2 + \frac{1}{2}Cl_2 \Longrightarrow HCl(g) \qquad \Delta_r H^{\ominus}_{m,3} = -92.31 kJ \cdot mol^{-1} \qquad (3)$$

$$H_2 + \frac{1}{2}O_2 \Longrightarrow H_2O(l) \qquad \Delta_r H^{\ominus}_{m,4} = -285.84 kJ \cdot mol^{-1} \qquad (4)$$

求AgCl的标准摩尔生成焓。

解： 设 $Ag + \frac{1}{2}Cl_2 = AgCl$ 为反应 (5)

由(5) = $\frac{1}{2}$[(1) + (2) + 2(3) − (4)] 得

$$\Delta_r H_{m,5}^{\ominus} = \frac{1}{2}(\Delta_r H_{m,1}^{\ominus} + \Delta_r H_{m,2}^{\ominus} + 2\Delta_r H_{m,3}^{\ominus} - \Delta_r H_{m,4}^{\ominus})$$

$$= \frac{1}{2}[(-324.71\text{kJ} \cdot \text{mol}^{-1}) + (-30.57\text{kJ} \cdot \text{mol}^{-1}) + 2(-92.31\text{kJ} \cdot \text{mol}^{-1}) - (-285.84\text{kJ} \cdot \text{mol}^{-1})]$$

$$= -127.03\text{kJ} \cdot \text{mol}^{-1}$$

即 $\Delta_f H_m^{\ominus}(\text{AgCl}) = -127.03\text{kJ} \cdot \text{mol}^{-1}$。

1-22 查表求25℃时下列反应的热效应

(1) $Fe_2O_3 + 3CO \xlongequal{} 2Fe + 3CO_2$;

(2) $CaCO_3 \xlongequal{} CaO + CO_2$;

(3) $Fe_2O_3 + 2Al \xlongequal{} Al_2O_3 + 2Fe$。

解: 查表得

$$\Delta_f H_m^{\ominus}(CO_2) = -393.52\text{kJ} \cdot \text{mol}^{-1}$$

$$\Delta_f H_m^{\ominus}(CO) = -110.50\text{kJ} \cdot \text{mol}^{-1}$$

$$\Delta_f H_m^{\ominus}(Fe_2O_3) = -825.50\text{kJ} \cdot \text{mol}^{-1}$$

$$\Delta_f H_m^{\ominus}(CaO) = -634.29\text{kJ} \cdot \text{mol}^{-1}$$

$$\Delta_f H_m^{\ominus}(CaCO_3) = -1206.87\text{kJ} \cdot \text{mol}^{-1}$$

$$\Delta_f H_m^{\ominus}(Al_2O_3) = -1674.43\text{kJ} \cdot \text{mol}^{-1}$$

(1) $\Delta_r H_{m,1} = 3\Delta_f H_m^{\ominus}(CO_2) - [3\Delta_f H_m^{\ominus}(CO) + \Delta_f H_m^{\ominus}(Fe_2O_3)]$

$= 3(-393.52\text{kJ} \cdot \text{mol}^{-1}) - 3(-110.50\text{kJ} \cdot \text{mol}^{-1}) - (-825.50\text{kJ} \cdot \text{mol}^{-1})$

$= -23.56\text{kJ} \cdot \text{mol}^{-1}$

(2) $\Delta_r H_{m,2} = \Delta_f H_m^{\ominus}(CaO) + \Delta_f H_m^{\ominus}(CO_2) - \Delta_f H_m^{\ominus}(CaCO_3)$

$= 179.06\text{kJ} \cdot \text{mol}^{-1}$

(3) $\Delta_r H_{m,3} = \Delta_f H_m^{\ominus}(Al_2O_3) - \Delta_f H_m^{\ominus}(Fe_2O_3)$

$= -848.93\text{kJ} \cdot \text{mol}^{-1}$

1-23 已知25℃时反应

$CaCO_3 + MgCO_3 \xlongequal{} CaCO_3 \cdot MgCO_3 \qquad \Delta_r H_m = -11.88\text{kJ} \cdot \text{mol}^{-1}$

求白云石 $CaCO_3 \cdot MgCO_3$ 的标准摩尔生成焓，其他数据可查附录。

解:

$$\Delta_f H_m = \Delta_f H_m^{\ominus}(CaCO_3 \cdot MgCO_3) - \Delta_f H_m^{\ominus}(CaCO_3) - \Delta_f H_m^{\ominus}(MgCO_3)$$

由查表得: $\Delta_f H_m^{\ominus}(CaCO_3) = -1206.87\text{kJ} \cdot \text{mol}^{-1}$

$\Delta_f H_m^{\ominus}(MgCO_3) = -1096.21\text{kJ} \cdot \text{mol}^{-1}$

$$\Delta_f H_m^{\ominus}(CaCO_3 \cdot MgCO_3) = \Delta_r H_m + \Delta_f H_m^{\ominus}(CaCO_3) + \Delta_f H_m^{\ominus}(MgCO_3)$$

$$= -11.88\text{kJ}\cdot\text{mol}^{-1} + (-1206.87\text{kJ}\cdot\text{mol}^{-1}) + (-1096.21\text{kJ}\cdot\text{mol}^{-1})$$
$$= -2314.96\text{kJ}\cdot\text{mol}^{-1}$$

1-24 利用燃烧热计算25℃时$C_2H_5OH(l)$的标准摩尔生成焓。

解:

$$2C(石墨) + 3H_2(g) + \frac{1}{2}O_2(g) \xlongequal{} C_2H_5OH(l) \quad \Delta_r H_{m,1} = \Delta_f H_m^{\ominus}(C_2H_5OH, l)$$

由查表得:

$$\Delta_c H_m(C_2H_5OH, l) = -1366.9\text{kJ}\cdot\text{mol}^{-1}$$
$$\Delta_c H_m(石墨) = -393.52\text{kJ}\cdot\text{mol}^{-1}$$
$$\Delta_c H_m(H_2, g) = -285.84\text{kJ}\cdot\text{mol}^{-1}$$

$$\Delta_f H_m^{\ominus}(C_2H_5OH, l) = -\Delta_c H_m^{\ominus}(C_2H_5OH, l) + 2\Delta_c H_m^{\ominus}(C, 石墨) + 3\Delta_c H_m^{\ominus}(H_2, g)$$
$$= 1366.9\text{kJ}\cdot\text{mol}^{-1} + 2(-393.52\text{kJ}\cdot\text{mol}^{-1}) + 3(-285.84\text{kJ}\cdot\text{mol}^{-1})$$
$$= -277.66\text{kJ}\cdot\text{mol}^{-1}$$

1-25 利用燃烧热计算25℃时乙烯加氢反应$C_2H_4(g) + H_2 \xlongequal{} C_2H_6(g)$的热效应$\Delta_r H_m^{\ominus}$。

解: 由查表得:

$$\Delta_c H_m^{\ominus}(C_2H_4) = -1411.0\text{kJ}\cdot\text{mol}^{-1}$$
$$\Delta_c H_m^{\ominus}(H_2) = -285.84\text{kJ}\cdot\text{mol}^{-1}$$
$$\Delta_c H_m^{\ominus}(C_2H_6) = -1559.9\text{kJ}\cdot\text{mol}^{-1}$$

$$\Delta_r H_m^{\ominus} = \Delta_c H_m^{\ominus}(C_2H_4) + \Delta_c H_m^{\ominus}(H_2) - \Delta_c H_m^{\ominus}(C_2H_6)$$
$$= -1411.0\text{kJ}\cdot\text{mol}^{-1} - 285.84\text{kJ}\cdot\text{mol}^{-1} + 1559.9\text{kJ}\cdot\text{mol}^{-1}$$
$$= -136.9\text{kJ}\cdot\text{mol}^{-1}$$

常温下的气体可近似视为理想气体，理想气体的焓只是温度的函数，故$\Delta_r H_m = \Delta_r H_m^{\ominus}$。

1-26 由键焓估计乙烯加成反应$C_2H_2(g) + H_2O(g) \xlongequal{HgSO_4} CH_3CHO(g)$(乙醛)的热效应$\Delta_r H_m$。

解:

$$CH{=}CH + H_2O \longrightarrow CH_3{-}\overset{\overset{\displaystyle O}{\|}}{C}{-}H$$

由表查得各个数据，则

$$\Delta_r H_m = (2\Delta H_{C-H} + \Delta H_{C=C} + 2\Delta H_{H-O}) - (\Delta H_{C-C} + \Delta H_{C=O} + 4\Delta H_{C-H})$$

$$= (2\times415\text{kJ}\cdot\text{mol}^{-1} + 812\text{kJ}\cdot\text{mol}^{-1} + 2\times463\text{kJ}\cdot\text{mol}^{-1}) - (344\text{kJ}\cdot\text{mol}^{-1} + 724\text{kJ}\cdot\text{mol}^{-1} + 4\times415\text{kJ}\cdot\text{mol}^{-1})$$

$$= -160\text{kJ}\cdot\text{mol}^{-1}$$

1-27 查表计算727℃时，用H_2还原1kg WO_3所需的热。

解： $$WO_3(s) + 3H_2(g) \xlongequal{} W(s) + 3H_2O(g)$$

查表得：

$$\Delta_f H_m^{\ominus}(H_2O,g) = -242.46\text{kJ}\cdot\text{mol}^{-1}$$

$$\Delta_f H_m^{\ominus}(W_2O_3,s) = -842.91\text{kJ}\cdot\text{mol}^{-1}$$

$$C_{p,m}(W,s) = (22.92 + 4.69\times10^{-3}T)\text{J}\cdot\text{mol}^{-1}\cdot\text{K}^{-1}$$

$$C_{p,m}(WO_3,s) = (87.65 + 16.17\times10^{-3}T - 17.50\times10^{5}T^{-2})\text{J}\cdot\text{mol}^{-1}\cdot\text{K}^{-1}$$

$$C_{p,m}(H_2,g) = (27.28 + 3.26\times10^{-3}T + 0.502\times10^{5}T^{-2})\text{J}\cdot\text{mol}^{-1}\cdot\text{K}^{-1}$$

$$C_{p,m}(H_2O,g) = (30.00 + 10.71\times10^{-3}T + 0.33\times10^{5}T^{-2})\text{J}\cdot\text{mol}^{-1}\cdot\text{K}^{-1}$$

$$\Delta H_{298} = 3\Delta_f H_m^{\ominus}(H_2O,g) - \Delta_f H_m^{\ominus}(WO_3,s)$$

$$= 3\times(-242.46\text{kJ}\cdot\text{mol}^{-1}) - (-842.91\text{kJ}\cdot\text{mol}^{-1})$$

$$= 115.53\text{kJ}\cdot\text{mol}^{-1}$$

$$\Delta C_{p,m} = [C_{p,m}(W,s) + 3C_{p,m}(H_2O,g)] - [C_{p,m}(WO_3,s) + 3C_{p,m}(H_2,g)]$$

$$= (-56.57 + 10.87\times10^{-3}T + 16.98\times10^{5}T^{-2})\text{J}\cdot\text{mol}^{-1}\cdot\text{K}^{-1}$$

$$\Delta H_{1000} = \Delta H_{298} + \int_{298}^{1000}\Delta C_p \text{d}T$$

$$\Delta H_{1000} = 115530 + \int_{298}^{1000}(-56.57 + 10.87\times10^{-3}T + 16.98\times10^{5}T^{-2})\text{d}T$$

$$= 115530 - 56.57\times(1000-298) + \frac{1}{2}\times10.87\times 10^{-3}(1000^2 - 298^2) - 16.98\times10^{5}\left(\frac{1}{1000} - \frac{1}{298}\right)$$

$$= 84770\text{J}\cdot\text{mol}^{-1} = 84.77\text{kJ}\cdot\text{mol}^{-1}$$

$$\Delta H = n\Delta H_{1000} = \frac{1000\text{g}}{231.9\text{g}\cdot\text{mol}^{-1}}\times84.77\text{kJ}\cdot\text{mol}^{-1} = 365.5\text{kJ}$$

1-28 计算927℃反应$2Al_2O_3 + 3C$(石墨)$=4Al(l) + 3CO_2$的热效应。已知铝的熔点为660.1℃，熔化热$\Delta_{fus}H_m = 10.47\text{kJ}\cdot\text{mol}^{-1}$，液态铝的热容$C_{p,m}(Al,l) = 31.80\text{J}\cdot\text{mol}^{-1}\cdot\text{K}^{-1}$。

解： 查表得

$$C_{p,m}(Al,s) = (20.67 + 12.38\times10^{-3}T)\text{J}\cdot\text{mol}^{-1}\cdot\text{K}^{-1}$$

$$C_{p,m}(CO_2,g) = (44.14 + 9.04\times10^{-3}T - 8.54\times10^{5}T^{-2})\text{J}\cdot\text{mol}^{-1}\cdot\text{K}^{-1}$$

$C_{p,\mathrm{m}}(\mathrm{Al_2O_3,s}) = (114.77 + 12.80\times10^{-3}T - 35.44\times10^{5}T^{-2})\mathrm{J\cdot mol^{-1}\cdot K^{-1}}$

$C_{p,\mathrm{m}}(\mathrm{C}_{石墨}) = (17.16 + 4.27\times10^{-3}T - 8.79\times10^{5}T^{-2})\mathrm{J\cdot mol^{-1}\cdot K^{-1}}$

$C_{p,\mathrm{m}}(\mathrm{Al,l}) = 31.80\mathrm{J\cdot mol^{-1}\cdot K^{-1}}$

298K 时 Al 为固态，927℃时为液态，反应热分段计算：

反应 1：　　$2\mathrm{Al_2O_3} + 3\mathrm{C}(石墨) = 4\mathrm{Al(s)} + 3\mathrm{CO_2}$

$$\begin{aligned}\Delta_r C_{p,\mathrm{m1}} &= (4C_{p,\mathrm{m}}(\mathrm{Al,s}) + 3C_{p,\mathrm{m}}(\mathrm{CO_2,g})) - \\ &\quad 2C_{p,\mathrm{m}}(\mathrm{Al_2O_3}) - 3C_{p,\mathrm{m}}(\mathrm{C},石墨) \\ &= (-65.92 + 38.23\times10^{-3}T + 71.63\times10^{5}T^{-2})\mathrm{J\cdot mol^{-1}\cdot K^{-1}}\end{aligned}$$

反应 2：　　$2\mathrm{Al_2O_3} + 3\mathrm{C}(石墨) = 4\mathrm{Al(l)} + 3\mathrm{CO_2}$

$$\begin{aligned}\Delta_r C_{p,\mathrm{m2}} &= (4C_{p,\mathrm{m}}(\mathrm{Al,l}) + 3C_{p,\mathrm{m}}(\mathrm{CO_2,g})) - \\ &\quad 2C_{p,\mathrm{m}}(\mathrm{Al_2O_3}) - 3C_{p,\mathrm{m}}(\mathrm{C},石墨) \\ &= (-21.40 - 11.29\times10^{-3}T + 71.63\times10^{5}T^{-2})\mathrm{J\cdot mol^{-1}\cdot K^{-1}}\end{aligned}$$

$$\begin{aligned}\Delta H_{298} &= 3\Delta_f H_m^\ominus(\mathrm{CO_2,g}) - 2\Delta_f H_m^\ominus(\mathrm{Al_2O_3}) \\ &= 3\times(-393.52\mathrm{kJ\cdot mol^{-1}}) - 2\times(-1674.43\mathrm{kJ\cdot mol^{-1}}) \\ &= 2168.30\mathrm{kJ\cdot mol^{-1}}\end{aligned}$$

$$\begin{aligned}\Delta H_{1200} &= \Delta H_{298} + \int_{298}^{933.1}\Delta_r C_{p,\mathrm{m1}}\mathrm{d}T + 4\Delta_{\mathrm{fus}}H_m(\mathrm{Al}) + \int_{933.1}^{1200}\Delta_r C_{p,\mathrm{m2}}\mathrm{d}T \\ &= 2168300 + \int_{298}^{933.1}(-65.92 + 38.23\times10^{-3}T + 71.63\times10^{5}T^{-2})\mathrm{d}T + \\ &\quad 4\times10470 + \int_{933.1}^{1200}(-21.40 - 11.29\times10^{-3}T + 71.63\times10^{5}T^{-2})\mathrm{d}T \\ &= 2168300 - 41870 + 14950 + 16360 + 41880 - \\ &\quad 5712 - 3214 + 1708 \\ &= 2192400\mathrm{J\cdot mol^{-1}} = 2192.4\mathrm{kJ\cdot mol^{-1}}\end{aligned}$$

1-29　已知0℃，压力100kPa时，冰的熔化热是333.5J · g^{-1}。在0 ~ −10℃时，冰的比热容为1.97J · K^{-1} · g^{-1}，水的比热容为4.18J · K^{-1} · g^{-1}。求压力为100kPa下，1mol、−10℃的过冷水转变为−10℃的冰放热多少？此相变过程是可逆过程吗？

解： 这是一个不可逆相变过程，设计可逆过程为：

$$\begin{array}{ccc} \mathrm{H_2O(l)} & \xrightarrow{0℃,\ \Delta H_2} & \mathrm{H_2O(s)} \\ \Delta H_1 \uparrow & & \downarrow \Delta H_3 \\ \mathrm{H_2O(l)} & \xrightarrow{-10℃,\ \Delta H} & \mathrm{H_2O(s)} \end{array}$$

$$\Delta H = \Delta H_1 + \Delta H_2 + \Delta H_3$$

$$= MC_{p,m}(l)\Delta T_1 + (-\Delta_{fus}H) + MC_{p,m}(s)\Delta T_2$$

$$\Delta T_1 = -\Delta T_2$$

得

$$\Delta H = M \times [C_{p,m}(l) - C_{p,m}(s)] \times \Delta T_1 - \Delta_{fus}H$$
$$= 18g \cdot mol^{-1} \times (4.18 - 1.97)J \cdot g^{-1} \cdot K^{-1} \times 10K - 333.5J \cdot g^{-1} \times 18g \cdot mol^{-1}$$
$$= -5605J \cdot mol^{-1}$$

1-30　求25℃，压力为100kPa时，CO在理论量空气中完全燃烧时所达到的最高温度。已知空气中含21% O_2和79% N_2。

解： $CO + \frac{1}{2}O_2 = CO_2$，按理论量1mol CO完全燃烧需要0.5mol O_2，但同时有$\frac{79}{21}\times 0.5 = 1.88$mol的$N_2$，得

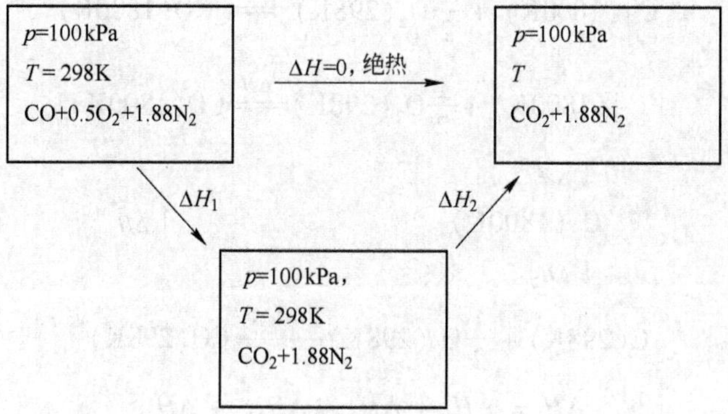

图1-3　题1-30

查表得

$$C_{p,m}(CO_2) = (44.14 + 9.04 \times 10^{-3}T - 8.54 \times 10^5 T^{-2})J \cdot mol^{-1} \cdot K^{-1}$$

$$C_{p,m}(N_2) = (27.87 + 4.268 \times 10^{-3}T)J \cdot mol^{-1} \cdot K^{-1}$$

$$\Delta_f H_m^\ominus(CO_2) = -393.52kJ \cdot mol^{-1}$$

$$\Delta_f H_m^\ominus(CO) = -110.50kJ \cdot mol^{-1}$$

$$\Delta H_1 = \Delta_f H_m^\ominus(CO_2) - \Delta_f H_m^\ominus(CO)$$
$$= -393.52kJ \cdot mol^{-1} + 110.50kJ \cdot mol^{-1}$$
$$= -283.02kJ \cdot mol^{-1}$$

$$\Delta H_2 = \int_{298}^{T} \Sigma C_{p,m}(\text{产物})dT$$
$$= \int_{298}^{T}(96.54 + 17.06 \times 10^{-3}T - 8.54 \times 10^5 T^{-2})dT$$

$$\Delta H = \Delta H_1 + \Delta H_2 = 0$$

$$-\Delta H_1 = \Delta H_2$$

$$283020 = \int_{298}^{T} (96.54 + 17.06 \times 10^{-3} T - 8.54 \times 10^5 T^{-2}) \mathrm{d}T$$

$$= 96.54(T - 298) + \frac{1}{2} \times 17.06 \times 10^{-3} (T^2 - 298^2) +$$

$$8.54 \times 10^5 \left(\frac{1}{T} - \frac{1}{298} \right)$$

$$315410 = 96.54T + 8.53 \times 10^{-3} T^2 + 8.54 \times 10^5 \frac{1}{T}$$

应用试探法解得　　$T = 2646\text{K} = 2373℃$

1-31　计算下述条件下钢液中碳氧化反应的热效应。

$$[\text{C}](1800\text{K}) + \frac{1}{2}\text{O}_2(298\text{K}) =\!=\!= \text{CO}(1800\text{K})$$

解：

$$[\text{C}](1800\text{K}) + \frac{1}{2}\text{O}_2(298\text{K}) \xrightarrow{\Delta H} \text{CO}(1800\text{K})$$

$\downarrow \Delta H_1$

C (1800K)　　　　　　　　　$\uparrow \Delta H_3$

$\downarrow \Delta H_2$

$$\text{C}(298\text{K}) + \frac{1}{2}\text{O}_2(298\text{K}) \xrightarrow{\Delta H_{298}} \text{CO}(298\text{K})$$

$$\Delta H = \Delta H_1 + \Delta H_2 + \Delta H_{298} + \Delta H_3$$

$$\Delta H_1 = -\Delta_{\text{diff}} H$$

$$\Delta H_2 = n\int_{1800}^{298} C_{p,\text{m}}(\text{C}) \mathrm{d}T$$

$$\Delta H_{298} = \Delta_{\text{f}} H_{\text{m}}^{\ominus}(\text{CO})$$

$$\Delta H_3 = n\int_{298}^{1800} C_{p,\text{m}}(\text{CO}) \mathrm{d}T$$

查表得$[\text{C}] = \text{C}$ 的 $\Delta H_1 = -21.34\text{kJ} \cdot \text{mol}^{-1}$

$$\Delta_{\text{f}} H_{\text{m}}^{\ominus}(\text{CO}) = -110.50\text{kJ} \cdot \text{mol}^{-1}$$

$$C_{p,\text{m}}(\text{C}) = (17.16 + 4.27 \times 10^{-3} T - 8.79 \times 10^5 T^{-2}) \text{J} \cdot \text{mol}^{-1} \cdot \text{K}^{-1}$$

$$C_{p,\text{m}}(\text{CO}) = (28.41 + 4.10 \times 10^{-3} T - 0.46 \times 10^5 T^{-2}) \text{J} \cdot \text{mol}^{-1} \cdot \text{K}^{-1}$$

$$\Delta H = -21340 + \int_{298}^{1800} [C_{p,\text{m}}(\text{CO}) - C_{p,\text{m}}(\text{C})] \mathrm{d}T - 110500$$

$$= -131840 + 11.25(1800 - 298) - \frac{1}{2} \times 0.17 \times 10^{-3} \times$$

$$(1800^2 - 298^2) - 8.33 \times 10^5\left(\frac{1}{1800} - \frac{1}{298}\right)$$

$$= -112.9 \times 10^3 \text{J} \cdot \text{mol}^{-1} = -112.9 \text{kJ} \cdot \text{mol}^{-1}$$

1.3 补充习题

1-1 夏天将室内电冰箱门打开，接通电源并紧闭门窗（设墙壁门窗均不传热），能否使室内温度降低，为什么？

答： 不能。该情况室内相当于一个绝热系统，冰箱电机做功发热，室温增加。

1-2 Zn 和稀 H_2SO_4 作用：(1)在开口瓶中进行；(2)在闭口瓶中进行。何者放热较多，为什么？

答：

$$Zn(s) + H_2SO_4 = ZnSO_4 + H_2(g)$$

$Q_p = Q_V + \Delta nRT$，$\Delta n = 1$，Q_p，Q_V 都是负值，(1) 过程为 Q_p，(2) 过程为 Q_V，所以，$|Q_p| < |Q_V|$，闭口瓶中放热较多。

1-3 1mol 双原子理想气体沿热容 $C = R$（气体常数）途径可逆加热，请推导此加热过程的过程方程式。

解： 根据热容定义

$$C = \frac{\delta Q}{\mathrm{d}T},\ \delta Q = C\mathrm{d}T$$

将 $C = R$ 代入得 $\delta Q = R\mathrm{d}T$

可逆过程中 $p_{外} = p$，$\delta W = -p_{外}\mathrm{d}V = -p\mathrm{d}V = -\frac{nRT}{V}\mathrm{d}V$

对于理想气体 $\mathrm{d}U = nC_{V,\mathrm{m}}\mathrm{d}T$ 恒成立，将上述 δQ，δW，$\mathrm{d}U$ 的表达式代入热力学第一定律的表达式 $\mathrm{d}U = \delta Q + \delta W$ 中，

得

$$nC_{V,\mathrm{m}}\mathrm{d}T = R\mathrm{d}T - \frac{nRT}{V}\mathrm{d}V$$

$n = 1\text{mol}$ 时，整理得 $\frac{R - C_{V,\mathrm{m}}}{T}\mathrm{d}T = \frac{R}{V}\mathrm{d}V$

两边分别积分，得 $(R - C_{V,\mathrm{m}})\ln T + 常数 = R\ln V + 常数$

$$T^{(R - C_{V,\mathrm{m}})}/V^R = 常数$$

$$T^{\left(1 - \frac{C_{V,\mathrm{m}}}{R}\right)}V^{-1} = 常数$$

把 $C_{V,\mathrm{m}} = \frac{5}{2}R$ 代入，得 $T^{\frac{3}{2}}V = 常数$　　(1)

把 $V = \frac{nRT}{p}$ 代入式 (1)，得 $T^{\frac{5}{2}}p^{-1} = 常数$　　(2)

把 $T=\dfrac{pV}{nR}$代入式（1）得 $p^3V^5=$ 常数　　(3)

方程式(1) ~ 方程式(3)，即为沿热容 $C=R$ 可逆加热过程的过程方程。

1-4　已知：

(1) 下列键焓数据：

	C—C	C—H	C—O	O—H	O═O	C═O
键焓($kJ \cdot mol^{-1}$)	348	413	351	463	498	732

(2)固体葡萄糖升华热近似为 $800J \cdot g^{-1}$。

(3)1mol $H_2O(g)$凝聚成 $H_2O(l)$，放热 $43.99kJ \cdot mol^{-1}$。

试求固体葡萄糖 $C_6H_{12}O_6$的燃烧热。

解：

$$\begin{array}{ccc} C_6H_{12}O_6(s)+6O_2(g) & \xrightarrow{\Delta_C H_m^{\ominus}} & 6CO_2(g)+6H_2O(l) \\ \downarrow \Delta H_1 & & \uparrow \Delta H_3 \\ C_6H_{12}O_6(g)+6O_2(g) & \xrightarrow{\Delta H_2} & 6CO_2(g)+6H_2O(g) \end{array}$$

葡萄糖的相对分子质量为 180，

$$\Delta H_1 = 800J \cdot g^{-1} \times 180g \cdot mol^{-1}$$
$$= 144000J \cdot mol^{-1} = 144kJ \cdot mol^{-1}$$

葡萄糖的结构式为：

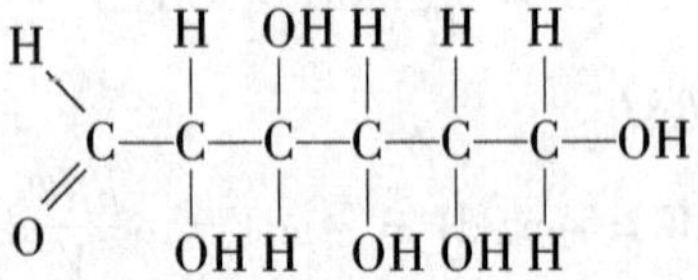

$$\begin{aligned}\Delta H_2 &= (5\varepsilon_{C—C} + 7\varepsilon_{C—H} + 5\varepsilon_{C—O} + \varepsilon_{C=O} + 5\varepsilon_{O—H}) + \\ &\quad 6\varepsilon_{O=O} - (6 \times 2\varepsilon_{C=O} + 6 \times 2\varepsilon_{O—H}) \\ &= 5\varepsilon_{C—C} + 7\varepsilon_{C—H} + 5\varepsilon_{C—O} - 11\varepsilon_{C=O} - 7\varepsilon_{O—H} + 6\varepsilon_{O=O} \\ &= 5 \times 348kJ \cdot mol^{-1} + 7 \times 413kJ \cdot mol^{-1} + 5 \times 351kJ \cdot mol^{-1} - \\ &\quad 11 \times 732kJ \cdot mol^{-1} - 7 \times 463kJ \cdot mol^{-1} + 6 \times 498kJ \cdot mol^{-1} \\ &= -1919kJ \cdot mol^{-1}\end{aligned}$$

$$\Delta H_3 = 6 \times (-43.99kJ \cdot mol^{-1}) = -264kJ \cdot mol^{-1}$$

$$\Delta H = \Delta H_1 + \Delta H_2 + \Delta H_3 = -2039kJ \cdot mol^{-1}$$

1-5　(1) 在人体肌肉活动的一个重量反应是乳酸（$CH_3CHOHCOOH$）氧化成为丙酮酸，计算 310K(37℃)时该反应的 ΔH。已知乳酸（固）和丙酮酸在该温度时的燃烧热分别为 $-1364kJ \cdot mol^{-1}$和 $-1168kJ \cdot mol^{-1}$。

（2）通过代谢作用，平均每人每天产生10460kJ热量，假定人体是一个隔离系统，其比热容和水一样为4.184kJ·kg^{-1}·K^{-1}。试问一个体重为60kg的人，在一天内体温升高多少？人体实际上是一个敞开系统，热量的散发主要是由于水的蒸发。试问每天需要蒸发多少水才能维持体温不变。已知310K(37℃)时水的蒸发热为2406kJ·kg^{-1}。

解：（1）$CH_3CHOHCOOH + \frac{1}{2}O_2 \longrightarrow CH_3COCOOH + H_2O$

$$\Delta H = -\sum_B \nu_B \Delta_C H_m^{\ominus}$$

$$= -1364\text{kJ}\cdot\text{mol}^{-1} + 1168\text{kJ}\cdot\text{mol}^{-1}$$

$$= -196\text{kJ}\cdot\text{mol}^{-1}$$

（2）
$$C = \frac{\delta Q}{dT} = \frac{Q}{\Delta T}$$

$$\Delta T = \frac{Q}{C}$$

$$= \frac{10460 \times 10^3\text{J}}{4.184 \times 10^3\text{J} \times 60\text{kg}} = 41.7\text{K}$$

$$W(H_2O) = \frac{10460\text{kJ}}{2406\text{kJ}\cdot\text{kg}^{-1}} = 4.347\text{kg}$$

1-6　一气体从某一状态出发，经绝热可逆压缩或等温可逆压缩到一固定的体积，哪一种压缩过程所需的功大，为什么？如果是膨胀，情况又将如何？

答：绝热可逆压缩过程所需要的功大。因为绝热压缩时，所得的功全部变成系统的内能，温度升高。而等温过程的温度不变，当达到相同的末态体积时，绝热可逆压缩过程的终态压力比等温可逆过程的终态压力大，所以绝热可逆压缩过程所需要的功大。同理，在膨胀时，等温可逆膨胀过程做的功大。

1-7　原子蜕变反应及热核反应能不能用“产物生成热之总和减去反应物生成热之总和”来求得热效应，为什么？

答：不能。因为原子蜕变反应及热核反应发生在原子内部，与涉及化学键断裂的热效应无关。

1-8　在25℃，100kPa下，将15g的萘置于氧弹量热计中，充以足够的氧气，完全燃烧后，放热602.6kJ，求萘在25℃时标准摩尔燃烧焓$\Delta_C H_m^{\ominus}$。

解：$C_{10}H_8(s) + 12O_2(g) \longrightarrow 10CO_2(g) + 4H_2O(l)$

萘的摩尔质量$M = 128.17\text{g}\cdot\text{mol}^{-1}$

所以萘的物质的量为$n = \frac{15\text{g}}{128.17\text{g}\cdot\text{mol}^{-1}} = 0.117\text{mol}$

因氧弹量热计中的反应为恒容反应，故恒容热$\Delta U_m^{\ominus}$等于

$$\Delta U_m^\ominus = \frac{Q_V}{n} = \frac{-602.6\text{kJ}}{0.117\text{mol}} = -5150\text{kJ}\cdot\text{mol}^{-1}$$

所以 $\Delta H_m^\ominus = \Delta U_m^\ominus + \Delta n(\text{g})RT$

$$= -5150\times10^3\text{J}\cdot\text{mol}^{-1} + (-2)\times8.314\text{J}\cdot\text{mol}^{-1}\cdot\text{K}^{-1}\times298\text{K}$$

$$= -5155\times10^3\text{J}\cdot\text{mol}^{-1}$$

$$= -5155\text{kJ}\cdot\text{mol}^{-1}$$

1-9 功的计算公式 $W = nC_{V,m}(T_2 - T_1)$，下列过程中不能用此公式的是（　　）。

A　理想气体的可逆绝热过程　　B　理想气体的绝热恒外压过程

C　实际气体的绝热过程　　D　凝聚系统的绝热过程

答： C。

2 热力学第二定律

2.1 主要公式

（1）热机效率：

$$\eta = \frac{-W}{Q_1} = \frac{Q_1 + Q_2}{Q_1} = 1 + \frac{Q_2}{Q_1} \tag{2-1}$$

（2）卡诺循环热机效率：

$$\eta = 1 - \frac{T_2}{T_1} \tag{2-2}$$

（3）熵的定义：

$$\mathrm{d}S = \frac{\delta Q_{\mathrm{R}}}{T} \tag{2-3}$$

$$\Delta S = S_{\mathrm{B}} - S_{\mathrm{A}} = \int_{\mathrm{A}}^{\mathrm{B}} \frac{\delta Q_{\mathrm{R}}}{T} \tag{2-4}$$

（4）克劳修斯不等式：

$$\mathrm{d}S \geqslant \frac{\delta Q}{T} \quad （> 不可逆，= 可逆） \tag{2-5}$$

（5）计算熵变：

恒容过程

$$\Delta S = \int_{T_1}^{T_2} \frac{nC_{V,\mathrm{m}}}{T}\mathrm{d}T \tag{2-6}$$

恒压过程

$$\Delta S = \int_{T_1}^{T_2} \frac{nC_{p,\mathrm{m}}}{T}\mathrm{d}T \tag{2-7}$$

理想气体 P,V,T 变化

$$\Delta S = nC_{V,\mathrm{m}}\ln\frac{T_2}{T_1} + nR\ln\frac{V_2}{V_1} \tag{2-8}$$

$$\Delta S = nC_{p,\mathrm{m}}\ln\frac{T_2}{T_1} - nR\ln\frac{p_2}{p_1} \tag{2-9}$$

$$\Delta S = nC_{V,\mathrm{m}}\ln\frac{p_2}{p_1} + nC_{p,\mathrm{m}}\ln\frac{V_2}{V_1} \tag{2-10}$$

可逆相变

$$\Delta S = \frac{Q_\mathrm{R}}{T} = \frac{Q_p}{T} = \frac{\Delta_{相变}H}{T} \tag{2-11}$$

（6）熵增原理：

$$\Delta S_\mathrm{iso} = \Delta S_\mathrm{sys} + \Delta S_\mathrm{ex} \geqslant 0 \tag{2-12}$$

（7）吉布斯函数及其判据：

$$G = H - TS \tag{2-13}$$

$$\mathrm{d}G_{T,p} \leqslant 0 \tag{2-14}$$

$\mathrm{d}G_{T,p} < 0$，过程为自发过程；$\mathrm{d}G_{T,p} = 0$，系统处于平衡状态。该判据适用于恒温恒压，无非体积功的封闭系统。

（8）吉布斯函数计算：

理想气体恒温可逆过程

$$\Delta A_T = \Delta G_T = nRT\ln\frac{p_2}{p_1} = -nRT\ln\frac{V_2}{V_1} \tag{2-15}$$

可逆相变过程

$$\Delta G = 0,\quad \Delta A = -p\Delta V \tag{2-16}$$

（9）热力学基本方程：

$$\mathrm{d}U = T\mathrm{d}S - p\mathrm{d}V \tag{2-17}$$

$$\mathrm{d}H = T\mathrm{d}S + V\mathrm{d}p \tag{2-18}$$

$$\mathrm{d}A = -S\mathrm{d}T - p\mathrm{d}V \tag{2-19}$$

$$\mathrm{d}G = -S\mathrm{d}T + V\mathrm{d}p \tag{2-20}$$

以上各式适用于无非体积功的封闭系统。

（10）理想气体的摩尔吉布斯函数：

$$G_\mathrm{m} = G_\mathrm{m}^{\ominus} + RT\ln\frac{p}{p^{\ominus}} \tag{2-21}$$

（11）麦克斯韦关系式：

$$\left(\frac{\partial T}{\partial V}\right)_S = -\left(\frac{\partial p}{\partial S}\right)_V \tag{2-22}$$

$$\left(\frac{\partial T}{\partial p}\right)_S = \left(\frac{\partial V}{\partial S}\right)_p \tag{2-23}$$

$$\left(\frac{\partial S}{\partial V}\right)_T = \left(\frac{\partial p}{\partial T}\right)_V \quad (2\text{-}24)$$

$$-\left(\frac{\partial S}{\partial p}\right)_T = \left(\frac{\partial V}{\partial T}\right)_p \quad (2\text{-}25)$$

（12）克拉佩龙方程：

$$\frac{\mathrm{d}p}{\mathrm{d}T} = \frac{\Delta_{相变}H_{\mathrm{m}}}{T\Delta V_{\mathrm{m}}} \quad (2\text{-}26)$$

（13）克劳修斯-克拉佩龙方程：

微分形式

$$\frac{\mathrm{d}\ln p^*}{\mathrm{d}T} = \frac{\Delta_{\mathrm{vap}}H_{\mathrm{m}}}{RT^2} \quad (2\text{-}27)$$

定积分形式

$$\ln\frac{p_2^*}{p_1^*} = -\frac{\Delta_{\mathrm{vap}}H_{\mathrm{m}}}{R}\left(\frac{1}{T_2} - \frac{1}{T_1}\right) \quad (2\text{-}28)$$

不定积分形式

$$\ln(p^*/\mathrm{Pa}) = \frac{-\Delta_{\mathrm{vap}}H_{\mathrm{m}}}{RT} + B' \quad (2\text{-}29)$$

式中，p_1^*，p_2^* 分别为温度 T_1，T_2下，液-气两相平衡时液体的饱和蒸气压。

2.2　教材习题解答

2-1　“理想气体恒温膨胀的结果是把吸收的热完全变成功”，这种说法与热力学第二定律的开尔文说法是否有矛盾？

答：不矛盾。因为开尔文说法是不可能从单一热源吸热使之完全转化为功而不引起其他变化，而理想气体恒温膨胀时还有气体体积的变化。

2-2　有人声称，他设计的热机高温热源和低温热源的温度分别为 400K 和 250K，当热机从高温热源吸热 5000kJ 时，可对外做功 4000kJ，同时放出 1000kJ 的热给低温热源。这可能吗？根据是什么？

答：不可能。因为可逆热机的效率是最大的，

$$\eta_{\mathrm{R}} = \frac{T_1 - T_2}{T_1} = \frac{400\mathrm{K} - 250\mathrm{K}}{400\mathrm{K}} = \frac{3}{8}$$

而按题给条件 $\eta = \frac{-W}{Q_1} = \frac{4000\mathrm{kJ}}{5000\mathrm{kJ}} = \frac{4}{5}$，$\frac{4}{5} > \frac{3}{8}$

这违背卡诺定理，是不可能的。

2-3 下列说法如有错误，请予以改正。

（1）在一可逆过程中，系统的熵值不变；

（2）系统做一不可逆循环，熵值等于零；

（3）任一过程，系统的熵变等于过程的热温商；

（4）$\Delta S<0$ 的过程不能发生；

（5）因为熵是状态函数，所以，绝热可逆过程与绝热不可逆过程的熵变都等于零。

答：（1）在一绝热可逆过程中，系统的熵值不变。

（2）对。

（3）任一可逆过程，系统的熵变等于热温商。

（4）孤立系统中，熵变小于零的过程不能发生。

（5）熵是状态函数，绝热可逆过程的熵变等于零，绝热不可逆过程的熵变大于零（因为从同一初态出发，绝热可逆过程与绝热不可逆过程不能达到同一末态）。

2-4 “110℃、100kPa 下，过热的水变成汽所吸收的热 $Q_p=\Delta H$。因为 ΔH 只决定于初末态，与过程是否可逆无关，故可根据 $\Delta S=\dfrac{Q_p}{T}=\dfrac{\Delta H}{(273+110)\ \mathrm{K}}$ 来计算此过程的熵变。”这种算法是否正确，为什么？

答：不正确。因为 110℃、100kPa 下的水变汽是不可逆相变。不能用公式 $\dfrac{Q_p}{T}$ 求熵变。

2-5 在下列情况下，1mol 理想气体在 27℃ 恒温膨胀，从 $50\mathrm{dm^3}$ 膨胀到 $100\mathrm{dm^3}$。求此过程的 Q，W，ΔU，ΔH 和 ΔS。

（1）可逆膨胀；

（2）膨胀过程所做的功等于最大功的 50%；

（3）向真空膨胀。

解：（1）理想气体恒温可逆膨胀

$$Q_1=-W_1=nRT\ln\frac{V_2}{V_1}$$

$$=1\mathrm{mol}\times 8.314\mathrm{J\cdot mol^{-1}\cdot K^{-1}}\times 300\mathrm{K}\ \ln\frac{100\mathrm{dm^3}}{50\mathrm{dm^3}}$$

$$=1729\mathrm{J}$$

$$W_1=-1729\mathrm{J}$$

$$\Delta S_1 = \frac{Q_1}{T} = \frac{1729\text{J}}{300\text{K}} = 5.76\text{J} \cdot \text{K}^{-1}$$

$$\Delta U_1 = \Delta H_1 = 0$$

（2）$Q_2 = -W_2 = -50\% W_1 = 0.5 \times 1729\text{J} = 865\text{J}$

$$W_2 = -865\text{J}$$

$$\Delta U_2 = \Delta H_2 = 0$$

$$\Delta S_2 = \frac{Q_1}{T} = 5.76\text{J} \cdot \text{K}^{-1}$$

过程（2）与过程（1）有相同的末态，所以 ΔS 相同。

（3）
$$Q_3 = -W_3 = 0$$

$$\Delta U_3 = \Delta H_3 = 0$$

$$\Delta S_3 = 5.76\text{J} \cdot \text{K}^{-1}$$

2-6 0.5mol 单原子理想气体，由 25℃，2dm^{3}绝热可逆膨胀至 101.3kPa，然后恒温可逆压缩至 2dm^3。求 Q，W，ΔU，ΔH 和 ΔS。

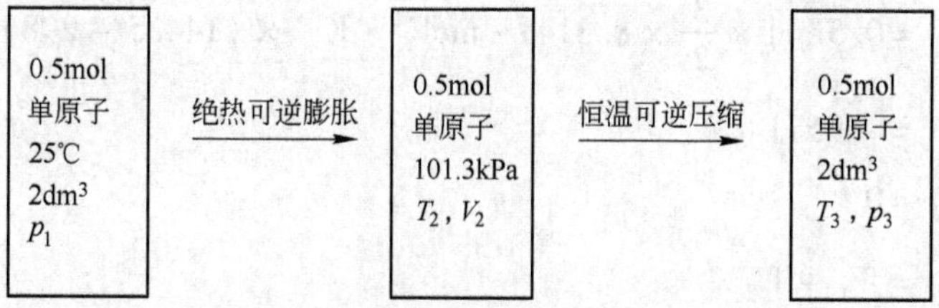

图 2-1 题 2-6

解：

$$p_1 = \frac{nRT_1}{V_1}$$

$$= \frac{0.5\text{mol} \times 8.314\text{J} \cdot \text{mol}^{-1} \cdot \text{K}^{-1} \times 298\text{K}}{2 \times 10^{-3}\text{m}^3}$$

$$\approx 619 \times 10^3\text{Pa} = 619\text{kPa}$$

$$\gamma = \frac{C_p}{C_V} = \frac{5}{3}$$

$$T_2 = T_1\left(\frac{p_2}{p_1}\right)^{\frac{\gamma-1}{\gamma}}$$

$$= 298\text{K} \times \left(\frac{101.3\text{kPa}}{619\text{kPa}}\right)^{0.4}$$

$$= 144.5\text{K} = T_3$$

$$V_2 = \frac{nRT_2}{p_2} = \frac{0.5\text{mol} \times 8.314\text{J} \cdot \text{mol}^{-1} \cdot \text{K}^{-1} \times 144.5\text{K}}{1 \times 101.3 \times 10^3\text{Pa}}$$

$$= 5.93 \times 10^{-3}\text{m}^3$$

$$Q_1 = 0$$

$$Q_2 = -W_2 = nRT\ln\frac{V_3}{V_2}$$

$$= 0.5\text{mol} \times 8.314\text{J} \cdot \text{mol}^{-1} \cdot \text{K}^{-1} \times 144.5\text{K}\ln\frac{2}{5.93}$$

$$= -652.9\text{J}$$

$$W_2 = 652.9\text{J}$$

$$\Delta U_1 = nC_{V,\text{m}}(T_2 - T_1)$$

$$= 0.5\text{mol} \times \frac{3}{2} \times 8.314\text{J} \cdot \text{mol}^{-1} \cdot \text{K}^{-1} \times (144.5 - 298)\text{K}$$

$$= -957\text{J}$$

$$\Delta U_2 = 0$$

$$W_{总} = W_1 + W_2$$

$$Q_{总} = Q_1 + Q_2 = -652.9\text{J}$$

$$\Delta U_{总} = \Delta U_1 + \Delta U_2 = -957\text{J}$$

$$W_{总} = \Delta U_{总} - Q_{总} = -957\text{J} + 652.9\text{J} = -304.1\text{J}$$

$$\Delta H_{总} = \Delta H_1 + \Delta H_2 = \Delta H_1 = nC_{p,\text{m}}(T_2 - T_1)$$

$$= 0.5\text{mol} \times \frac{5}{2} \times 8.314\text{J} \cdot \text{mol}^{-1} \cdot \text{K}^{-1} \times (144.5 - 298)\text{K}$$

$$= -1595\text{J}$$

$$\Delta S_{总} = \Delta S_1 + \Delta S_2 = \Delta S_2 = nR\ln\frac{V_3}{V_2}$$

$$= 0.5\text{mol} \times 8.314\text{J} \cdot \text{mol}^{-1} \cdot \text{K}^{-1} \ln \frac{2}{5.93}$$

$$= -4.52\text{J} \cdot \text{K}^{-1}$$

2-7 一定量的非理想气体经历以下可逆恒压过程：

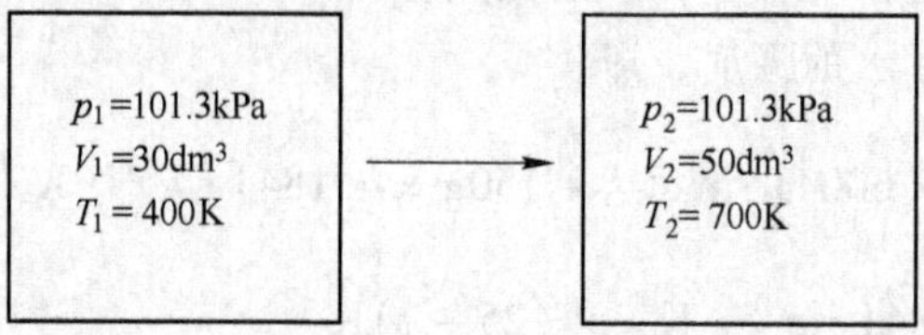

图 2-2 题 2-7

求过程的 Q，W，ΔU，ΔH 和 ΔS。已知此系统的 C_p 为 $20\text{J} \cdot \text{K}^{-1}$。

解：根据热容定义式，非理想气体的 $Q_p = C_p \Delta T$

$$Q_p = 20\text{J} \cdot \text{K}^{-1} \times (700 - 400)\text{K} = 6000\text{J}$$

$$W = -p_{外} \Delta V = -101.3 \times 10^3 \text{kPa} \times (50 - 30) \times 10^{-3} \text{m}^3$$

$$= -2026\text{J}$$

$$\Delta U = Q_p + W = 6000\text{J} - 2026\text{J} = 3974\text{J}$$

$$\Delta H = Q_p = 6000\text{J}$$

$$\Delta S = \int_{400}^{700} C_p \frac{\text{d}T}{T} = 20\text{J} \cdot \text{K}^{-1} \ln \frac{700}{400} = 11.19\text{J} \cdot \text{K}^{-1}$$

2-8 已知苯在 101.3kPa，80℃时蒸发，蒸发潜热为 $30878\text{J} \cdot \text{mol}^{-1}$，液态苯的比热容为 $1.799\text{J} \cdot \text{g}^{-1} \cdot \text{K}^{-1}$。将 1mol 苯蒸气在 80℃ 恒温压缩，压力自 40.52kPa 增至 101.3kPa，然后凝结为液态苯，再将液态苯冷却到 60℃，求整个过程的 ΔS。设苯蒸气为理想气体。

解：
$$\underset{\substack{40.52\text{kPa} \\ 80℃}}{C_6H_6(g)} \xrightarrow{\Delta S_1} \underset{\substack{101.3\text{kPa} \\ 80℃}}{C_6H_6(g)} \xrightarrow{\Delta S_2} \underset{\substack{101.3\text{kPa} \\ 80℃}}{C_6H_6(l)} \xrightarrow{\Delta S_3} \underset{\substack{101.3\text{kPa} \\ 60℃}}{C_6H_6(l)}$$

$$\Delta S = \Delta S_1 + \Delta S_2 + \Delta S_3 = nR\ln \frac{p_1}{p_2} + \frac{\Delta H}{T} + nC_{p,\text{m}} \ln \frac{T_2}{T_1}$$

$$= 1\text{mol} \times 8.314\text{J} \cdot \text{mol}^{-1} \cdot \text{K}^{-1} \ln \frac{40.52}{101.3} - \frac{30878\text{J} \cdot \text{mol}^{-1}}{353\text{K}} +$$

$$1\text{mol} \times 1.799\text{J} \cdot \text{g}^{-1} \cdot \text{K}^{-1} \times 78\text{g} \cdot \text{mol}^{-1} \times \ln\frac{333}{353}$$

$$= -103.27\text{J} \cdot \text{K}^{-1}$$

2-9 150g，0℃的冰放入1000g，25℃的水中，形成一孤立系统，求ΔS。已知冰的熔化热为6004J · mol^{-1}，水的比热容为4.184 J · g^{-1} · K^{-1}。

解：先求混合后水的温度，即

$$\frac{150\text{g}}{18\text{g} \cdot \text{mol}^{-1}} \times 6004\text{J} \cdot \text{mol}^{-1} + 150\text{g} \times 4.184\text{J} \cdot \text{g}^{-1} \cdot \text{K}^{-1} \times (t-0)\text{K}$$

$$= 1000\text{g} \times 4.184\text{J} \cdot \text{g}^{-1} \cdot \text{K}^{-1} \times (25-t)\text{K}$$

得 $t = 11.34$℃

$$\Delta S_{冰} = \frac{150\text{g}}{18\text{g} \cdot \text{mol}^{-1}} \times \frac{6004\text{J} \cdot \text{mol}^{-1}}{273\text{K}} + 150\text{g} \times 4.184\text{J} \cdot \text{g}^{-1} \cdot \text{K}^{-1}\ln\frac{273+11.34}{273}$$

$$= 183.27\text{J} \cdot \text{K}^{-1} + 25.54\text{J} \cdot \text{K}^{-1}$$

$$= 208.81\text{J} \cdot \text{K}^{-1}$$

$$\Delta S_{水} = 1000\text{g} \times 4.184\text{J} \cdot \text{g}^{-1} \cdot \text{K}^{-1}\ln\frac{273+11.34}{298}$$

$$= -196.32\text{J} \cdot \text{K}^{-1}$$

$$\Delta S = \Delta S_{冰} + \Delta S_{水}$$

$$= 208.81\text{J} \cdot \text{K}^{-1} - 196.32\text{J} \cdot \text{K}^{-1}$$

$$= 12.49\text{J} \cdot \text{K}^{-1}$$

2-10 查表计算101.3kPa，0℃时，将1dm^3 CO_2恒压加热至900℃的ΔS。

解：查表知 $C_{p,\text{m}}(CO_2) = (44.14 + 9.04 \times 10^{-3}T - 8.54 \times 10^5 T^{-2})\text{J} \cdot \text{mol}^{-1} \cdot \text{K}^{-1}$

$$\Delta S = n\int_{T_1}^{T_2}\frac{C_{p,\text{m}}}{T}\text{d}T = \frac{pV}{RT}\int_{T_1}^{T_2}\frac{C_{p,\text{m}}(CO_2)}{T}\text{d}T$$

$$= \frac{101.3 \times 10^3\text{Pa} \times 1 \times 10^{-3}\text{m}^3}{8.314\text{J} \cdot \text{mol}^{-1} \cdot \text{K}^{-1} \times 273\text{K}} \times \int_{273}^{1173}\left(\frac{44.14}{T} + 9.04 \times 10^{-3} - 8.54 \times 10^5 T^{-3}\right)\text{d}T$$

$$= \frac{1}{22.4}\Big[44.14\ln\frac{1173}{273} + 9.04 \times 10^{-3} \times (1173-273) +$$

$$\frac{8.54}{2}\times10^{5}\times\left(\frac{1}{1173^{2}}-\frac{1}{273^{2}}\right)\Big]$$

$$=2.994\text{J}\cdot\text{K}^{-1}$$

2-11 计算 1mol Br_2(s),从熔点 7.32℃变为沸点 61.55℃的 Br_2(g)的熵变。已知 Br_2(s)的熔化热为 67.710J · g^{-1}，Br_2(l)的比热容为 0.448J · g^{-1} · K^{-1}，蒸发热为 182.80J · g^{-1}。

解：
$$\underset{280.32\text{K}}{\text{Br}_2(\text{s})}\xrightarrow{\Delta S_1}\underset{280.32\text{K}}{\text{Br}_2(\text{l})}\xrightarrow{\Delta S_2}\underset{334.55\text{K}}{\text{Br}_2(\text{l})}\xrightarrow{\Delta S_3}\underset{334.55\text{K}}{\text{Br}_2(\text{g})}$$

$$\Delta S=\Delta S_1+\Delta S_2+\Delta S_3$$

$$=m\frac{\Delta H_1}{T}+mC_p(\text{Br}_2,\text{l})\ln\frac{T_2}{T_1}+m\frac{\Delta H_3}{T}$$

$$=1\text{mol}\times79.9\times2\text{g}\cdot\text{mol}^{-1}\times$$

$$\left(\frac{67.710\text{J}\cdot\text{g}^{-1}}{280.32\text{K}}+0.448\text{J}\cdot\text{g}^{-1}\cdot\text{K}^{-1}\ln\frac{334.55}{280.32}+\frac{182.80\text{J}\cdot\text{g}^{-1}}{334.55\text{K}}\right)$$

$$=138.55\text{J}\cdot\text{K}^{-1}$$

2-12 在 25℃的恒温下，将 1mol H_2（压力为 101.3kPa）与 1mol CH_4（压力为 101.3kPa）混合，若：

（1）混合后气体总压为 101.3kPa;

（2）混合后气体总压为 202.6kPa。

求此两过程的熵变。设 H_2 和 CH_4 都是理想气体。

解：（1）$\Delta S_{H_2}=0$　　$\Delta S_{CH_4}=0$

$$\Delta S_{总}=\Delta S_{H_2}+\Delta S_{CH_4}=0$$

（2）$\Delta S_{H_2}=nR\ln\frac{p_1}{p_2}=1\text{mol}\times8.314\text{J}\cdot\text{mol}^{-1}\cdot\text{K}^{-1}\ln\frac{1}{2}=-5.763\text{J}\cdot\text{K}^{-1}$

$$\Delta S_{CH_4}=nR\ln\frac{p_1}{p_2}=-5.763\text{J}\cdot\text{K}^{-1}$$

$$\Delta S_{总}=\Delta S_{H_2}+\Delta S_{CH_4}=-11.53\text{J}\cdot\text{K}^{-1}$$

2-13 5mol 氦从 0℃，101.3kPa 变为 25℃，202.6kPa，求此过程的 ΔS。

解：
$$\Delta S=nR\ln\frac{p_1}{p_2}+nC_{p,\text{m}}\ln\frac{T_2}{T_1}$$

$$=5\text{mol}\times8.314\text{J}\cdot\text{mol}^{-1}\cdot\text{K}^{-1}\ln\frac{101.3}{202.6}+$$

$$5\text{mol} \times \frac{5}{2} \times 8.314\text{J} \cdot \text{mol}^{-1} \cdot \text{K}^{-1} \ln \frac{298}{273}$$

$$= -19.7\text{J} \cdot \text{K}^{-1}$$

2-14　1mol H_2O 在 100℃，101.3kPa 蒸发为蒸汽，然后恒温可逆膨胀至 50dm^3，求整个过程中的 W 和 ΔG。

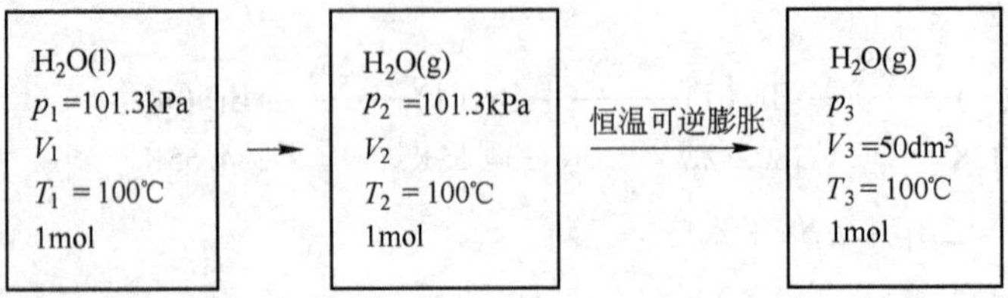

图 2-3　题 2-14

解：

$$p_3 = \frac{nRT}{V_3} = \frac{1\text{mol} \times 8.314\text{J} \cdot \text{mol}^{-1} \cdot \text{K}^{-1} \times 373\text{K}}{50 \times 10^{-3}\text{m}^3}$$

$$= 62000\text{Pa} = 62.00\text{kPa}$$

$$W = W_1 + W_2 = -p_1 V(\text{g}) - nRT \ln \frac{p_2}{p_3} = -nRT\left(1 + \ln \frac{p_2}{p_3}\right)$$

$$= -1\text{mol} \times 8.314\text{J} \cdot \text{mol}^{-1} \cdot \text{K}^{-1} \times 373\text{K} \times \left(1 + \ln \frac{101.3}{62.00}\right)$$

$$= -4624\text{J}$$

$$\Delta G = \Delta G_1 + \Delta G_2 = \Delta G_2 = -W_2 = -nRT \ln \frac{p_2}{p_3}$$

$$= -1\text{mol} \times 8.314\text{J} \cdot \text{mol}^{-1} \cdot \text{K}^{-1} \times 373\text{K} \times \ln \frac{101.3}{62.00}$$

$$= -1523\text{J}$$

2-15　25℃时，将 1mol 氧从 101.3kPa 恒温可逆压缩至 607.8kPa，求 Q，W，ΔU，ΔH，ΔS，ΔA 和 ΔG。

图 2-4　题 2-15

解：

$$\Delta U = \Delta H = 0$$

$$Q = -W = nRT\ln\frac{p_1}{p_2}$$

$$= 1\text{mol} \times 8.314\text{J} \cdot \text{mol}^{-1} \cdot \text{K}^{-1} \times 298\text{K}\ln\frac{101.3}{607.8} = -4439\text{J}$$

$$W = 4439\text{J}$$

$$\Delta S = nR\ln\frac{p_1}{p_2}$$

$$= 1\text{mol} \times 8.314\text{J} \cdot \text{mol}^{-1} \cdot \text{K}^{-1}\ln\frac{101.3}{607.8} = -14.90\text{J} \cdot \text{K}^{-1}$$

$$\Delta A = \Delta G = W_r = 4439\text{J}$$

2-16 举出可以用 ΔS，ΔA，ΔG 作为过程自发与平衡判据的实例。

解： 用 ΔS 判断过程自发与平衡的实例：

有一密闭绝热容器内有理想气体 A($p_A = 150\text{kPa}$，$T_A = 300\text{K}$，$V_A = 10\text{m}^3$) 和理想气体 B($p_B = 300\text{kPa}$，$T_B = 400\text{K}$，$V_B = 5.0\text{m}^3$)。它们之间用绝热隔板隔开，抽去隔板后，A，B 混合达平衡。已知 $C_{V,m}(\text{A,g}) = 1.5R$，$C_{V,m}(\text{B,g}) = 2.5R$，试用 ΔS 判据来说明。

答： 把 A，B 两气体作为系统，它们在一绝热恒容的容器中混合，$Q = 0$，$W = 0$，相当于隔离系统，$\Delta S > 0$ 的过程是自发的，$\Delta S = 0$ 的过程是平衡的。

假设混合气体的平衡温度是 T_2，

$$\Delta U = Q + W = 0 = \Delta U_A + \Delta U_B$$

即

$$n_A C_{V,m}(\text{A})(T_2 - T_A) + n_B C_{V,m}(\text{B})(T_2 - T_B) = 0$$

$$n_A = \frac{p_A V_A}{RT_A} = \frac{150 \times 10^3\text{Pa} \times 10\text{m}^3}{8.314\text{J} \cdot \text{mol}^{-1} \cdot \text{K}^{-1} \times 300\text{K}} = 601.4\text{mol}$$

$$n_B = \frac{p_B V_B}{RT_B} = \frac{300 \times 10^3\text{Pa} \times 5.0\text{m}^3}{8.314\text{J} \cdot \text{mol}^{-1} \cdot \text{K}^{-1} \times 400\text{K}} = 451.0\text{mol}$$

即 $601.4\text{mol} \times 1.5 \times 8.314\text{J} \cdot \text{mol}^{-1} \cdot \text{K}^{-1} \times (T_2 - 300\text{K}) +$
$451.0\text{mol} \times 2.5 \times 8.314\text{J} \cdot \text{mol}^{-1} \cdot \text{K}^{-1} \times (T_2 - 400\text{K}) = 0$

$$T_2 = 355.55\text{K}$$

$$V_2 = V_A + V_B = 15\text{m}^3$$

$$\Delta S_A = n_A C_{V,m}(A,g)\ln\frac{T_2}{T_A} + n_A R\ln\frac{V_2}{V_A}$$

$$= 601.4\text{mol}\times 1.5\times 8.314\text{J}\cdot\text{mol}^{-1}\cdot\text{K}^{-1}\ln\frac{355.55}{300} +$$

$$601.4\text{mol}\times 8.314\text{J}\cdot\text{mol}^{-1}\cdot\text{K}^{-1}\ln\frac{15}{10}$$

$$= 3301.5\text{J}\cdot\text{K}^{-1}$$

$$\Delta S_B = n_B C_{V,m}(B,g)\ln\frac{T_2}{T_B} + n_B R\ln\frac{V_2}{V_B}$$

$$= 451.0\text{mol}\times 2.5\times 8.314\text{J}\cdot\text{mol}^{-1}\cdot\text{K}^{-1}\ln\frac{355.55}{400} +$$

$$451.0\text{mol}\times 8.314\text{J}\cdot\text{mol}^{-1}\cdot\text{K}^{-1}\ln\frac{15}{5}$$

$$= 3015.1\text{J}\cdot\text{K}^{-1}$$

$$\Delta S = \Delta S_A + \Delta S_B = 6316.6\text{J}\cdot\text{K}^{-1}$$

$\Delta S > 0$，所以混合过程是自发过程。

2-17　357℃，101.3kPa 下，1mol 的液体汞变为 357℃，10.13kPa 的汞蒸气，求 ΔU，ΔH，ΔS，ΔA 和 ΔG。已知 357℃，101.3kPa 时汞的蒸发热为 271.96 $\text{J}\cdot\text{g}^{-1}$。

解：由题已知，357℃、101.3kPa 时汞的蒸发是可逆相变，所以要设计过程才能求出 357℃变压蒸发时的状态函数改变值。

$$\text{Hg(l)}\xrightarrow{(1)}\text{Hg(g)}\xrightarrow{(2)}\text{Hg(g)}$$

101.3kPa，357℃　101.3kPa，357℃　10.13kPa，357℃

已知　$M_{Hg} = 200.6\text{g}\cdot\text{mol}^{-1}$

$$\Delta H_1 = \Delta_{vap}HM_{Hg}n$$

$$= 271.96\text{J}\cdot\text{g}^{-1}\times 200.6\text{g}\cdot\text{mol}^{-1}\times 1\text{mol}$$

$$= 54560\text{J}$$

$$\Delta H_2 = 0$$

$$\Delta H_{总} = \Delta H_1 + \Delta H_2 = 54560\text{J}$$

$$\Delta U_1 = \Delta H_1 - \Delta(pV) = \Delta H_1 - n(g)RT$$

$$= 54560\text{J} - 1\text{mol}\times 8.314\text{J}\cdot\text{mol}^{-1}\cdot\text{K}^{-1}\times(357+273)\text{K}$$

$$= 49320\text{J}$$

$$\Delta U_2 = 0$$

$$\Delta U_{总} = \Delta U_1 + \Delta U_2 = 49320\text{J}$$

$$\Delta S_1 = \frac{\Delta H_1}{T} = \frac{54560\text{J}}{(357+273)\text{K}} = 86.60\text{J}\cdot\text{K}^{-1}$$

$$\Delta S_2 = nR\ln\frac{p_1}{p_2} = 1\text{mol}\times 8.314\text{J}\cdot\text{mol}^{-1}\cdot\text{K}^{-1}\ln\frac{101.3}{10.13}$$

$$= 19.14\text{J}\cdot\text{K}^{-1}$$

$$\Delta S_{总} = \Delta S_1 + \Delta S_2 = 86.60\text{J}\cdot\text{K}^{-1} + 19.14\text{J}\cdot\text{K}^{-1}$$

$$= 105.74\text{J}\cdot\text{K}^{-1}$$

$$\Delta A_1 = \Delta U_1 - T\Delta S_1 = 49320\text{J} - (357+273)\text{K}\times 86.60\text{J}\cdot\text{K}^{-1}$$

$$= -5238\text{J}$$

$$\Delta A_2 = \Delta U_2 - T\Delta S_2 = 0 - (357+273)\text{K}\times 19.14\text{J}\cdot\text{K}^{-1}$$

$$= -12058\text{J}$$

$$\Delta A = \Delta A_1 + \Delta A_2 = -17296\text{J}$$

$$\Delta G_1 = 0$$

$$\Delta G_2 = \Delta H_2 - T\Delta S_2 = 0 - (357+273)\text{K}\times 19.14\text{J}\cdot\text{K}^{-1}$$

$$= -12058.2\text{J}$$

$$\Delta G = \Delta G_1 + \Delta G_2 = -12058.2\text{J}$$

2-18 在25℃，101.3kPa 下，使 1mol 铅与乙酸铜在可逆情况下发生反应，可做电功 91840J，同时吸热 213600J。求 ΔU，ΔH，ΔS，ΔA 和 ΔG。

解：可逆情况下，$Q = Q_r$，$W' = W'_r$（最大）

$$\Delta U = Q + W = 213600\text{J} - 91840\text{J} = 121760\text{J}$$

$$\Delta H = \Delta U + \Delta(pV) = \Delta U = 121760\text{J}$$

$$\Delta S = \frac{Q_r}{T} = \frac{213600\text{J}}{298\text{K}} = 716.8\text{J}\cdot\text{K}^{-1}$$

$$\Delta A = W' = -91840\text{J}$$

$$\Delta G = \Delta H - T\Delta S$$

$$= 121760\text{J} - 298\text{K}\times 716.8\text{J}\cdot\text{K}^{-1}$$

$$= -91840\text{J}$$

2-19 −59℃，过冷 CO_2 液体的饱和蒸气压为 0.466MPa，CO_2 固体的饱和蒸气压为 0.439MPa。求在 −59℃，101.3kPa 下，1mol 过冷 CO_2 液体凝固过程的吉布斯函数变化。此过程能否自发进行？

解：过冷 CO_2(l) 凝固为不可逆相变，要设计途径如下：

$$\underset{p_1=101.3\text{kPa}}{CO_2(l)}\xrightarrow{\Delta G_1}\underset{p_2=0.466\text{MPa}}{CO_2(l)}\xrightarrow{\Delta G_2}\underset{p_2=0.466\text{MPa}}{CO_2(g)}\xrightarrow{\Delta G_3}\underset{p_3=0.439\text{MPa}}{CO_2(g)}$$

$$\xrightarrow{\Delta G_4}\underset{p_3=0.439\text{MPa}}{CO_2(s)}\xrightarrow{\Delta G_5}\underset{p_4=101.3\text{kPa}}{CO_2(s)}$$

$$\Delta G = \Delta G_1 + \Delta G_2 + \Delta G_3 + \Delta G_4 + \Delta G_5$$

$$= \int_{p_1}^{p_2} V(l)\,dp + 0 + \int_{p_2}^{p_3} V(g)\,dp + 0 + \int_{p_3}^{p_4} V(s)\,dp$$

忽略凝聚态体积随压力的变化，得

$$\Delta G = \int_{p_2}^{p_3} V(g)\,dp = n(g)RT\ln\frac{p_3}{p_2}$$

$$= 1\text{mol}\times 8.314\text{J}\cdot\text{mol}^{-1}\cdot\text{K}^{-1}\times(273-59)\text{K}\ln\frac{0.439}{0.466}$$

$$= -106\text{J}$$

这个过程能自发进行。

2-20　在25℃，101.3kPa下，1mol过冷水蒸气凝结为水，求过程的ΔG。已知液体水的摩尔体积为$18\text{cm}^3\cdot\text{mol}^{-1}$，25℃时水的饱和蒸气压为3.167kPa。

解：水在25℃、101.3kPa下是不可逆相变，所以要设计途径如下：

$$\begin{array}{ccccc} H_2O(g) & \xrightarrow{\Delta G} & H_2O(l) & & 25℃, p_1=101.3\text{kPa} \\ \downarrow \Delta G_1 & & \uparrow \Delta G_3 & & \\ H_2O(g) & \xrightarrow{\Delta G_2} & H_2O(l) & & 25℃, p_2=3.167\text{kPa} \end{array}$$

$$\Delta G = \Delta G_1 + \Delta G_2 + \Delta G_3$$

$$\Delta G_1 = \int_{p_1}^{p_2} V(g)\,dp = nRT\ln\frac{p_2}{p_1}$$

$$= 1\text{mol}\times 8.314\text{J}\cdot\text{mol}^{-1}\cdot\text{K}^{-1}\times 298\text{K}\times\ln\frac{3.167}{101.3}$$

$$= -8585.5\text{J}$$

$$\Delta G_2 = 0$$

$$\Delta G_3 = \int_{p_2}^{p_1} V(l)\,dp$$

$$= 18\times10^{-6}\text{m}^3\cdot\text{mol}^{-1}\times(101.3-3.167)\times10^3\text{Pa}\times1\text{mol}$$

$$= 1.766\text{J}$$

$$\Delta G = -8585.5\text{J} + 1.766\text{J} = -8583.7\text{J}$$

2-21 10mol H_2从 100kPa，298K 绝热压缩至 1000kPa，607K。设 H_2为理想气体，$C_{V,m}=\frac{5}{2}R$，又知 $S^{\ominus}(H_2,298K)=130.689\ J\cdot mol^{-1}\cdot K^{-1}$，求此过程的 ΔU，ΔH，ΔS、ΔA 和 ΔG。此过程是不是可逆过程？

解：此题是绝热压缩，因为不确定是不是可逆过程，不能直接应用绝热可逆过程方程。理想气体状态变化过程的 ΔU、ΔH 只是温度的函数，即

$$\Delta U=nC_{V,m}(T_2-T_1)$$

$$=10mol\times\frac{5}{2}\times 8.314J\cdot mol^{-1}\cdot K^{-1}\times(607-298)K$$

$$=64200J$$

$$\Delta H=nC_{p,m}(T_2-T_1)$$

$$=10mol\times\frac{7}{2}\times 8.314J\cdot mol^{-1}\cdot K^{-1}\times(607-298)K$$

$$=90000J$$

$$\Delta S=nC_{p,m}\ln\frac{T_2}{T_1}+nR\ln\frac{p_1}{p_2}$$

$$=10mol\times\frac{7}{2}\times 8.314J\cdot mol^{-1}\cdot K^{-1}\ln\frac{607}{298}+$$

$$10mol\times 8.314J\cdot mol^{-1}\cdot K^{-1}\ln\frac{100}{1000}$$

$$=15.5J\cdot K^{-1}$$

$$S_2=\Delta S+S_1$$

$$=15.5J\cdot K^{-1}+130.689J\cdot mol^{-1}\cdot K^{-1}\times 10mol$$

$$=1322.4J\cdot K^{-1}$$

由于是变温过程 $\Delta A=\Delta U-T\Delta S$ 不能用，但由于 $S^{\ominus}(H_2,298K)$已知，可根据 $A=U-TS$ 分别求 A_1、A_2再确定 ΔA，同理确定 ΔG。

$$\Delta A=A_2-A_1=(U_2-T_2S_2)-(U_1-T_1S_1)$$

$$=\Delta U+(T_1S_1-T_2S_2)$$

$$=64200J+(298K\times 130.689J\cdot mol^{-1}\cdot K^{-1}\times 10mol-607K\times 1322.4J\cdot K^{-1})$$

$$=-349\times 10^3J=-349kJ$$

$$\Delta G=G_2-G_1=(H_2-T_2S_2)-(H_1-T_1S_1)$$

$= \Delta H + (T_1S_1 - T_2S_2)$

$= 90 \times 10^3 J + (298K \times 130.689 J \cdot mol^{-1} \cdot K^{-1} \times 10mol - 607K \times 1322.4 J \cdot K^{-1})$

$= -323 \times 10^3 J = -323 kJ$

绝热过程，$\Delta S > 0$，所以这是不可逆过程。

2-22　0℃时 S(斜方)→S(单斜)的 $\Delta_r H_m^\ominus$ 为 $322.2 J \cdot mol^{-1}$。已知此过程在 95℃时是可逆的，求此过程在 0℃进行时的 $\Delta_r G_m^\ominus$。已知摩尔恒压热容为

$$C_{p,m}(斜方) = (17.24 + 0.0197T/K) J \cdot mol^{-1} \cdot K^{-1}$$

$$C_{p,m}(单斜) = (15.15 + 0.0301T/K) J \cdot mol^{-1} \cdot K^{-1}$$

解： 0℃、外压下斜方硫变为单斜硫是不可逆过程。

已知

$$\Delta G_{273} = \Delta H_{273} - T\Delta S_{273}$$

$$\Delta H_{273} = 322.2 J \cdot mol^{-1}$$

$$\Delta C_{p,m} = C_{p,m}(单斜) - C_{p,m}(斜方)$$

$$= (-2.09 + 0.0104T/K) J \cdot mol^{-1} \cdot K^{-1}$$

根据基尔霍夫定律，

$$\Delta H_{368} = \Delta H_{273} + \int_{273}^{368} \Delta C_{p,m} dT$$

$$= 322.2 J \cdot mol^{-1} + \int_{273}^{368} (-2.09 + 0.0104T/K) J \cdot mol^{-1} \cdot K^{-1} dT$$

$$= 322.2 J \cdot mol^{-1} + \left[(-2.09) \times (368 - 273) + \frac{0.0104}{2} \times (368^2 - 273^2)\right] J \cdot mol^{-1}$$

$$= 440.3 J \cdot mol^{-1}$$

95℃、外压下，相转变是可逆过程，因此

$$\Delta S_{368} = \frac{\Delta H_{368}}{T} = \frac{440.3 J \cdot mol^{-1}}{368K} = 1.196 J \cdot mol^{-1} \cdot K^{-1}$$

$$\Delta S_{273} = \Delta S_{368} - \int_{273}^{368} \left(-\frac{2.09}{T} + 0.0104\right) dT$$

$$= 1.196 J \cdot mol^{-1} \cdot K^{-1} + 2.09 \ln \frac{368}{273} J \cdot mol^{-1} \cdot K^{-1} - 0.0104(368 - 273) J \cdot mol^{-1} \cdot K^{-1}$$

$$= 0.832 J \cdot mol^{-1} \cdot K^{-1}$$

$$\Delta G_{273} = \Delta H_{273} - T\Delta S_{273}$$

$$= 322.2 J \cdot mol^{-1} - 273K \times 0.832 J \cdot mol^{-1} \cdot K^{-1}$$

$=95.1\mathrm{J\cdot mol^{-1}}$

2-23 在哪些情况下，系统的 ΔA 和 ΔG 数值相等？试举例说明。

答： $\Delta G=\Delta A+\Delta(pV)$ 当 $\Delta(pV)=0$ 时，$\Delta G=\Delta A$。

例如：(1) 理想气体恒温膨胀压缩过程 $\Delta(pV)=\Delta nRT=0$，故 $\Delta G=\Delta A$。

(2) 凝聚相恒压下简单状态变化过程，体积变化很小，即 $\Delta(pV)\approx 0$ 时，$\Delta G=\Delta A$。

2-24 从手册中查出 298K，100kPa 下，反应 $H_2O(l)\rightarrow H_2(g)+\frac{1}{2}O_2(g)$ 的 $\Delta_r G_m^{\ominus}=237.25\mathrm{kJ\cdot mol^{-1}}$。这说明在此条件下，上述反应不能自发进行。但在实验室内却常常靠电解水以制取氢气和氧气。二者是否有矛盾？

答： 不矛盾。因为用 $\Delta G>0$ 判断过程非自发，是在恒 T 和 p 且无非体积功时成立，而电解水时非体积功不等于零。因此 $\Delta G>0$ 的过程也能进行，称为反自发过程。

2-25 "因为 $\Delta G_{T,p}=W'_M$，所以，在恒温恒压下，只有系统对外做非体积功时，系统的吉布斯函数才减少"这种说法是否正确？

答： 不正确。因为 G 是状态函数，系统状态变化时，只要初末态相同，ΔG 值则相同。与实际过程中系统是否做非体积功无关。

由 $G=H-TS=U+pV-TS$，可知：

当恒 T，p 时

$$\Delta G=\Delta U+p\Delta V-T\Delta S=Q+W+W'+p\Delta V-T\Delta S$$

可逆过程 $Q=T\Delta S$，$W=-p\Delta V$

得 $\Delta G=W'$，成立。

2-26 一定量的 H_2 气在恒压下加热升温，其热力学能（内能）、焓、熵、吉布斯函数是否都增大？试简单说明理由。

答： 把 H_2 看作理想气体，且 $\Delta U=nC_{V,\mathrm{m}}\Delta T$，$C_{V,\mathrm{m}}>0$；$\Delta H=nC_{p,\mathrm{m}}\Delta T$，$C_{p,\mathrm{m}}>0$。恒压升温时，$\Delta U$、$\Delta H$ 均增大。

熵是系统混乱度的量度，温度升高，ΔS 增大。

吉布斯函数对温度的一阶偏导数 $\left(\frac{\partial G}{\partial T}\right)_p=-S$，即 $\left(\frac{\partial \Delta G}{\partial T}\right)_p=-\Delta S$。

因为温度升高，系统熵值增加，$\Delta S>0$，故 ΔG 减小。

2-27 试证明固定质量的纯物质单相系统存在下列关系：

(1) $\left(\frac{\partial U}{\partial V}\right)_T=T\left(\frac{\partial p}{\partial T}\right)_V-p$；

(2) $\left(\frac{\partial U}{\partial V}\right)_p=C_V\left(\frac{\partial T}{\partial V}\right)_p+T\left(\frac{\partial p}{\partial T}\right)_V-p$；

(3) $\left(\frac{\partial H}{\partial p}\right)_T = V - T\left(\frac{\partial V}{\partial T}\right)_p$;

(4) $C_p - C_V = T\left(\frac{\partial p}{\partial T}\right)_V\left(\frac{\partial V}{\partial T}\right)_p$。

解：(1) 根据热力学基本方程

$$dU = TdS - pdV$$

在恒温下，两边同除以 dV，得

$$\left(\frac{\partial U}{\partial V}\right)_T = T\left(\frac{\partial S}{\partial V}\right)_T - p$$

将$\left(\frac{\partial S}{\partial V}\right)_T = \left(\frac{\partial P}{\partial T}\right)_V$代入上式得

$$\left(\frac{\partial U}{\partial V}\right)_T = T\left(\frac{\partial p}{\partial T}\right)_V - p$$

(2) 把内能 $U = f(T,V)$ 按全微分展开

$$dU = \left(\frac{\partial U}{\partial T}\right)_V dT + \left(\frac{\partial U}{\partial V}\right)_T dV$$

在恒压下，两边同除以 dV，得

$$\left(\frac{\partial U}{\partial V}\right)_p = \left(\frac{\partial U}{\partial T}\right)_V\left(\frac{\partial T}{\partial V}\right)_p + \left(\frac{\partial U}{\partial V}\right)_T = C_V\left(\frac{\partial T}{\partial V}\right)_p + \left(\frac{\partial U}{\partial V}\right)_T$$

将式 (1) 的结果$\left(\frac{\partial U}{\partial V}\right)_T = T\left(\frac{\partial p}{\partial T}\right)_V - p$代入，得

$$\left(\frac{\partial U}{\partial V}\right)_p = C_V\left(\frac{\partial T}{\partial V}\right)_p + T\left(\frac{\partial p}{\partial T}\right)_V - p$$

(3) $dH = Vdp + TdS$

恒温下两边同除以 dp，得

$$\left(\frac{\partial H}{\partial p}\right)_T = V + T\left(\frac{\partial S}{\partial p}\right)_T$$

因

$$-\left(\frac{\partial S}{\partial p}\right)_T = \left(\frac{\partial V}{\partial T}\right)_p$$

得

$$\left(\frac{\partial H}{\partial p}\right)_T = V - T\left(\frac{\partial V}{\partial T}\right)_p$$

(4) $dH = \left(\frac{\partial H}{\partial T}\right)_p dT + \left(\frac{\partial H}{\partial p}\right)_T dp$

恒容下，两边同除以 dT，得

$$\left(\frac{\partial H}{\partial T}\right)_V = \left(\frac{\partial H}{\partial T}\right)_p + \left(\frac{\partial H}{\partial p}\right)_T\left(\frac{\partial p}{\partial T}\right)_V$$

$H = U + pV$ 代入左方，

$\left(\frac{\partial H}{\partial p}\right)_T = V - T\left(\frac{\partial V}{\partial T}\right)_p$ 代入右方，得

$$\left(\frac{\partial U}{\partial T}\right)_V + V\left(\frac{\partial p}{\partial T}\right)_V = \left(\frac{\partial H}{\partial T}\right)_p + V\left(\frac{\partial p}{\partial T}\right)_V - T\left(\frac{\partial V}{\partial T}\right)_p\left(\frac{\partial p}{\partial T}\right)_V$$

$\left(\frac{\partial H}{\partial T}\right)_p = C_p, \left(\frac{\partial U}{\partial T}\right)_V = C_V$，代入得

$$C_p - C_V = T\left(\frac{\partial V}{\partial T}\right)_p\left(\frac{\partial p}{\partial T}\right)_V$$

2-28 试证明在恒温下范氏气体（遵守范德华方程的气体）的热力学能（内能）随系统体积的增大而增大。

解： 气体在恒温时内能随体积的变化率为

$$\left(\frac{\partial U}{\partial V}\right)_T = T\left(\frac{\partial p}{\partial T}\right)_V - p$$

范氏气体满足 $\left(p + \frac{a_0}{V^2}\right)(V - b_0) = RT$

$$p = \frac{RT}{V - b_0} - \frac{a_0}{V^2}$$

$$\left(\frac{\partial p}{\partial T}\right)_V = \frac{R}{V - b_0}$$

所以 $$\left(\frac{\partial U}{\partial V}\right)_T = \frac{RT}{V - b_0} - p = \frac{RT}{V - b_0} - \left(\frac{RT}{V - b_0} - \frac{a_0}{V^2}\right) = \frac{a_0}{V^2} > 0$$

即恒温下，范氏气体的内能随体积的增大而增大。

2-29 设一气体的状态方程为 $pV = RT + ap$，式中 a 为常数。试推导在恒温条件下，此气体的焓与压力的关系式。

解： $$\left(\frac{\partial H}{\partial p}\right)_T = V - T\left(\frac{\partial V}{\partial T}\right)_p$$

而 $pV = RT + ap$

$$V = \frac{RT}{p} + a$$

$\left(\frac{\partial V}{\partial T}\right)_p = \frac{R}{p}$ 代入得

$$\left(\frac{\partial H}{\partial p}\right)_T = V - T \times \frac{R}{p} = \left(\frac{RT}{p} + a\right) - \frac{RT}{p} = a$$

2-30 某炼铜炉废气（压力为 100kPa）中含锌 5%。试查表计算说明烟道中温度高于 700℃ 的地方能否有液体锌凝结出来？

解： 此题即是要确定 Zn 是否能发生气液相转变。

查得 600 ~ 985℃液态 Zn 的饱和蒸气压与温度的关系式为:

$$\lg p(\text{Zn}) = \frac{-6163}{T} + 10.233$$

代入 $p(\text{Zn}) = 100 \times 10^3\text{Pa} \times 0.05 = 5 \times 10^3\text{Pa} = 5\text{kPa}$

得

$$\lg 5 \times 10^3 = \frac{-6163}{T} + 10.233$$

$$T = 943\text{K} = 670℃$$

即 670℃时液态 Zn 的饱和蒸气压为 5kPa，故高于 700℃处没有 Zn 凝结出来。

2-31 汞在 101.3kPa 下熔点是 −38.87℃。液体汞的密度是 $13.69\text{g}\cdot\text{cm}^{-3}$，固体汞的密度是 $14.193\text{g}\cdot\text{cm}^{-3}$。熔化潜热是 $9.75\text{J}\cdot\text{g}^{-1}$。求在 358.6MPa 下汞的熔点。

解: 由克拉佩龙方程 $\frac{\mathrm{d}p}{\mathrm{d}T} = \frac{\Delta H}{T\Delta V}$

$$\mathrm{d}p = \frac{\Delta H}{T\Delta V}\mathrm{d}T$$

$$p_2 - p_1 = \frac{\Delta H}{\Delta V}\ln\frac{T_2}{T_1}$$

$$(358.6 \times 10^6\text{Pa} - 101.3 \times 10^3\text{Pa}) = \frac{9.75\text{J}\cdot\text{g}^{-1}}{\left(\frac{m}{\rho_1} - \frac{m}{\rho_s}\right) \times 10^{-6}}\ln\frac{T_2}{273 - 38.87}$$

$m = 1\text{g}$, $\rho_1 = 13.690\text{g}\cdot\text{cm}^{-3}$, $\rho_s = 14.193\text{g}\cdot\text{cm}^{-3}$

得

$$\ln\frac{T_2}{273 - 38.87} = 0.0952$$

$$T_2 = 257.5\text{K} = -15.5℃$$

2.3 补充习题

2-1 溜冰鞋下面的冰刀与冰接触的地方，长度为 7.62cm，宽度为 0.00245cm。

(1) 若某人的体重为 60kg，试问施加于冰的压力为多少?

(2) 在该压力下，冰的熔点为多少? (已知冰的熔化热为 $6.01\text{kJ}\cdot\text{mol}^{-1}$，熔点 $T_f = 273.16\text{K}$，冰的密度为 $0.92\text{g}\cdot\text{cm}^{-3}$，水的密度为 $1.00\text{g}\cdot\text{cm}^{-3}$。)

解: (1) 一双溜冰鞋下面有两把冰刀，则冰所受的压力为

$$\frac{60\text{kg} \times 9.8\text{N}\cdot\text{kg}^{-1}}{2 \times 7.62\text{cm} \times 0.00245\text{cm} \times 10^{-4}} = 1.5748 \times 10^8\text{Pa}$$

(2) 根据克拉佩龙方程

$$\frac{dp}{dT}=\frac{\Delta H}{T\Delta V}$$

$$\Delta V=V_l-V_s=18.02g\cdot mol^{-1}\times\left(\frac{1}{1.00g\cdot cm^{-3}}-\frac{1}{0.92g\cdot cm^{-3}}\right)\times10^{-6}$$

$$=-1.567\times10^{-6}m^3\cdot mol^{-1}$$

$$\int_{p_1}^{p_2}dp=\frac{\Delta H}{\Delta V}\int_{273.2}^{T}\frac{dT}{T}$$

$$1.5748\times10^{8}Pa-101325Pa=\frac{6010J\cdot mol^{-1}}{-1.567\times10^{-6}m^3\cdot mol^{-1}}\ln\frac{T}{273.2}$$

$T=262.2K$ 或 $T=-10.8℃$

2-2 在298K、$p^\ominus$下，有下列相变化：$CaCO_3$(文石)→$CaCO_3$(方解石)

已知该过程的 $\Delta_{trs}G_m^\ominus=-800J\cdot mol^{-1}$，$\Delta_{trs}V_m^\ominus=2.75cm^3\cdot mol^{-1}$，试问在298K时需加多大压力方能使文石成为稳定相?

答: 298K、$p^\ominus$下，上述相变 $\Delta G<0$，说明方解石是稳定相。要使文石成为稳定相，ΔG 必须大于零。当 $\Delta G=0$ 时此时压力即为使文石成为稳定相的转变压力。设计如下等温等压过程：

$$\begin{array}{ccc}CaCO_3(文石,p^\ominus) & \xrightarrow{\Delta_{trs}G(p^\ominus)} & CaCO_3(方解石,p^\ominus)\\ \downarrow\Delta G_1 & & \uparrow\Delta G_2\\ CaCO_3(文石,p) & \xrightarrow{\Delta G_m=0} & CaCO_3(方解石,p)\end{array}$$

由热力学基本方程 $dG=Vdp$

$$\Delta G_1+\Delta G_2=\int_{p^\ominus}^{p}V_{文}\,dp+\int_{p}^{p^\ominus}V_{方}\,dp$$

$$=\int_{p}^{p^\ominus}(V_{方}-V_{文})dp$$

$$=\Delta_{trs}V_m^\ominus(p^\ominus-p)$$

$$=2.75cm^3\cdot mol^{-1}\times(100-p)kPa$$

$$\Delta_{trs}G(p^\ominus)=\Delta G_1+\Delta G_m+\Delta G_2$$

$$-800J\cdot mol^{-1}=2.75\times10^{-6}m^3\cdot mol^{-1}\times(100\times10^3-p)Pa$$

$$p=2.91\times10^{8}Pa$$

2-3 历史上曾提出过两类永动机，第一类永动机指的是______________。因为它违反了______________，所以造不出来；第二类永动机指的是

__________就能做功的机器，它并不违反__________，但它违反了__________，故也造不出来。

答： 不需要任何能量就能做功的机器；热力学第一定律；从单一热源吸热；热力学第一定律，热力学第二定律。

2-4　热力学第一定律 $\Delta U = Q + W$ 的适用条件是：______；

热力学第二定律 $\Delta S \geqslant 0$ 作判据时的适用条件是：______；

热力学第三定律 $S(0\text{K}) = 0$ 的适用条件是：______。

答： 封闭系统；隔离系统；纯物质的完美晶体。

2-5　当热力学第一定律写成 $\mathrm{d}U = \delta Q - p\mathrm{d}V$ 时，它适用于（　）。

A　理想气体的可逆过程　　B　封闭系统的任一过程

C　封闭系统只做体积功过程　　D　封闭系统的定压过程

答： C。

2-6　对理想气体的可逆定温压缩过程中，下列结果错误的是（　）。

A　$\Delta S_{体} = 0$　　B　$\Delta U = 0$　　C　$Q < 0$　　D　$\Delta H = 0$

答： A。

2-7　一封闭系统分别经历可逆过程 R 和不可逆过程 IR 发生状态变化，两个过程热效应的关系为（　）。

A　$Q_{\mathrm{R}} = Q_{\mathrm{IR}}$　　B　$\dfrac{Q_{\mathrm{R}}}{T} > \dfrac{Q_{\mathrm{IR}}}{T}$　　C　$W_{\mathrm{R}} = W_{\mathrm{IR}}$　　D　$\dfrac{Q_{\mathrm{R}}}{T} = \dfrac{Q_{\mathrm{IR}}}{T}$

答： B。

2-8　只做膨胀功的封闭系统，$\left(\dfrac{\partial G}{\partial T}\right)_p$ 的值（　）。

A　大于零　　B　小于零　　C　等于零　　D　无法确定

答： B。

2-9　1mol 理想气体经一定温可逆膨胀过程，则（　）。

A　$\Delta G = \Delta A$　　B　$\Delta G > \Delta A$　　C　$\Delta G < \Delta A$　　D　无法确定

答： A。

2-10　在理想气体的不可逆循环过程中，ΔG（　）。

A　小于零　　B　等于零　　C　大于零　　D　无法确定

答： B。

3 化学平衡

3.1 主要公式

（1）平衡常数：

标准平衡常数

$$K^{\ominus} = \prod_{B}\left(\frac{p_B}{p^{\ominus}}\right)^{\nu_B} \tag{3-1}$$

式中，p_B 代表化学反应中任一气态组分 B 的平衡分压，$p^{\ominus}$ 为标准压力（目前选择 $p^{\ominus}=100\text{kPa}$ 作为标准压力）。

压力平衡常数 $$K_p = \prod_{B}(p_B)^{\nu_B} \tag{3-2}$$

浓度平衡常数 $$K_c = \prod_{B}(c_B)^{\nu_B}$$

摩尔分数平衡常数 $$K_x = \prod_{B}(x_B)^{\nu_B} \tag{3-3}$$

（2）理想气体化学反应等温方程：

$$\Delta_r G_m = -RT\ln K^{\ominus} + RT\ln J_p \tag{3-4}$$

$$\Delta_r G_m = \Delta_r G_m^{\ominus} + RT\ln J_p \tag{3-5}$$

式中，J_p 为压力商，$\Delta_r G_m^{\ominus} = -RT\ln K^{\ominus}$。

（3）利用物质的标准摩尔生成吉布斯函数 $\Delta_f G_m^{\ominus}$ 计算化学反应的标准摩尔反应吉布斯函数 $\Delta_r G_m^{\ominus}$：

$$\Delta_r G_m^{\ominus} = \sum_{B}\nu_B \Delta_f G_m^{\ominus}(B) \tag{3-6}$$

（4）如果 1mol 某物质从 0K 至 298K 的升温过程经过下列步骤：

$$\underset{0\text{K}}{\text{固态}} \longrightarrow \underset{T_f}{\text{固态}} \xrightarrow{\text{熔化}} \underset{T_f}{\text{液态}} \longrightarrow \underset{T_b}{\text{液态}} \xrightarrow{\text{蒸发}} \underset{T_b}{\text{气态}} \longrightarrow \underset{298\text{K}}{\text{气态}}$$

物质在 298K 时的标准摩尔熵：

$$S_m^{\ominus}(298\text{K}) = \int_{0\text{K}}^{T_f} C_{p,m}^{\ominus}(s)\,\mathrm{d}\ln T + \frac{\Delta_{fus}H_m^{\ominus}}{T_f} + \int_{T_f}^{T_b} C_{p,m}^{\ominus}(l)\,\mathrm{d}\ln T +$$

$$\frac{\Delta_{vap}H_m^{\ominus}}{T_b} + \int_{T_b}^{298K} C_{p,m}^{\ominus}(g)\,d\ln T \tag{3-7}$$

式中，T_f为物质的熔点，K；T_b为物质的沸点，K；$\Delta_{fus}H_m^{\ominus}$ 为物质的标准摩尔熔化焓，$J \cdot mol^{-1}$；$\Delta_{vap}H_m^{\ominus}$ 为物质的标准摩尔蒸发焓，$J \cdot mol^{-1}$；$C_{p,m}^{\ominus}(s)$，$C_{p,m}^{\ominus}(l)$，$C_{p,m}^{\ominus}(g)$为固、液、气态时的标准摩尔恒压热容，$J \cdot mol^{-1} \cdot K^{-1}$。

（5）标准摩尔反应熵：

$$\Delta_r S_m^{\ominus} = \sum_B \nu_B S_m^{\ominus}(B) \tag{3-8}$$

式中，$S_m^{\ominus}(B)$为参与反应的物质 B 在温度 T 下的标准摩尔熵。

（6）标准摩尔反应熵与温度的关系：

$$\Delta_r S_m^{\ominus}(T_2) = \Delta_r S_m^{\ominus}(T_1) + \int_{T_1}^{T_2} \frac{\Delta_r C_{p,m}^{\ominus}}{T} dT \tag{3-9}$$

（7）标准摩尔反应吉布斯函数与温度的关系：

$$\Delta_r G_m^{\ominus}(T) = \Delta_r H_m^{\ominus}(298K) - T\Delta_r S_m^{\ominus}(298K) + \int_{T_{298K}}^{T} \Delta_r C_{p,m}^{\ominus} dT - T\int_{298K}^{T} \frac{\Delta_r C_{p,m}^{\ominus}}{T} dT \tag{3-10}$$

忽略热容随温度的变化

$$\Delta_r G_m^{\ominus}(T) = \Delta_r H_m^{\ominus}(298K) - T\Delta_r S_m^{\ominus}(298K)$$

（8）吉布斯-亥姆霍兹方程：

$$\left[\frac{\partial(A/T)}{\partial T}\right]_V = -\frac{U}{T^2} \tag{3-11}$$

$$\left[\frac{\partial(G/T)}{\partial T}\right]_p = -\frac{H}{T^2} \tag{3-12}$$

（9）范特霍夫等压方程：

微分式

$$\frac{d\ln K^{\ominus}}{dT} = \frac{\Delta_r H_m^{\ominus}}{RT^2} \tag{3-13}$$

焓不随温度变化时定积分

$$\ln\frac{K_2^{\ominus}}{K_1^{\ominus}} = -\frac{\Delta_r H_m^{\ominus}}{R}\left(\frac{1}{T_2} - \frac{1}{T_1}\right) \tag{3-14}$$

不定积分

$$\ln K^{\ominus} = -\frac{\Delta_r H_m^{\ominus}}{RT} + C \tag{3-15}$$

3.2 教材习题解答

3-1 在500℃，总压为100kPa时，N_2与H_2以摩尔分数1∶3的比例混合，反应达平衡后生成NH_3在平衡系统中占1.20%，若要平衡系统中NH_3占10.40%，总压应为多少?

解: 根据题给条件，可以先由已知条件确定平衡常数，之后再确定NH_3的摩尔分数变化后的总压。

设反应开始时N_2为1mol，N_2的转化率为α，则

	N_2	+ $3H_2$	$=$ $2NH_3$	
开始:	1	3		
平衡:	$1-\alpha$	$3-3\alpha$	2α	总的物质的量为$4-2\alpha$
平衡分压:	$\frac{1-\alpha}{4-2\alpha}p_{总}$	$\frac{3-3\alpha}{4-2\alpha}p_{总}$	$\frac{2\alpha}{4-2\alpha}p_{总}$	

即

$$K_p=\frac{p_{NH_3}^2}{p_{N_2}p_{H_2}^3}=\frac{\left(\frac{2\alpha}{4-2\alpha}\right)^2p_{总}^2}{\left(\frac{1-\alpha}{4-2\alpha}\right)\left(\frac{3-3\alpha}{4-2\alpha}\right)^3p_{总}^4}$$

$$=\frac{4\alpha^2(4-2\alpha)^2}{27(1-\alpha)^4p_{总}^2}=\frac{16\alpha^2(2-\alpha)^2}{27(1-\alpha)^4p_{总}^2}$$

已知 $p_{总}=100\text{kPa}$

且$\frac{2\alpha}{4-2\alpha}=1.20\%$时，$\alpha=0.0237$

得 $K_p=1.43\times10^{-13}\text{Pa}^{-2}$

则当$\frac{2\alpha}{4-2\alpha}=10.40\%$时，$\alpha=0.1884$

则
$$p_{总}^2=\frac{16\alpha^2\ (2-\alpha)^2}{27\ (1-\alpha)^4K_p}=1.113\times10^{12}\text{Pa}^2$$

$$p_{总}=1.055\times10^6\text{Pa}=1.055\text{MPa}$$

3-2 在457K，100kPa时，二氧化氮按下式离解5%：$2NO_2=2NO+O_2$。求此温度下此反应的K_p和K_c。

解: 根据题给条件，通过分析反应平衡前后物质的量变化可以求得。

设反应前NO_2为1mol，

	$2NO_2$	$\rightleftharpoons$	$2NO$	+	O_2	
开始：	1		0		0	
平衡：	1-0.05		0.05		0.025	总物质的量为1.025mol
平衡时摩尔分数：	$\frac{0.95}{1.025}$		$\frac{0.05}{1.025}$		$\frac{0.025}{1.025}$	

所以

$$K_p = \frac{p_{NO}^2 p_{O_2}}{p_{NO_2}^2} = \frac{\left(\frac{0.05}{1.025}\right)^2\left(\frac{0.025}{1.025}\right)p_{总}^3}{\left(\frac{0.95}{1.025}\right)^2 p_{总}^2} = \frac{0.05^2 \times 0.025}{0.95^2 \times 1.025}$$

$$K_p = 0.006756\text{kPa} \approx 6.76\text{Pa}$$

因为

$$p = cRT$$

得 $K_c = K_p(RT)^{-\Sigma v} = 6.76\text{Pa} \times (8.314\text{J} \cdot \text{mol}^{-1} \cdot \text{K}^{-1} \times 457\text{K})^{-1}$

$= 1.80 \times 10^{-3}\text{mol} \cdot \text{m}^{-3} = 1.80 \times 10^{-6}\text{mol} \cdot \text{L}^{-1}$

3-3　甲烷制氢的反应为 $CH_4(g) + H_2O(g) = CO + 3H_2$，已知 1000K 时，$K^\ominus = 25.56$。若总压为400kPa，反应前系统存在甲烷和水蒸气，其摩尔比为1∶1，求甲烷的转化率（即 CH_4 物质的量变化占原物质的量的百分比）。

解： 已知 $K^\ominus$、$p_{总}$和反应物配比，根据平衡组成分析可以直接求转化率。

	$CH_4(g)$	+	$H_2O(g)$	$\rightleftharpoons$	CO	+	$3H_2$	
开始：	1		1		0		0	
平衡：	$1-\alpha$		$1-\alpha$		α		3α	总物质的量为 $2+2\alpha$
平衡时分压：	$\frac{1-\alpha}{2+2\alpha}p_{总}$		$\frac{1-\alpha}{2+2\alpha}p_{总}$		$\frac{\alpha}{2+2\alpha}p_{总}$		$\frac{3\alpha}{2+2\alpha}p_{总}$	

$$K^\ominus = \frac{(p_{H_2}/p^\ominus)^3(p_{CO}/p^\ominus)}{(p_{CH_4}/p^\ominus)(p_{H_2O}/p^\ominus)} = \frac{p_{H_2}^3 p_{CO}}{p_{CH_4}p_{H_2O}} \times \frac{1}{p^{\ominus 2}}$$

即

$$25.56 = \frac{\left(\frac{3\alpha}{2+2\alpha}\right)^3\left(\frac{\alpha}{2+2\alpha}\right)}{\left(\frac{1-\alpha}{2+2\alpha}\right)\left(\frac{1-\alpha}{2+2\alpha}\right)} \times \left(\frac{p_{总}}{p^\ominus}\right)^2$$

$$= \frac{(3\alpha)^3 \times \alpha}{(2+2\alpha)^2(1-\alpha)^2} \times \left(\frac{400\text{kPa}}{100\text{kPa}}\right)^2$$

两端开平方：

$$\frac{\sqrt{25.56}}{4} = \frac{\sqrt{27} \times \alpha^2}{2(1-\alpha^2)}$$

$$2.53 - 2.53\alpha^2 = 5.20\alpha^2$$

$$\alpha = 0.572$$

则甲烷的转化率为57.2%。

3-4 将含有50% CO，25% CO_2，25% H_2的混合气体通入900℃的炉子中，总压为200kPa。试计算平衡气相的组成。已知反应

$$CO_2 + H_2 \longrightarrow H_2O(g) + CO,\ K^{\ominus}_{1173K} = 1.22$$

解： 设转化的摩尔分数为x，

	CO_2	+	H_2	$\longrightarrow$	$H_2O(g)$	+	CO	
开始：	0.25		0.25		0		0.5	
平衡：	$0.25-x$		$0.25-x$		x		$0.5+x$	总的摩尔分数为1

$$K^{\ominus} = \frac{(p_{CO}/p^{\ominus})(p_{H_2O}/p^{\ominus})}{(p_{CO_2}/p^{\ominus})(p_{H_2}/p^{\ominus})} = \frac{p_{CO}p_{H_2O}}{p_{CO_2}p_{H_2}}$$

即

$$1.22 = \frac{(0.5+x)xp_{总}^2}{(0.25-x)^2p_{总}^2} = \frac{0.5x+x^2}{x^2+0.0625-0.5x}$$

$$x = 0.0697$$

$$x_{CO_2} = 0.25 - 0.0697 = 18.03\%$$

$$x_{H_2} = 18.03\%$$

$$x_{H_2O} = 6.97\%$$

$$x_{CO} = 0.5 + 0.0697 = 56.97\%$$

3-5 判断反应在恒温恒压下能否自发进行是根据$\Delta_r G_m$还是$\Delta_r G_m^{\ominus}$？

解： 根据$\Delta_r G_m$，因为此恒压过程的压力不一定是$p^{\ominus}$。

3-6 1500K时，含10% CO，90% CO_2的气体混合物能否将Ni氧化成NiO？已知在此温度下：

$$Ni + \frac{1}{2}O_2 \longrightarrow NiO \qquad \Delta_r G^{\ominus}_{m,1} = -112050J\cdot mol^{-1}$$

$$C + \frac{1}{2}O_2 \longrightarrow CO \qquad \Delta_r G^{\ominus}_{m,2} = -242150J\cdot mol^{-1}$$

$$C + O_2 \longrightarrow CO_2 \qquad \Delta_r G^{\ominus}_{m,3} = -395390J\cdot mol^{-1}$$

解： 由三个反应式间的关系可以确定反应

$$Ni + CO_2 \longrightarrow NiO + CO \text{ 的 } \Delta_r G_m^{\ominus}$$

由已知的CO、CO_2摩尔分数进而确定该反应的$\Delta_r G_m$，并判断哪些物质稳定：

$$Ni + \frac{1}{2}O_2 \longrightarrow NiO \qquad \Delta_r G^{\ominus}_{m,1} = -112050J\cdot mol^{-1} \qquad (1)$$

$$C + \frac{1}{2}O_2 \xlongequal{} CO \qquad \Delta_r G^{\ominus}_{m,2} = -242150 J \cdot mol^{-1} \tag{2}$$

$$C + O_2 \xlongequal{} CO_2 \qquad \Delta_r G^{\ominus}_{m,3} = -395390 J \cdot mol^{-1} \tag{3}$$

(1) + (2) - (3) 得

$$Ni + CO_2 \xlongequal{} NiO + CO \qquad \Delta_r G^{\ominus}_{m,4}$$

得

$$\begin{aligned}\Delta_r G^{\ominus}_{m,4} &= \Delta_r G^{\ominus}_{m,1} + \Delta_r G^{\ominus}_{m,2} - \Delta_r G^{\ominus}_{m,3} \\ &= -112050 J \cdot mol^{-1} - 242150 J \cdot mol^{-1} + 395390 J \cdot mol^{-1} \\ &= 41190 J \cdot mol^{-1}\end{aligned}$$

$$\begin{aligned}\Delta_r G_{m,4} &= \Delta_r G^{\ominus}_{m,4} + RT \ln \frac{p_{CO}}{p_{CO_2}} \\ &= 41190 J \cdot mol^{-1} + 8.314 J \cdot mol^{-1} \cdot K^{-1} \times 1500 K \ln \frac{0.1}{0.9} \\ &= 13788 J \cdot mol^{-1}\end{aligned}$$

$\Delta_r G_{m,4} > 0$，说明反应非自发，因而反应物 Ni 稳定，不能被氧化。

3-7 在 1000℃ 时加热钢材，用 H_2 作保护气氛时，H_2/H_2O 不得低于 1.34，否则 Fe 要氧化成 FeO，如在同样条件下改用 CO 作保护气氛，则 CO/CO_2 应超过多少才能起到保护作用？已知在此温度下反应

$$CO + H_2O(g) \xlongequal{} CO_2 + H_2 \qquad K^{\ominus} = 0.647$$

解：因为

$$Fe + H_2O \xlongequal{} FeO + H_2 \qquad K_1^{\ominus} = \frac{p_{H_2}}{p_{H_2O}} = 1.34 \tag{1}$$

$$CO + H_2O(g) \xlongequal{} CO_2 + H_2 \qquad K_2^{\ominus} = 0.647 \tag{2}$$

式(1) - 式(2)，得

$$Fe + CO_2 \xlongequal{} FeO + CO \qquad K_3^{\ominus}$$

$$K_3^{\ominus} = \frac{K_1^{\ominus}}{K_2^{\ominus}} = \frac{1.34}{0.647} = 2.07 = \frac{p_{CO}/p^{\ominus}}{p_{CO_2}/p^{\ominus}}$$

所以 CO/CO_2 应超过 2.07 才能起到保护作用。

3-8 求 1000K 时 Fe_3O_4 分解成 FeO 的分解压。已知此温度下反应 $Fe_3O_4 + H_2 \xlongequal{} 3FeO + H_2O$ 的平衡气相中含 H_2O 60.3%。

$$H_2 + \frac{1}{2}O_2 \xlongequal{} H_2O(g) \qquad K^{\ominus}_{1000K} = 7.95 \times 10^9$$

解：由两个已知反应方程式可以得到 Fe_3O_4 分解反应式，因而可求得该反应平衡常数，即得分解压。

$$H_2 + \frac{1}{2}O_2 \xlongequal{} H_2O(g) \qquad K_1^{\ominus} = 7.95 \times 10^9 \tag{1}$$

$$Fe_3O_4 + H_2 \xlongequal{} 3FeO + H_2O \qquad K_2^{\ominus} \tag{2}$$

式(2) - 式(1)得

$$Fe_3O_4 \xlongequal{\quad} 3FeO + \frac{1}{2}O_2 \qquad K_3^\ominus \tag{3}$$

得
$$K_3^\ominus = \frac{K_2^\ominus}{K_1^\ominus}$$

因为
$$K_2^\ominus = \frac{p_{H_2O}/p^\ominus}{p_{H_2}/p^\ominus} = \frac{0.603}{0.397} = 1.519$$

$$K_3^\ominus = \frac{1.519}{7.95 \times 10^9} = 1.91 \times 10^{-10}$$

$$K_3^\ominus = \left(\frac{p_{O_2}}{p^\ominus}\right)^{1/2}$$

得
$$\frac{p_{O_2}}{p^\ominus} = 3.65 \times 10^{-20}$$

$$p_{O_2} = 3.65 \times 10^{-18} \text{kPa}$$

3-9 已知25℃时 Ag_2O 的分解压为 1.317×10^{-2}kPa。

(1) 求此温度下 Ag_2O 的标准摩尔生成吉布斯函数。

(2) 求1mol 的 Ag_2O 在空气（总压100kPa，含氧21%）中分解的摩尔反应吉布斯函数。

(3) Ag_2O 25℃时在空气中能否稳定存在?

解: (1) $2Ag + \frac{1}{2}O_2 \xlongequal{\quad} Ag_2O \qquad K_1^\ominus$

$$K_1^\ominus = \frac{1}{(p_{O_2}/p^\ominus)^{1/2}}$$

$$= \frac{1}{(1.317 \times 10^{-2}\text{kPa}/100\text{kPa})^{1/2}}$$

$$= 87.14$$

$$\Delta_f G_m^\ominus = -RT\ln K_1^\ominus$$

$$= -8.314\text{J} \cdot \text{mol}^{-1} \cdot \text{K}^{-1} \times 298\text{K} \times \ln 87.14$$

$$= -11068.6\text{J} \cdot \text{mol}^{-1}$$

(2) $Ag_2O \xlongequal{\quad} \frac{1}{2}O_2 + 2Ag \qquad K_2^\ominus$

$$K_2^\ominus = \frac{1}{K_1^\ominus} = 0.011476$$

$$\Delta_r G_m = \Delta_r G_m^\ominus + RT\ln J_p$$

$$= -\Delta_f G_m^{\ominus} + RT\ln\left(\frac{p_{O_2}}{p^{\ominus}}\right)^{1/2}$$

$$= 11068.6\text{J}\cdot\text{mol}^{-1} + 0.5\times 8.314\text{J}\cdot\text{K}^{-1}\cdot\text{mol}^{-1}\times 298\text{K}\times\ln(0.21\times 101.3/100)$$

$$= 9151.3\text{J}\cdot\text{mol}^{-1}$$

(3) 因为 $\Delta_r G_m > 0$，所以 Ag_2O 在空气中可以稳定存在。

3-10 影响平衡常数和影响平衡的因素是否相同？

解： 不同。平衡常数只与 T 有关，而总压、惰性组分、反应物的摩尔比都会影响平衡。

3-11 如何利用热力学函数表计算任一温度的 $K^{\ominus}$？如没有热容随温度变化的数据，如何进行近似计算？

解： 根据 $K^{\ominus}$ 与温度的关系式：

$$\ln K^{\ominus} = -\frac{\Delta H_0}{RT} + \frac{\Delta a}{R}\ln T + \frac{\Delta b}{2R}T + \frac{\Delta c}{2R}T^{-2} + I$$

由25℃时的 $\Delta_f H_m^{\ominus}$ 数据确定 ΔH_0。

由25℃时 $\Delta_f G_m^{\ominus}$ 数据求出25℃的 $K^{\ominus}$，进而确定 I，Δa，Δb，$\Delta c'$ 可查表得到。

若不知 Δa，Δb，$\Delta c'$，可以利用下列公式近似计算：

$$\Delta G_T^{\ominus} = \Delta H_{298}^{\ominus} - T\Delta S_{298}^{\ominus}$$

$$-RT\ln K_T^{\ominus} = \Delta H_{298}^{\ominus} - T\Delta S_{298}^{\ominus}$$

3-12 反应 $2SO_2 + O_2 \rightleftharpoons 2SO_3$ 在727℃时的 $K^{\ominus} = 3.45$。求此反应在827℃（1100K）时的 $K^{\ominus}$。在此温度范围内反应热效应可视为常数 $\Delta_r H_m = -189100\text{J}\cdot\text{mol}^{-1}$。

解： 根据范特霍夫等压方程可知当 $\Delta_r H_m^{\ominus}$ 为常数时，

$$\ln\frac{K_2^{\ominus}}{K_1^{\ominus}} = -\frac{\Delta_r H_m^{\ominus}}{R}\left(\frac{1}{T_2} - \frac{1}{T_1}\right)$$

$$\ln\frac{K_{1100\text{K}}^{\ominus}}{K_{1000\text{K}}^{\ominus}} = -\frac{-189100\text{J}\cdot\text{mol}^{-1}}{8.314\text{J}\cdot\text{mol}^{-1}\cdot\text{K}^{-1}}\left(\frac{1}{1100\text{K}} - \frac{1}{1000\text{K}}\right)$$

$$= -2.067$$

$$\frac{K_{1100\text{K}}^{\ominus}}{K_{1000\text{K}}^{\ominus}} = 0.1265$$

$$K_{1100\text{K}}^{\ominus} = 0.1265\times 3.45 = 0.436$$

3-13 641K时反应 $MgCO_3 \rightleftharpoons MgO + CO_2$ 的 $K^{\ominus}$ 为1，298K时反应的 $\Delta_r H_m^{\ominus} = 116520\text{J}\cdot\text{mol}^{-1}$。若 $\Delta_r C_{p,m} = -3.05\text{J}\cdot\text{mol}^{-1}\cdot\text{K}^{-1}$，求该反应 $\lg K^{\ominus}$ 与 T 的关系式及300℃时 $MgCO_3$ 的分解压。

解： 因为 $\frac{d\Delta H}{dT} = \Delta_r C_{p,m}$，不定积分上式得

$$\Delta H_T = \Delta H_0 + \Delta_r C_{p,m} T$$

代入 298K 时数据可得 ΔH_0

$$116520\text{J}\cdot\text{mol}^{-1} = \Delta H_0 + (-3.05\text{J}\cdot\text{mol}^{-1}\cdot\text{K}^{-1}\times 298\text{K})$$

$$\Delta H_0 = 117429\text{J}\cdot\text{mol}^{-1}$$

又根据公式 $\ln K^{\ominus} = -\dfrac{\Delta H_0}{RT} + \dfrac{\Delta a}{R}\ln T + I$

代入数据可求出 I。

$$\ln 1 = -\frac{117429\text{J}\cdot\text{mol}^{-1}}{8.314\text{J}\cdot\text{mol}^{-1}\cdot\text{K}^{-1}\times 641\text{K}} + \frac{-3.05\text{J}\cdot\text{mol}^{-1}\cdot\text{K}^{-1}}{8.314\text{J}\cdot\text{mol}^{-1}\cdot\text{K}^{-1}}\ln 641 + I$$

$$0 = -22.03 - 2.37 + I$$

$$I = 24.4$$

则该反应 $\lg K$ 与 T 的关系式为

$$\lg K^{\ominus} = -\frac{6133}{T} - 0.3669\lg T + 10.59$$

300℃ 时，$\lg K^{\ominus} = -1.12$

$$K^{\ominus} = 0.0758$$

因为 $K^{\ominus} = \dfrac{p_{CO_2}}{p^{\ominus}}$

所以

$$p_{CO_2} = K^{\ominus}\times p^{\ominus} = 0.0758\times 100\text{kPa} = 7.58\text{kPa}$$

3-14 查表计算 1000K 时 $CaCO_3$ 的分解压。

解: $CaCO_3 \xlongequal{\quad} CaO + CO_2$

查得 298K 时，

$$\Delta_f H_m^{\ominus}(CaCO_3) = -1206.87\text{kJ}\cdot\text{mol}^{-1}$$

$$\Delta_f H_m^{\ominus}(CaO) = -634.29\text{kJ}\cdot\text{mol}^{-1}$$

$$\Delta_f H_m^{\ominus}(CO_2) = -393.52\text{kJ}\cdot\text{mol}^{-1}$$

$$\Delta_f G_m^{\ominus}(CaCO_3) = -1127.32\text{kJ}\cdot\text{mol}^{-1}$$

$$\Delta_f G_m^{\ominus}(CaO) = -603.03\text{kJ}\cdot\text{mol}^{-1}$$

$$\Delta_f G_m^{\ominus}(CO_2) = -394.39\text{kJ}\cdot\text{mol}^{-1}$$

$$C_{p,m}(CaCO_3) = 104.5\text{J}\cdot(\text{mol}\cdot\text{K})^{-1} + 0.02192T\text{J}\cdot\text{mol}^{-1}\cdot\text{K}^{-2} - \frac{2594000}{T^2}\text{J}\cdot\text{mol}^{-1}\cdot\text{K}$$

$$C_{p,m}(CaO) = 49.62\text{J}\cdot(\text{mol}\cdot\text{K})^{-1} + 0.00452T\text{J}\cdot\text{mol}^{-1}\cdot\text{K}^{-2} - \frac{695000}{T^2}\text{J}\cdot\text{mol}^{-1}\cdot\text{K}$$

$$C_{p,m}(CO_2) = 44.14\text{J}\cdot(\text{mol}\cdot\text{K})^{-1} + 0.00904T\text{J}\cdot\text{mol}^{-1}\cdot\text{K}^{-2} - \frac{854000}{T^2}\text{J}\cdot\text{mol}^{-1}\cdot\text{K}$$

$$\Delta_r H^{\ominus}_{298} = \Delta_f H^{\ominus}_m(CO_2) + \Delta_f H^{\ominus}_m(CaO) - \Delta_f H^{\ominus}_m(CaCO_3)$$
$$= -393.52\text{kJ} \cdot \text{mol}^{-1} - 634.29\text{kJ} \cdot \text{mol}^{-1} + 1206.87\text{kJ} \cdot \text{mol}^{-1}$$
$$= 179.06\text{kJ} \cdot \text{mol}^{-1}$$

$$\Delta_r G^{\ominus}_{298} = \Delta_f G^{\ominus}_m(CO_2) + \Delta_f G^{\ominus}_m(CaO) - \Delta_f G^{\ominus}_m(CaCO_3)$$
$$= -394.39\text{kJ} \cdot \text{mol}^{-1} - 603.03\text{kJ} \cdot \text{mol}^{-1} + 1127.32\text{kJ} \cdot \text{mol}^{-1}$$
$$= 129.9\text{kJ} \cdot \text{mol}^{-1}$$

$$\Delta a = 44.14 + 49.62 - 104.5 = -10.74\text{J} \cdot \text{mol}^{-1} \cdot \text{K}^{-1}$$
$$\Delta b = 0.00904 + 0.00452 - 0.02192 = -0.00836\text{J} \cdot \text{mol}^{-1} \cdot \text{K}^{-2}$$
$$\Delta c' = -854000 - 695000 + 2594000 = 1045000\text{J} \cdot \text{mol}^{-1} \cdot \text{K}$$

根据积分式，$\Delta_r H^{\ominus}_{298} = \Delta H_0 + \Delta aT + \frac{1}{2}\Delta bT^2 - \Delta c' T^{-1}$

代入298K 时数据后，得

$$\Delta H_0 = 179060\text{J} \cdot \text{mol}^{-1} + 10.74\text{J} \cdot \text{mol}^{-1} \cdot \text{K}^{-1} \times 298\text{K} + \frac{1}{2} \times 0.00836\text{J} \cdot \text{mol}^{-1} \cdot \text{K}^{-2} \times (298\text{K})^2 + 1045000\text{J} \cdot \text{mol}^{-1} \cdot \text{K}^{-1}/298\text{K}$$
$$= 186138\text{J} \cdot \text{mol}^{-1}$$

同样，根据积分式，$\ln K^{\ominus} = -\frac{\Delta H_0}{RT} + \frac{\Delta a}{R}\ln T + \frac{\Delta b}{2R}T + \frac{\Delta c'}{2R}T^{-2} + I$

298K 时，$\Delta_r G^{\ominus}_m = -RT\ln K^{\ominus}_{298}$

得 $$\ln K^{\ominus}_{298} = \frac{-129900\text{J} \cdot \text{mol}^{-1}}{8.314\text{J} \cdot \text{mol}^{-1} \cdot \text{K}^{-1} \times 298\text{K}}$$
$$K^{\ominus}_{298} = 1.697 \times 10^{-23}$$

代入298K 时数据，得

$$I = \ln 1.697 \times 10^{-23} + \frac{186138\text{J} \cdot \text{mol}^{-1}}{8.314\text{J} \cdot \text{mol}^{-1} \cdot \text{K}^{-1} \times 298\text{K}} + \frac{10.74\text{J} \cdot \text{mol}^{-1} \cdot \text{K}^{-1}}{8.314\text{J} \cdot \text{mol}^{-1} \cdot \text{K}^{-1}}\ln 298 + \frac{0.00836\text{J} \cdot \text{mol}^{-1} \cdot \text{K}^{-2}}{2 \times 8.314\text{J} \cdot \text{mol}^{-1} \cdot \text{K}^{-1}} \times 298\text{K} - \frac{1045000\text{J} \cdot \text{mol}^{-1} \cdot \text{K}}{2 \times 8.314\text{J} \cdot \text{mol}^{-1} \cdot \text{K}^{-1}} \times (298)^{-2}$$
$$= 29.50$$

得 $K^{\ominus}$ 与 T 的关系式为：

$$\ln K^{\ominus} = -\frac{22389}{T} - 1.292\ln T - 0.000503T + \frac{62846}{T^2} + 29.50$$

当1000K 时，

$$\ln K^{\ominus} = -\frac{22389}{1000} - 1.292\ln 1000 - 0.503 + \frac{62846}{1000^2} + 29.50$$

$$\ln K^{\ominus} = -2.254$$

$$K^{\ominus} = 0.105$$

$$K^{\ominus} = \frac{p_{CO_2}}{p^{\ominus}}$$

得 $p_{CO_2} = 0.105 \times 100\text{kPa} = 10.5\text{kPa}$

3-15 竖炉炼锌的总反应主要是 $ZnO(s) + C = CO + Zn(g)$。设系统中没有其他气体，求总压为 100kPa 时反应的开始温度。已知：

$$2Zn(g) + O_2 = 2ZnO(s) \qquad \Delta_r G^{\ominus}_{m,1} = (-921740 + 395T/K)\ J \cdot mol^{-1}$$

$$2C + O_2 = 2CO \qquad \Delta_r G^{\ominus}_{m,2} = (-232600 - 167.8T/K)\ J \cdot mol^{-1}$$

解： $ZnO(s) + C = CO + Zn(g)$

已知总压则可知平衡常数，求出该平衡常数对应的 T 即可。

$$2Zn(g) + O_2 = 2ZnO(s) \qquad \Delta_r G^{\ominus}_{m,1} = (-921740 + 395T/K)\ J \cdot mol^{-1} \qquad (1)$$

$$2C + O_2 = 2CO \qquad \Delta_r G^{\ominus}_{m,2} = (-232600 - 167.8T/K)\ J \cdot mol^{-1} \qquad (2)$$

$\frac{1}{2}[(2)-(1)]$得：

$$C + ZnO(s) = CO + Zn(g) \qquad \Delta_r G^{\ominus}_{m,3}$$

$$\Delta_r G^{\ominus}_{m,3} = \frac{\Delta_r G^{\ominus}_{m,2} - \Delta_r G^{\ominus}_{m,1}}{2}$$

$$= (344570 - 281.4T/K)\ J \cdot mol^{-1} \qquad (3)$$

而当 $p_{总} = 100\text{kPa}$ 时，$p_{CO} = p_{Zn} = \frac{1}{2}p_{总} = 50\text{kPa}$

$$K^{\ominus} = \frac{p_{CO}}{p^{\ominus}}\frac{p_{Zn}}{p^{\ominus}} = \left(\frac{50\text{kPa}}{100\text{kPa}}\right)^2 = 0.25$$

$$\Delta_r G^{\ominus}_{m,3} = -RT\ln K^{\ominus}$$

$$= -8.314\ J \cdot mol^{-1} \cdot K^{-1} \times T \times \ln 0.25 \qquad (4)$$

式(3) = 式(4)，$344570 - 281.4T = 11.53T$

解得： $T = 1176\text{K} = 903℃$

3-16 用熵法近似法查表求 $PbO(s) + CO = Pb(l) + CO_2$ 在 400℃时的 $K^{\ominus}$。

解： 熵法近似法就是忽略 ΔH，ΔS 随温度的变化，近似取常数来确定 $\Delta_r G^{\ominus}_m$，

进而确定 $K^{\ominus}$。但此题中的 Pb 在 298K 是固态，而本题要求是液态的。所以可以先求

$$PbO(s) + CO \longrightarrow Pb(s) + CO_2 \quad 的\ \Delta_r G^{\ominus}_{m,1} \qquad (1)$$

另外计算

$$Pb(s) \longrightarrow Pb(l) \quad 的\ \Delta_r G^{\ominus}_{m,2} \qquad (2)$$

得

$$PbO(s) + CO \longrightarrow Pb(l) + CO_2 \quad 的\ \Delta_r G^{\ominus}_{m,3} \qquad (3)$$

所以

$$\Delta_r G^{\ominus}_{m,3} = \Delta_r G^{\ominus}_{m,1} + \Delta_r G^{\ominus}_{m,2}$$

对反应(1)

$$\begin{aligned}\Delta_r H^{\ominus}_{298} &= \Delta_f H^{\ominus}_{m,298}(CO_2) - \Delta_f H^{\ominus}_{m,298}(PbO,s) - \Delta_f H^{\ominus}_{m,298}(CO)\\ &= -393.52kJ \cdot mol^{-1} + 219.28kJ \cdot mol^{-1} + 110.5kJ \cdot mol^{-1}\\ &= -63.74kJ \cdot mol^{-1}\end{aligned}$$

$$\begin{aligned}\Delta_r S^{\ominus}_{298} &= S^{\ominus}_{298}(Pb,s) + S^{\ominus}_{298}(CO_2) - S^{\ominus}_{298}(PbO,s) - S^{\ominus}_{298}(CO)\\ &= 64.81J \cdot mol^{-1} \cdot K^{-1} + 213.7J \cdot mol^{-1} \cdot K^{-1} -\\ &\quad 65.27J \cdot mol^{-1} \cdot K^{-1} - 197.6J \cdot mol^{-1} \cdot K^{-1}\\ &= 15.64J \cdot mol^{-1} \cdot K^{-1}\end{aligned}$$

$$\Delta_r G^{\ominus}_{m,1} = \Delta_r H^{\ominus}_{298} - T\Delta_r S^{\ominus}_{298}$$

400℃时，

$$\begin{aligned}\Delta_r G^{\ominus}_{m,1} &= -63.74kJ \cdot mol^{-1} - 673K \times 15.64J \cdot mol^{-1} \cdot K^{-1}\\ &= -74266J \cdot mol^{-1}\end{aligned}$$

对反应(2)

$$Pb(s) \longrightarrow Pb(l)$$

$$\Delta H_{熔} = 4.98kJ \cdot mol^{-1}, T_{熔} = 327.4℃ = 600.4K$$

$$\begin{aligned}\Delta S_{熔} &= \frac{\Delta H_{熔}}{T_{熔}} = \frac{4.98 \times 10^3 J \cdot mol^{-1}}{600.4K}\\ &= 8.294J \cdot mol^{-1} \cdot K^{-1}\end{aligned}$$

400℃时，

$$\begin{aligned}\Delta_r G^{\ominus}_{m,2} &= \Delta H_{熔} - T\Delta S_{熔}\\ &= 4980J \cdot mol^{-1} - 673K \times 8.294J \cdot mol^{-1} \cdot K^{-1}\\ &= -601.9J \cdot mol^{-1}\end{aligned}$$

$$\begin{aligned}\Delta_r G^{\ominus}_{m,3} &= \Delta_r G^{\ominus}_{m,1} + \Delta_r G^{\ominus}_{m,2}\\ &= -74266J \cdot mol^{-1} - 601.9J \cdot mol^{-1}\\ &= -74867.9J \cdot mol^{-1}\end{aligned}$$

$$\ln K^{\ominus} = -\frac{\Delta_r G^{\ominus}_{m,3}}{RT} = \frac{74867.9J \cdot mol^{-1}}{8.314J \cdot mol^{-1} \cdot K^{-1} \times 673K} = 13.38$$

$$K^{\ominus} = 6.47 \times 10^5$$

3-17 已知 C_2H_4、C_2H_6和 H_2在 25℃的标准摩尔燃烧焓分别为 $-1387.4kJ \cdot mol^{-1}$，$-1541.4kJ \cdot mol^{-1}$和 $-241.8kJ \cdot mol^{-1}$。若在 298 ~ 1000K 的温度范围内，反应 $C_2H_4 + H_2 = C_2H_6$的平均摩尔恒压热容差 $\Delta_r C_{p,m} = 10.84J \cdot mol^{-1} \cdot K^{-1}$。求此反应在 1000K 时的平衡常数 $K^{\ominus}$。已知：$S^{\ominus}_{(C_2H_4,298K)} = 219.8J \cdot mol^{-1} \cdot K^{-1}$，$S^{\ominus}_{(C_2H_6,298K)} = 228.4J \cdot mol^{-1} \cdot K^{-1}$，$S^{\ominus}_{(H_2,298K)} = 130.6J \cdot mol^{-1} \cdot K^{-1}$。

解： 由已知条件可精确地求出平衡常数 $K^{\ominus}$。

$$C_2H_4 + H_2 = C_2H_6$$

$$\begin{aligned}
\Delta_r H^{\ominus}_{298} &= \Delta_c H^{\ominus}_{m,298}(C_2H_4) + \Delta_c H^{\ominus}_{m,298}(H_2) - \Delta_c H^{\ominus}_{m,298}(C_2H_6) \\
&= -1387.4kJ \cdot mol^{-1} - 241.8kJ \cdot mol^{-1} + 1541.4kJ \cdot mol^{-1} \\
&= -87.8kJ \cdot mol^{-1}
\end{aligned}$$

$$\begin{aligned}
\Delta_r S^{\ominus}_{298} &= S^{\ominus}_{(C_2H_6,298K)} - S^{\ominus}_{(H_2,298K)} - S^{\ominus}_{(C_2H_4,298K)} \\
&= 228.4J \cdot mol^{-1} \cdot K^{-1} - 219.8J \cdot mol^{-1} \cdot K^{-1} - \\
&\quad 130.6J \cdot mol^{-1} \cdot K^{-1} \\
&= -122J \cdot mol^{-1} \cdot K^{-1}
\end{aligned}$$

$$\begin{aligned}
\Delta_r G^{\ominus}_{298} &= \Delta_r H^{\ominus}_{298} - T\Delta_r S^{\ominus}_{298} \\
&= -87800J \cdot mol^{-1} - 298K \times (-122J \cdot mol^{-1} \cdot K^{-1}) \\
&= -51444J \cdot mol^{-1}
\end{aligned}$$

$$\begin{aligned}
\ln K^{\ominus}_{298} &= -\frac{\Delta_r G^{\ominus}_{298}}{RT} = \frac{51444J \cdot mol^{-1}}{8.314J \cdot mol^{-1} \cdot K^{-1} \times 298K} \\
&= 20.76
\end{aligned}$$

$$K^{\ominus} = 1.04 \times 10^9$$

根据积分式：$\Delta_r H_{298} = \Delta H_0 + \Delta_r C_{p,m} T$

得
$$\begin{aligned}
\Delta H_0 &= \Delta_r H_{298} - \Delta_r C_{p,m} T \\
&= -87.8 \times 10^3 J \cdot mol^{-1} - 298K \times 10.84J \cdot mol^{-1} \cdot K^{-1} \\
&= -91030J \cdot mol^{-1}
\end{aligned}$$

又根据 $\ln K^{\ominus} = -\dfrac{\Delta H_0}{RT} + \dfrac{\Delta_r C_{p,m}}{R}\ln T + I$

得
$$\begin{aligned}
I &= \frac{\Delta H_0}{RT} - \frac{\Delta_r C_{p,m}}{R}\ln T + \ln K^{\ominus} \\
&= \frac{-91030J \cdot mol^{-1}}{8.314J \cdot mol^{-1} \cdot K^{-1} \times 298} - \frac{10.84J \cdot mol^{-1} \cdot K^{-1}}{8.314J \cdot mol^{-1} \cdot K^{-1}} \times \\
&\quad \ln 298 + \ln 1.04 \times 10^9 \\
&= -36.74 - 7.43 + 20.76 = -23.41
\end{aligned}$$

即 $$\ln K^{\ominus}=\frac{10949}{T}+1.304\ln T-23.41$$

1000K 时，$\ln K^{\ominus}=-3.453$

$$K^{\ominus}=0.0317$$

3-18　用 C 还原 Na_2CO_3 可制得钠。其反应如下

$$Na_2CO_3(l)+2C=\!=\!=2Na(g)+3CO$$

已知：

$$2C+O_2=\!=\!=2CO\qquad \Delta_r G_{m,1}^{\ominus}=(-232600-167.8T/K)J\cdot mol^{-1}$$

$$2Na(g)+C+\frac{3}{2}O_2=\!=\!=Na_2CO_3(l)\qquad \Delta_r G_{m,2}^{\ominus}=(-1302000+431.4T/K)J\cdot mol^{-1}$$

求反应平衡时 Na 蒸气的压力与温度的关系式，并算出 700℃ 及 1000℃ 时钠的平衡蒸气压。

解：

$$2C+O_2=\!=\!=2CO\quad \Delta_r G_{m,1}^{\ominus}=(-232600-167.8T/K)J\cdot mol^{-1}\qquad(1)$$

$$2Na(g)+C+\frac{3}{2}O_2=\!=\!=Na_2CO_3(l)\quad \Delta_r G_{m,2}^{\ominus}=(-1302000+431.4T/K)J\cdot mol^{-1}\qquad(2)$$

$\frac{3}{2}(1)-(2)$得反应

$$Na_2CO_3(l)+2C=\!=\!=2Na(g)+3CO\qquad \Delta_r G_{m,3}^{\ominus}$$

$$\Delta_r G_{m,3}^{\ominus}=\frac{3\Delta_r G_{m,1}^{\ominus}}{2}-\Delta_r G_{m,2}^{\ominus}$$

$$=1.5\times(-232600-167.8T/K)J\cdot mol^{-1}+(1302000-431.4T/K)J\cdot mol^{-1}$$

$$=(953100-683.1T)J\cdot mol^{-1}$$

$$\ln K^{\ominus}=\frac{-\Delta_r G_{m,3}^{\ominus}}{RT}$$

$$=\frac{-953100J\cdot mol^{-1}}{8.314J\cdot mol^{-1}\cdot K^{-1}\times T}+\frac{683.1J\cdot mol^{-1}\cdot K^{-1}}{8.314J\cdot mol^{-1}\cdot K^{-1}}$$

$$=\frac{-114638}{T}+82.16\qquad(3)$$

$$K^{\ominus}=\left(\frac{p_{Na}}{p^{\ominus}}\right)^2\left(\frac{p_{CO}}{p^{\ominus}}\right)^3,\text{其中 } p_{CO}=\frac{3}{2}p_{Na}$$

得

$$K^{\ominus}=\left(\frac{p_{Na}}{p^{\ominus}}\right)^2\left(\frac{3p_{Na}}{2p^{\ominus}}\right)^3=\frac{27p_{Na}^5}{8(p^{\ominus})^5}$$

$$\ln K^{\ominus}=\ln\left[\frac{27p_{Na}^5}{8(p^{\ominus})^5}\right]=1.216+5\ln\left(\frac{p_{Na}}{p^{\ominus}}\right)\qquad(4)$$

由式(3) = 式(4)得:

$$1.216 + 5\ln\left(\frac{p_{Na}}{p^{\ominus}}\right) = \frac{-114638}{T} + 82.16$$

$$\ln\left(\frac{p_{Na}}{p^{\ominus}}\right) = \frac{-22928}{T} + 16.19$$

$$\ln p_{Na} = \frac{-22928}{T} + 20.8$$

即 700℃ 时，$p_{Na} = 0.063\text{kPa}$，1000℃ 时，$p_{Na} = 16.27\text{kPa}$

3-19 （1）求下列反应 25℃时的 $\Delta_r H_m^{\ominus}$，$\Delta_r S_m^{\ominus}$和 $\Delta_r G_m^{\ominus}$。

$$4CuO(s) = 2Cu_2O(s) + O_2$$

（2）若使 CuO 在空气中分解为 Cu_2O，至少需加热到多少度？已知空气中 O_2 的体积分数为 21%。试用近似法计算。

	$-\Delta_f H_{298}^{\ominus}/\text{kJ}\cdot\text{mol}^{-1}$	$S_{298}^{\ominus}/\text{J}\cdot\text{mol}^{-1}\cdot\text{K}^{-1}$
CuO(s)	155.85	42.59
Cu_2O(s)	170.29	92.93
O_2(g)	0	205.04

解: （1）

$$\Delta_r H_m^{\ominus} = 2\Delta_f H_{m,298}^{\ominus}(Cu_2O) - 4\Delta_f H_m^{\ominus}(CuO)$$
$$= 2 \times (-170.29)\text{kJ}\cdot\text{mol}^{-1} - 4 \times (-155.85)\text{kJ}\cdot\text{mol}^{-1}$$
$$= 282.82\text{kJ}\cdot\text{mol}^{-1}$$

$$\Delta_r S_m^{\ominus} = 2S_m^{\ominus}(Cu_2O) + S_m^{\ominus}(O_2) - 4S_m^{\ominus}(CuO)$$
$$= 2 \times 92.93\text{J}\cdot\text{mol}^{-1}\cdot\text{K}^{-1} + 205.04\text{J}\cdot\text{mol}^{-1}\cdot\text{K}^{-1} - 4 \times 42.59\text{J}\cdot\text{mol}^{-1}\cdot\text{K}^{-1}$$
$$= 220.54\text{J}\cdot\text{mol}^{-1}\cdot\text{K}^{-1}$$

$$\Delta_r G_m^{\ominus} = \Delta_r H_m^{\ominus} - T\Delta_r S_m^{\ominus}$$
$$= 282.82\text{kJ}\cdot\text{mol}^{-1} - 298\text{K} \times (220.54 \times 10^{-3}\text{kJ}\cdot\text{mol}^{-1}\cdot\text{K}^{-1})$$
$$= 217.1\text{kJ}\cdot\text{mol}^{-1}$$

（2）近似法

$$\Delta_r G_{m(T)}^{\ominus} = \Delta_r H_{m(298)}^{\ominus} - T\Delta_r S_{m(298)}^{\ominus}$$

$$-RT\ln K^{\ominus} = \Delta_r H_{m(298)}^{\ominus} - T\Delta_r S_{m(298)}^{\ominus}$$

$$\ln K^{\ominus} = \frac{-\Delta_r H_{m(298)}^{\ominus}}{RT} + \frac{\Delta_r S_{m(298)}^{\ominus}}{R}$$

$$\ln K^{\ominus} = -\frac{34017}{T} + 26.53$$

$$K^{\ominus} = \frac{p_{O_2}}{p^{\ominus}} = \frac{0.21p_{总}}{p^{\ominus}} = 0.21$$

即
$$\ln 0.21 = -\frac{34017}{T} + 26.53$$

$$T = 1211\text{K}$$

3-20　已知25℃时CO_2，CO和$H_2O(1)$的标准摩尔生成焓$\Delta_f H^{\ominus}_{m(298)}$分别为$-393.52\text{kJ}\cdot\text{mol}^{-1}$、$-110.5\text{kJ}\cdot\text{mol}^{-1}$和$-285.84\text{kJ}\cdot\text{mol}^{-1}$。$CO_2$、CO、$H_2$、$H_2O(1)$的标准摩尔熵$S_{298}^{\ominus}$分别为$213.7\text{J}\cdot\text{mol}^{-1}\cdot\text{K}^{-1}$、$197.6\text{J}\cdot\text{mol}^{-1}\cdot\text{K}^{-1}$、$130.6\text{J}\cdot\text{mol}^{-1}\cdot\text{K}^{-1}$和$70.08\text{J}\cdot\text{mol}^{-1}\cdot\text{K}^{-1}$。又知25℃时水的饱和蒸气压为3.167kPa。求反应：$H_2O(g) + CO = H_2 + CO_2$在25℃时的$\Delta G^{\ominus}_m$和$K^{\ominus}$。

解：由题给条件可以求出反应

$$H_2O(1) + CO \rightleftharpoons H_2 + CO_2 \tag{1}$$

在298K时的$\Delta_r H^{\ominus}_{m,1}$和$\Delta_r S^{\ominus}_{m,1}$，进而求出$\Delta_r G^{\ominus}_{m,1}$

而
$$H_2O(1) + CO \rightleftharpoons H_2 + CO_2 \qquad (1) \qquad \Delta_r G^{\ominus}_{m,1}$$
$$-\qquad H_2O(1) \rightleftharpoons H_2O(g) \qquad (2) \qquad \Delta_r G^{\ominus}_{m,2}$$

可得反应
$$H_2O(g) + CO \rightleftharpoons H_2 + CO_2 \qquad (3) \qquad \Delta_r G^{\ominus}_{m,3}$$

$$\begin{aligned}\Delta_r H^{\ominus}_{m,1} &= \Delta_f H^{\ominus}_m(CO_2) - \Delta_f H^{\ominus}_m(H_2O,1) - \Delta_f H^{\ominus}_m(CO)\\ &= -393.52\text{kJ}\cdot\text{mol}^{-1} + 285.84\text{kJ}\cdot\text{mol}^{-1} + 110.5\text{kJ}\cdot\text{mol}^{-1}\\ &= 2.82\text{kJ}\cdot\text{mol}^{-1}\end{aligned}$$

$$\begin{aligned}\Delta_r S^{\ominus}_m &= S^{\ominus}_m(H_2) + S^{\ominus}_m(CO_2) - S^{\ominus}_m(H_2O,1) - S^{\ominus}_m(CO)\\ &= 130.6\text{J}\cdot\text{mol}^{-1}\cdot\text{K}^{-1} + 213.7\text{J}\cdot\text{mol}^{-1}\cdot\text{K}^{-1} -\\ &\quad 70.08\text{J}\cdot\text{mol}^{-1}\cdot\text{K}^{-1} - 197.6\text{J}\cdot\text{mol}^{-1}\cdot\text{K}^{-1}\\ &= 76.62\text{J}\cdot\text{mol}^{-1}\cdot\text{K}^{-1}\end{aligned}$$

$$\begin{aligned}\Delta_r G^{\ominus}_{m,1} &= \Delta_r H^{\ominus}_{m,1} - T\Delta_r S^{\ominus}_{m,1}\\ &= 2820\text{J}\cdot\text{mol}^{-1} - 298\text{K}\times 76.62\text{J}\cdot\text{mol}^{-1}\cdot\text{K}^{-1}\\ &= -20013\text{J}\cdot\text{mol}^{-1}\end{aligned}$$

根据纯物质恒温过程中基本方程$dG = -SdT + Vdp$，得

$$dG = Vdp$$
$$d\Delta G = \Delta V dp = (V_g - V_1)dp = V_g dp$$

作定积分
$$\int_{3.167\text{kPa}}^{p^{\ominus}} d\Delta G = \int_{3.167\text{kPa}}^{p^{\ominus}} V_g dp$$

即
$$\Delta_r G^{\ominus}_{m,2} - \Delta_r G_{m,2}(p = 3.167\text{kPa}) = \int_{3.167\text{kPa}}^{p^{\ominus}} \frac{nRT}{p}dp$$

25℃、3.167kPa 时，$H_2O(l) \longrightarrow H_2O(g)$ 为可逆相变，$\Delta_r G^\ominus_{m,2}(p = 3.167\text{kPa}) = 0$

$$\Delta_r G^\ominus_{m,2} = RT\ln\frac{100}{3.167}$$
$$= 8.314\text{J}\cdot\text{mol}^{-1}\cdot\text{K}^{-1}\times 298\text{K}\times\ln\frac{100}{3.167}$$
$$= 8553.5\text{J}\cdot\text{mol}^{-1}$$
$$\Delta_r G^\ominus_{m,3} = \Delta_r G^\ominus_{m,1} - \Delta_r G^\ominus_{m,2}$$
$$= -20013\text{J}\cdot\text{mol}^{-1} - 8553.5\text{J}\cdot\text{mol}^{-1}$$
$$= -28566.5\text{J}\cdot\text{mol}^{-1}$$
$$\ln K^\ominus = \frac{-\Delta_r G^\ominus_{m,3}}{RT} = \frac{28566.5\text{J}\cdot\text{mol}^{-1}}{8.314\text{J}\cdot\text{mol}^{-1}\cdot\text{K}^{-1}\times 298\text{K}} = 11.53$$
$$K^\ominus = 1.02\times 10^5$$

3-21 已知：

$2Fe(s) + O_2 \Longrightarrow 2FeO(s)$ $\quad \Delta_r G^\ominus_{m,1} = (-519200 + 125T/\text{K})\text{J}\cdot\text{mol}^{-1}$

$\frac{3}{2}Fe(s) + O_2 \Longrightarrow \frac{1}{2}Fe_3O_4(s)$ $\quad \Delta_r G^\ominus_{m,2} = (-545600 + 156.5T/\text{K})\text{J}\cdot\text{mol}^{-1}$

（1）当 Fe(s)过量时，高温下 Fe_3O_4稳定还是 FeO 稳定？两种氧化物共存的温度是多少？

（2）当1000K，氧的压力为1kPa 时，是 Fe_3O_4稳定还是 FeO 稳定？

解：

$$2Fe(s) + O_2 \Longrightarrow 2FeO(s) \quad \Delta_r G^\ominus_{m,1} = (-519200 + 125T/\text{K})\text{J}\cdot\text{mol}^{-1} \quad (1)$$
$$\frac{3}{2}Fe(s) + O_2 \Longrightarrow \frac{1}{2}Fe_3O_4(s) \quad \Delta_r G^\ominus_{m,2} = (-545600 + 156.5T/\text{K})\text{J}\cdot\text{mol}^{-1} \quad (2)$$

(1) - (2)得

$$\frac{1}{2}Fe(s) + \frac{1}{2}Fe_3O_4(s) \Longrightarrow 2FeO(s) \quad \Delta_r G^\ominus_{m,3}$$
$$\Delta_r G^\ominus_{m,3} = \Delta_r G^\ominus_{m,1} - \Delta_r G^\ominus_{m,2}$$
$$= (-519200 + 125T/\text{K})\text{J}\cdot\text{mol}^{-1} - (-545600 + 156.5T/\text{K})\text{J}\cdot\text{mol}^{-1}$$
$$= (26400 - 31.5T/\text{K})\text{J}\cdot\text{mol}^{-1}$$

（1）当 Fe(s)过量时，反应处于平衡，两氧化物共存，$\Delta_r G^\ominus_{m,3} = 0$。

即 $\quad 26400 - 31.5T = 0$，$T = 838.1\text{K} = 565.1℃$

当高温 $T > 565.1℃$时，$\Delta_r G^\ominus_{m,3} < 0$，FeO 稳定。

$T < 565.1$℃时，$\Delta_r G^{\ominus}_{m,3} > 0$，$Fe_3O_4$稳定。

(2) 1000K，$p_{O_2} = 1\text{kPa}$ 时，

$\frac{3}{2}(1) - 2 \times (2)$得

$$Fe_3O_4(s) \longrightarrow 3FeO(s) + \frac{1}{2}O_2 \qquad \Delta_r G^{\ominus}_{m,4}$$

$$\begin{aligned}\Delta_r G^{\ominus}_{m,4} &= \frac{3}{2}\Delta_r G^{\ominus}_{m,1} - 2\Delta_r G^{\ominus}_{m,2} \\ &= -591300\text{J}\cdot\text{mol}^{-1} + 778200\text{J}\cdot\text{mol}^{-1} \\ &= 186900\text{J}\cdot\text{mol}^{-1}\end{aligned}$$

$$\begin{aligned}\Delta_r G_{m,4} &= \Delta_r G^{\ominus}_{m,4} + RT\ln J_p \\ &= \Delta_r G^{\ominus}_{m,4} + RT\ln(p_{O_2}/p^{\ominus})^{1/2} \\ &= 186900\text{J}\cdot\text{mol}^{-1} + 8.314\text{J}\cdot\text{mol}^{-1}\cdot\text{K}^{-1} \times \\ &\quad 1000\text{K} \times \ln(1/100)^{1/2} \\ &= 167756\text{J}\cdot\text{mol}^{-1}\end{aligned}$$

$\Delta_r G_{m,4} > 0$，说明 Fe_3O_4 稳定。

3-22 在1500K下ZnO(s)和ZnS(s)与H_2S、H_2O、H_2气氛反应达平衡（平衡后$p_{H_2O} = 50.65\text{kPa}$，$p_{H_2} = 4.265\text{kPa}$）。试计算在此气氛下$O_2$、$H_2S$、$S_2$和Zn的平衡分压。计算所用数据如下：

$$2H_2 + O_2 \longrightarrow 2H_2O(g) \qquad \Delta_r G^{\ominus}_{m,1} = (-499200 + 114.2T/\text{K})\text{J}\cdot\text{mol}^{-1}$$

$$2Zn(g) + O_2 \longrightarrow 2ZnO(s) \qquad \Delta_r G^{\ominus}_{m,2} = (-921740 + 394.6T/\text{K})\text{J}\cdot\text{mol}^{-1}$$

$$2H_2 + S_2(g) \longrightarrow 2H_2S(g) \qquad \Delta_r G^{\ominus}_{m,3} = (-180300 + 98.7T/\text{K})\text{J}\cdot\text{mol}^{-1}$$

$$2Zn(g) + S_2(g) \longrightarrow 2ZnS(s) \qquad \Delta_r G^{\ominus}_{m,4} = (-733870 + 378T/\text{K})\text{J}\cdot\text{mol}^{-1}$$

解：

$$2H_2 + O_2 \longrightarrow 2H_2O(g) \qquad \Delta_r G^{\ominus}_{m,1} = (-499200 + 114.2T/\text{K})\text{J}\cdot\text{mol}^{-1} \quad (1)$$

$$2Zn(g) + O_2 \longrightarrow 2ZnO(s) \qquad \Delta_r G^{\ominus}_{m,2} = (-921740 + 394.6T/\text{K})\text{J}\cdot\text{mol}^{-1} \quad (2)$$

$$2H_2 + S_2(g) \longrightarrow 2H_2S(g) \qquad \Delta_r G^{\ominus}_{m,3} = (-180300 + 98.7T/\text{K})\text{J}\cdot\text{mol}^{-1} \quad (3)$$

$$2Zn(g) + S_2(g) \longrightarrow 2ZnS(s) \qquad \Delta_r G^{\ominus}_{m,4} = (-733870 + 378T/\text{K})\text{J}\cdot\text{mol}^{-1} \quad (4)$$

此为多个反应同时平衡问题，同一物质在各反应式中的压力相等。

由反应（1）得：

$$\begin{aligned}\ln K^{\ominus}_1 &= \frac{-\Delta_r G^{\ominus}_{m,1}}{RT} = \frac{-(-499200 + 114.2 \times 1500)\text{J}\cdot\text{mol}^{-1}}{8.314\text{J}\cdot\text{mol}^{-1}\cdot\text{K}^{-1} \times 1500\text{K}} \\ &= 26.293\end{aligned}$$

$$K^{\ominus}_1 = 2.62 \times 10^{11}$$

$$K_1^{\ominus}=\frac{(p_{H_2O}/p^{\ominus})^2}{(p_{O_2}/p^{\ominus})(p_{H_2}/p^{\ominus})^2}$$

$p_{H_2O}=50.65\text{kPa}$, $p_{H_2}=4.265\text{kPa}$, $p^{\ominus}=100\text{kPa}$, $K_1^{\ominus}=2.62\times10^{11}$

代入得 $$p_{O_2}=5.38\times10^{-8}\text{kPa}$$

由反应（2）得：

$$\ln K_2^{\ominus}=\frac{-\Delta_r G_{m,2}^{\ominus}}{RT}$$

$$=\frac{(921740-394.6\times1500)\text{J}\cdot\text{mol}^{-1}}{8.314\text{J}\cdot\text{mol}^{-1}\cdot\text{K}^{-1}\times1500\text{K}}$$

$$=26.449$$

$$K_2^{\ominus}=3.065\times10^{11}$$

$$K_2^{\ominus}=\frac{1}{(p_{O_2}/p^{\ominus})(p_{Zn}/p^{\ominus})^2}$$

$$(p_{Zn}/p^{\ominus})^2=\frac{1}{K_2^{\ominus}(p_{O_2}/p^{\ominus})}$$

$$=\frac{1}{3.065\times10^{11}\times(5.38\times10^{-8}\text{kPa}/100\text{kPa})}$$

$$=0.00606$$

$$p_{Zn}=7.79\text{kPa}$$

由反应（4）得：

$$\ln K_4^{\ominus}=\frac{-\Delta_r G_{m,4}^{\ominus}}{RT}$$

$$=\frac{(733870-378\times1500)\text{J}\cdot\text{mol}^{-1}}{8.314\text{J}\cdot\text{mol}^{-1}\cdot\text{K}^{-1}\times1500\text{K}}$$

$$=13.38$$

$$K_4^{\ominus}=6.47\times10^5$$

$$K_4^{\ominus}=\frac{1}{(p_{S_2}/p^{\ominus})(p_{Zn}/p^{\ominus})^2}$$

$$p_{S_2}/p^{\ominus}=\frac{1}{K_4^{\ominus}(p_{Zn}/p^{\ominus})^2}$$

$$=\frac{1}{6.47\times10^5\times(7.79\text{kPa}/100\text{kPa})^2}$$

$$= 2.55 \times 10^{-4}$$

$$p_{S_2} = 2.55 \times 10^{-2}\text{kPa} = 0.0255\text{kPa}$$

由反应（3）得：

$$\ln K_3^{\ominus} = \frac{-\Delta_r G_{m,3}^{\ominus}}{RT}$$

$$= \frac{(180300 - 98.7 \times 1500)\text{J} \cdot \text{mol}^{-1}}{8.314\text{J} \cdot \text{mol}^{-1} \cdot \text{K}^{-1} \times 1500\text{K}}$$

$$= 2.586$$

$$K_3^{\ominus} = 13.277$$

$$K_3^{\ominus} = \frac{(p_{H_2S}/p^{\ominus})^2}{(p_{S_2}/p^{\ominus})(p_{H_2}/p^{\ominus})^2}$$

$$(p_{H_2S}/p^{\ominus})^2 = K_3^{\ominus} \times (p_{S_2}/p^{\ominus})(p_{H_2}/p^{\ominus})^2$$

$$= 13.277 \times (0.0255\text{kPa}/100\text{kPa}) \times (4.265\text{kPa}/100\text{kPa})^2$$

$$= 6.158 \times 10^{-6}$$

$$p_{H_2S} = 0.248\text{kPa}$$

3-23 已知

$ThO_2(s) + C \rule{}{}= Th(s) + CO_2$ $\Delta_r G_{m,1}^{\ominus} = (837180 - 324.1T/K)\text{J} \cdot \text{mol}^{-1}$

$Th(s) + 2Cl_2 = ThCl_4(l)$ $\Delta_r G_{m,2}^{\ominus} = (-1069900 + 216.4T/K)\text{J} \cdot \text{mol}^{-1}$

（1）求 $ThO_2(s) + 2Cl_2 + C = ThCl_4(l) + CO_2$的 $\Delta_r G_{m,3}^{\ominus}$与 T 的关系式；

（2）已知 $ThCl_4$的沸点为 921℃，其蒸发热 $\Delta H_v^{\ominus}$ 为 152700 J · mol⁻¹。求：$ThO_2(s) + 2Cl_2 + C = ThCl_4(g) + CO_2$的 $\Delta_r G_{m,4}^{\ominus}$与 T 的关系式。

解：（1）

$$ThO_2(s) + C = Th(s) + CO_2 \quad \Delta_r G_{m,1}^{\ominus} = (837180 - 324.1T/K)\text{J} \cdot \text{mol}^{-1} \qquad (1)$$

$$Th(s) + 2Cl_2 = ThCl_4(l) \quad \Delta_r G_{m,2}^{\ominus} = (-1069900 + 216.4T/K)\text{J} \cdot \text{mol}^{-1} \qquad (2)$$

反应（1）+（2）得：

$$ThO_2(s) + 2Cl_2 + C = ThCl_4(l) + CO_2 \quad \Delta_r G_{m,3}^{\ominus} \qquad (3)$$

$$\Delta_r G_{m,3}^{\ominus} = \Delta_r G_{m,1}^{\ominus} + \Delta_r G_{m,2}^{\ominus}$$

$$= (837180 - 324.1T/K)\text{J} \cdot \text{mol}^{-1} + (-1069900 + 216.4T/K)\text{J} \cdot \text{mol}^{-1}$$

$$= (-232720 - 107.7T/K)\text{J} \cdot \text{mol}^{-1}$$

(2) $ThCl_4\ (l) = ThCl_4\ (g)$ $\Delta_r G^{\ominus}_{m,3'}$ (3′)

反应(3)+(3′)得：

$$ThO_2(s) + 2Cl_2 + C = ThCl_4(g) + CO_2 \qquad \Delta_r G^{\ominus}_{m,4} \qquad (4)$$

$$\Delta_r G^{\ominus}_{m,4} = \Delta_r G^{\ominus}_{m,3} + \Delta_r G^{\ominus}_{m,3'}$$

反应（3′）是简单相变过程，相变过程 $\Delta_r G^{\ominus}_{m,3'}$ 随温度变化关系由下式计算：

$$\Delta_r G^{\ominus}_{m,3'} = \Delta_r H^{\ominus}_{m,3'} - T\Delta_r S^{\ominus}_{m,3'}$$

式中，$\Delta_r H^{\ominus}_{m,3'}$ 和 $\Delta_r S^{\ominus}_{m,3'}$ 分别为相变焓和相变熵。

$$\Delta_r H^{\ominus}_{m,3'} = 152700\text{J}\cdot\text{mol}^{-1}$$

$$\Delta_r S^{\ominus}_{m,3'} = \frac{\Delta_r H^{\ominus}_{m,3'}}{T} = \frac{152700\text{J}\cdot\text{mol}^{-1}}{(921+273)\text{K}}$$

$$= 127.89\text{J}\cdot\text{mol}^{-1}\cdot\text{K}^{-1}$$

$$\Delta_r G^{\ominus}_{m,3'} = (152700 - 127.89T/\text{K})\,\text{J}\cdot\text{mol}^{-1}$$

$$\Delta_r G^{\ominus}_{m,4} = (-232720 - 107.7T/\text{K})\,\text{J}\cdot\text{mol}^{-1} + (152700 - 127.89T/\text{K})\,\text{J}\cdot\text{mol}^{-1}$$

$$= (-80020 - 235.59T/\text{K})\,\text{J}\cdot\text{mol}^{-1}$$

3-24 高温下气态碘 I_2 部分离解成碘原子 I，反应在 342.7cm³ 的容器内进行。测得的部分数据如下

T/K	973	1173
p/Pa	8.325	12.240
$10^4 n_I/n_{I_2}$	2.471	2.437

求此两温度下反应的标准平衡常数 $K^{\ominus}$ 和 $\Delta_r H^{\ominus}_m$。

解： 反应 $I_2 = 2I$

$$K^{\ominus} = \frac{(p_I/p^{\ominus})^2}{p_{I_2}/p^{\ominus}} = \frac{p_I^2}{p_{I_2}} \times \frac{1}{p^{\ominus}}$$

$$p_I = p_{总} \times x_I$$

$$p_{I_2} = p_{总} \times x_{I_2}$$

$$K^{\ominus} = \frac{x_I^2}{x_{I_2}} \times \frac{p_{总}}{p^{\ominus}}$$

973K 时，$\dfrac{10^4 n_I}{n_{I_2}} = 2.471$

$$x_{\mathrm{I}} = \frac{n_{\mathrm{I}}}{n_{\mathrm{I_2}} + n_{\mathrm{I}}} = \frac{2.471/10^4}{1 + 2.471/10^4} = 2.471 \times 10^{-4}$$

$$x_{\mathrm{I_2}} = \frac{n_{\mathrm{I_2}}}{n_{\mathrm{I_2}} + n_{\mathrm{I}}} = \frac{1}{1 + 2.471/10^4} = 0.9998$$

$$K_1^{\ominus} = \frac{x_{\mathrm{I}}^2}{x_{\mathrm{I_2}}} \times \frac{p_{总}}{p^{\ominus}} = \frac{(2.471 \times 10^{-4})^2}{0.9998} \times \frac{8.325\mathrm{Pa}}{100000\mathrm{Pa}}$$

$$= 5.084 \times 10^{-12}$$

1173K 时，$\frac{10^4 n_{\mathrm{I}}}{n_{\mathrm{I_2}}} = 2.437$

$$x_{\mathrm{I}} = 2.437 \times 10^{-4}$$

$$x_{\mathrm{I_2}} = 0.9998$$

$$K_2^{\ominus} = \frac{x_{\mathrm{I}}^2}{x_{\mathrm{I_2}}} \times \frac{p_{总}}{p^{\ominus}} = \frac{(2.437 \times 10^{-4})^2}{0.9998} \times \frac{12.240\mathrm{Pa}}{100000\mathrm{Pa}}$$

$$= 7.271 \times 10^{-12}$$

由范特霍夫等压方程式

$$\frac{\mathrm{d}\ln K}{\mathrm{d}T} = \frac{\Delta_r H_m^{\ominus}}{RT^2}$$

$$\ln \frac{K_2^{\ominus}}{K_1^{\ominus}} = \frac{\Delta_r H_m^{\ominus}}{R}\left(\frac{1}{T_1} - \frac{1}{T_2}\right)$$

$$\ln \frac{7.271 \times 10^{-12}}{5.084 \times 10^{-12}} = \frac{\Delta_r H_m^{\ominus}}{8.314\mathrm{J \cdot mol^{-1} \cdot K^{-1}}}\left(\frac{1}{973\mathrm{K}} - \frac{1}{1173\mathrm{K}}\right)$$

得 $\Delta_r H_m^{\ominus} = 16975.6\mathrm{J \cdot mol^{-1}}$

3.3 补充习题

3-1 在一个真空容器中，放有过量的 $B_3(s)$，于 900K 下发生以下反应：

$$B_3(s) \xlongequal{\quad} 3B(g)$$

若反应达平衡时容器的压力为 300kPa，则反应在 900K 下的 $K^{\ominus}$ = (　)。

A 300　　B 100　　C 27.0

答： C。

3-2 在恒温恒压下，反应 $CO(g) + \frac{1}{2}O_2(g) = CO_2(g)$ 达平衡时的条件是 (　)。

A $\mu(CO,g) = \mu(O_2,g) = \mu(CO_2,g)$

B $\mu(CO,g) = \frac{1}{2}\mu(O_2,g) = \mu(CO_2,g)$

C $\mu(CO,g) + \mu(O_2,g) = \mu(CO_2,g)$

D $\mu(CO,g) + \frac{1}{2}\mu(O_2,g) = \mu(CO_2,g)$

答：D。

3-3 已知在一定 T、p 下，反应 A(g) + B(g) ══ C(g) + D(g) 的 $K_1^\ominus = 0.25$，求反应 C(g) + D(g) ══ A(g) + B(g) 的 $K_2^\ominus$ = （ ）；反应 2A(g) + 2B(g) ══ 2C(g) + 2D(g) 的 $K_3^\ominus$ =（ ）。

A 0.25　　B 4　　C 0.0625　　D 0.5

答：B；C。

3-4 在一定温度下，0.2mol 的 A(g) 和 0.6mol 的 B(g) 进行下列反应

$$A(g) + 3B(g) \rightleftharpoons 2D(g)$$

当增加系统的压力时，此反应的 $K^\ominus$（ ），A 的平衡转化率 α（ ）。

A 变大　　B 变小　C 不变　　D 不确定

答：C；A。

3-5 证明对于理想气体反应，下式成立：

$$\left(\frac{\partial \ln K_c}{\partial T}\right)_p = \frac{\Delta_r U_m^\ominus}{RT^2}$$

证明：

$$\left(\frac{\partial \ln K_p^\ominus}{\partial T}\right)_p = \left(\frac{\partial \ln K_p}{\partial T}\right)_p = \frac{\Delta_r H_m^\ominus}{RT^2}$$

因为

$$K_p = K_c(RT)^{\sum_i v_i} = K_c(RT)^{\Delta_r n}$$

$$\left(\frac{\partial \ln K_p}{\partial T}\right)_p = \frac{\partial}{\partial T}[\ln K_c + \Delta_r n \ln(RT)]_p$$

$$= \left(\frac{\partial \ln K_c}{\partial T}\right)_p + \frac{\Delta_r n}{T}$$

另外

$$\frac{\Delta_r H_m^\ominus}{RT^2} = \frac{\Delta_r U_m^\ominus}{RT^2} + \frac{\Delta p V_m}{RT^2}$$

$$= \frac{\Delta_r U_m^\ominus}{RT^2} + \frac{\Delta_r n(RT)}{RT^2}$$

$$= \frac{\Delta_r U_m^\ominus}{RT^2} + \frac{\Delta_r n}{T}$$

所以

$$\left(\frac{\partial \ln K_c}{\partial T}\right)_p + \frac{\Delta_r n}{T} = \frac{\Delta_r U_m^\ominus}{RT^2} + \frac{\Delta_r n}{T}$$

$$\left(\frac{\partial \ln K_c}{\partial T}\right)_p = \frac{\Delta_r U_m^{\ominus}}{RT^2}$$

3-6　$\Delta_r G_m$ 可以判断反应的方向，而 $\Delta_r G_m^{\ominus}$反映反应的限度，那么可不可以只凭借 $\Delta_r G_m^{\ominus}$判断反应的方向？

答：有可能。如果 $\Delta_r G_m^{\ominus}$的绝对值很大，$\Delta_r G_m^{\ominus}$的正负号就可以决定 $\Delta_r G_m$ 的正负号，从而确定反应的方向。一般来说，$\Delta_r G_m^{\ominus} > 41.84\text{kJ} \cdot \text{mol}^{-1}$可以认为反应无法进行。$\Delta_r G_m^{\ominus}$在 $0 \sim 41.84\text{kJ} \cdot \text{mol}^{-1}$时，存在通过改变外界条件改变反应方向的可能性。

3-7　在标准状态下，红辰砂 α-HgS 与黑辰砂 β-HgS 的转化反应：

$$\alpha\text{-HgS} \xlongequal{\quad} \beta\text{-HgS}, \quad \Delta_r G_m^{\ominus} = (980 - 1.456T/\text{K})\ \text{J} \cdot \text{mol}^{-1}$$

则在 373K 时____________________。

A　α-HgS 比 β-HgS 稳定　　B　α-HgS 与 β-HgS 处于平衡

C　β-HgS 比 α-HgS 稳定　　D　无法判断哪一个更稳定

答：A。

3-8　为什么说化学反应的平衡态是反应进行的最大限度？

答：$\Delta_r G_m = \left(\frac{\partial G}{\partial \xi}\right)_{T,p} = \Sigma \nu_B \mu_B$。

反应达到平衡之前，$\Delta_r G_m = \left(\frac{\partial G}{\partial \xi}\right)_{T,p} = \Sigma \nu_B \mu_B < 0$；

当反应平衡时，$\Delta_r G_m = 0$。如果反应要继续向正反应方向进行，则 $\Delta_r G_m > 0$。在定温定压，不做非体积功的条件下，$\Delta_r G_m > 0$ 的反应是不能自发进行的。所以化学反应的平衡态是反应进行的最大限度。

3-9　在温度为 117～237K 得出甲醇脱氧反应的标准平衡常数与温度的关系：

$$\ln K^{\ominus} = (-10593.8T/\text{K}) + 6.470$$

该反应在此温度区间的 $\Delta_r H_m^{\ominus}$为（　）$\text{kJ} \cdot \text{mol}^{-1}$。

A　−88.077　　B　88.077　　C　−38.247　　D　38.247

答：B。

4 多组分系统热力学

4.1 主要公式

（1）Gibbs-Duham 方程：

$$n_A dG_A + n_B dG_B = 0 \tag{4-1}$$

式中，n_A 和 n_B 分别为组分 A 和 B 的物质的量；dG_A 和 dG_B 分别为物质 A 和 B 偏摩尔吉布斯函数的增加值。在两组分系统中，一个组分的偏摩尔吉布斯函数减少的同时，另一个组分的偏摩尔吉布斯函数一定增加。

（2）偏摩尔吉布斯函数，也即化学势，用符号 μ 表示，组分 i 的化学势定义为：

$$\mu_i = \left(\frac{\partial G}{\partial n_i}\right)_{T,p,n_j\neq i} \tag{4-2}$$

（3）热力学基本公式：

$$dG = -SdT + Vdp + \sum_{i=1}^{k}\mu_i dn_i \tag{4-3}$$

$$dA = -SdT - pdV + \sum_{i=1}^{k}\mu_i dn_i \tag{4-4}$$

$$dH = TdS + Vdp + \sum_{i=1}^{k}\mu_i dn_i \tag{4-5}$$

$$dU = TdS - pdV + \sum_{i=1}^{k}\mu_i dn_i \tag{4-6}$$

式(4-3)～式(4-6)适用于敞开系统或组成可变的封闭系统，表示系统热力学性质 G，A，H，U 随 T，p，V，S 及组分物质的量变化的关系。

（4）化学势的其他定义：

$$\mu_i = \left(\frac{\partial G}{\partial n_i}\right)_{T,p,n_j\neq i} = \left(\frac{\partial A}{\partial n_i}\right)_{T,V,n_j\neq i} = \left(\frac{\partial H}{\partial n_i}\right)_{S,p,n_j\neq i} = \left(\frac{\partial U}{\partial n_i}\right)_{S,V,n_j\neq i} \tag{4-7}$$

（5）相平衡条件：

$$\mu_i^{\beta} - \mu_i^{\alpha} \leqslant 0 \tag{4-8}$$

化学势作为推动力使物质转移过程发生。在式(4-8)中，“<”表示组分 i 能自发从 β 相向 α 相转移，“=”表示组分转移过程达到平衡。物质在两相中的化学势相等是物质转移过程达到平衡的必要条件。

（6）理想气体化学势：

温度为 T，压力为 p 的理想气体 i 的化学势为

$$\mu_i = \mu_i^{\ominus} + RT\ln\frac{p}{p^{\ominus}} \tag{4-9}$$

式中，$\mu_i^{\ominus}$ 为组分 i 的标准化学势，也就是当组分 i 是理想气体且分压等于标准压力 $p_i = p^{\ominus}$时的化学势。组分的标准化学势只是温度的函数，即 $\mu_i^{\ominus} = f(T)$。

（7）拉乌尔定律和亨利定律：

拉乌尔定律

$$p = p_A = p_A^* x_A \tag{4-10}$$

亨利定律

$$p_B = k_B x_B \tag{4-11}$$

式中，p_A^* 为一定温度时纯溶剂的饱和蒸气压；p_A 为相同温度时溶液中溶剂的蒸气压；x_A 为溶液中溶剂的摩尔分数；p_B，k_B，x_B 分别为溶质的蒸气压、亨利定律中的比例常数（也称为亨利定律常数）和溶质在溶液中的摩尔分数。

拉乌尔定律适用于计算含有不挥发性溶质的稀溶液中溶剂蒸气压，亨利定律适用于计算稀溶液中溶质的蒸气压。亨利定律可用不同浓度表示，相应的比例常数不同，拉乌尔定律只能用摩尔分数表示。

（8）理想稀溶液组分化学势公式：

溶剂

$$\mu_A = \mu_A(T, p_A^*) + RT\ln x_A \tag{4-12}$$

式中，$\mu_A(T,\ p_A^*)$为标准化学势，是当温度等于 T、蒸气分压等于 p_A^*、组分浓度 x_A 等于 1 的溶剂的化学势，也即纯液态 A 的化学势。

溶质

$$\mu_B = \mu_B(T, k_B) + RT\ln x_B \tag{4-13}$$

式中，$\mu_B(T,\ k_B)$为溶质 B 的标准化学势，是遵守亨利定律且蒸气压等于 k_B 的状态，是一种虚拟假想状态。

（9）稀溶液的依数性：

沸点升高

$$k_b = \frac{RT_b^{*2} M_A}{\Delta_{vap} H_m} \tag{4-14}$$

凝固点下降

$$k_f = \frac{RT_f^{*2}}{\Delta_{fus}H_m}M_A \tag{4-15}$$

式中，k_b 和 k_f 分别为稀溶液的沸点上升常数和凝固点下降常数；M_A 为溶剂的摩尔质量；T_b^* 为溶剂的正常沸点；$\Delta_{vap}H_m$ 是溶剂在正常沸点时的摩尔蒸发焓；T_f^* 是溶剂的正常凝固点；$\Delta_{fus}H_m$ 是溶剂在正常凝固点的摩尔凝固焓。以水为溶剂时的沸点上升常数值等于 0.518K · mol^{-1} · kg^{-1}，凝固点下降常数等于 1.86K · mol^{-1} · kg^{-1}。

渗透压

$$\pi = RT\frac{n_B}{n_A V_A^*} = RT\frac{n_B}{V} \approx c_B RT \tag{4-16}$$

式中，$V = n_A V_A^*$ 为溶液中溶剂的总体积，近似等于溶液的体积；c_B 为溶质的物质的量浓度。

（10）活度：

$$p_i = p_i^* a_i \tag{4-17}$$

$$a_i = \gamma_i x_i \tag{4-18}$$

式中，p_i 和 p_i^* 分别为组分 i 的蒸气压和饱和蒸气压；a_i 为组分活度；γ_i 为活度系数。

活度系数 γ_i 为一个无量纲的量，其值与溶剂和溶质的性质、溶液浓度及温度都有关。这是以拉乌尔定律为基础的活度。

（11）超额吉布斯函数：

形成 1mol 实际溶液时，系统的吉布斯函数的变化为

$$\Delta G_m = RT(x_1\ln a_1 + x_2\ln a_2)$$
$$= RT(x_1\ln x_1 + x_2\ln x_2) + RT(x_1\ln\gamma_1 + x_2\ln\gamma_2)$$

形成 1mol 理想溶液时，系统吉布斯函数的变化为

$$\Delta G_m^{id} = RT(x_1\ln x_1 + x_2\ln x_2)$$

超额吉布斯函数则定义为以上两式之差

$$G^E = RT(x_1\ln\gamma_1 + x_2\ln\gamma_2) \tag{4-19}$$

（12）规则溶液的超额吉布斯函数：

$$G^E = RT(x_1\ln\gamma_1 + x_2\ln\gamma_2) = RT\left(x_1\frac{a}{RT}x_2^2 + x_2\frac{a}{RT}x_1^2\right)$$
$$= ax_1x_2^2 + ax_2x_1^2 = ax_1x_2$$

由于 $S^{E}=0$，则有

$$H^{E} = G^{E} = ax_1x_2 \tag{4-20}$$

（13）标准平衡常数：

溶液中的化学反应　　$a[A] + b[B] \rightleftharpoons dD(g)$

$$K^{\ominus} = \frac{(p_D/p^{\ominus})^d}{\gamma_A^a x_A^a \gamma_B^b x_B^b} \tag{4-21}$$

式中，γ_A，γ_B，x_A，x_B 分别为溶液中组分 A 和 B 的活度及活度系数；p_D 为气体 D 的分压。

4.2　教材习题解答

4-1　每升溶液中含有 192.6g KNO_3 的溶液，密度为 $1.1432kg \cdot dm^{-3}$。试计算

（1）物质的量浓度；（2）质量摩尔浓度；（3）摩尔分数；（4）质量分数。

解：（1）物质的量浓度是单位体积溶液中含溶质的量，用符号 c 表示。

溶液中含 KNO_3 的质量为 192.6g，物质的量为：

$$\frac{192.6 \times 10^{-3}kg}{101.1 \times 10^{-3}kg \cdot mol^{-1}} = 1.905mol$$

物质的量浓度为

$$c = \frac{n}{V} = \frac{1.905mol}{1L} = 1.905mol \cdot L^{-1}$$

（2）质量摩尔浓度是单位质量溶剂中含溶质的物质的量，用符号 m 表示。

溶液质量等于体积与密度的乘积，即：

$$1.1432kg \cdot dm^{-3} \times 1dm^3 = 1.1432kg$$

溶剂的质量为

$$1.1432kg - 0.1926kg = 0.9506kg$$

KNO_3 的质量摩尔浓度为

$$m = \frac{1.905mol}{0.9506kg} = 2.004mol \cdot kg^{-1}$$

（3）摩尔分数是溶质物质的量与溶液总物质的量之比，用符号 x 表示。

$$溶剂水的物质的量 = \frac{0.9506kg}{18 \times 10^{-3}kg \cdot mol^{-1}} = 52.81mol$$

$$KNO_3\ 摩尔分数\ x = \frac{1.905\text{mol}}{52.81\text{mol} + 1.905\text{mol}} = 0.0348$$

（4）质量分数是溶质质量与溶液质量之比，用符号 w 表示。

$$w_{KNO_3} = \frac{192.6 \times 10^{-3}\text{kg}}{1.1432\text{kg}} \times 100\% = 16.85\%$$

4-2 20℃，60%质量分数甲醇水溶液的密度是 $0.8946\text{g} \cdot \text{cm}^{-3}$。在此溶液中水的偏摩尔体积为 $16.80\text{cm}^3 \cdot \text{mol}^{-1}$。求甲醇的偏摩尔体积。

解：设溶液总质量为100g，根据溶液的集合公式（教材中式(4-10)），溶液的总体积为

$$V = n_{水} V_{水} + n_{甲醇} V_{甲醇}$$

式中，下角标水和甲醇分别代表溶液中水和甲醇两个组分，水和甲醇的摩尔质量分别为 $18 \times 10^{-3}\text{kg} \cdot \text{mol}^{-1}$ 和 $32.03 \times 10^{-3}\text{kg} \cdot \text{mol}^{-1}$，溶液总体积等于质量除以密度，

即
$$V = \frac{100\text{g}}{0.8946\text{g} \cdot \text{cm}^{-3}} = 111.782\text{cm}^3$$

$$n_{水} = \frac{40 \times 10^{-3}\text{g}}{18 \times 10^{-3}\text{kg} \cdot \text{mol}^{-1}} = 2.222\text{mol}$$

$$n_{甲醇} = \frac{60 \times 10^{-3}\text{g}}{32.03 \times 10^{-3}\text{kg} \cdot \text{mol}^{-1}} = 1.873\text{mol}$$

$$V_{水} = 16.80\text{cm}^3 \cdot \text{mol}^{-1}$$

$$V_{甲醇} = \frac{V - n_{水} V_{水}}{n_{甲醇}}$$

$$= \frac{111.782\text{cm}^3 - 2.222\text{mol} \times 16.80\text{cm}^3 \cdot \text{mol}^{-1}}{1.873\text{mol}}$$

$$= 39.75\text{cm}^3 \cdot \text{mol}^{-1}$$

4-3 根据下列数据，用作图法求 $CuSO_4$ 溶液的质量摩尔浓度为 $0.3\text{mol} \cdot \text{kg}^{-1}$ 时 $CuSO_4$ 的偏摩尔体积。

$w_{CuSO_4}/\%$	1.912	3.187	4.462	5.737
溶液密度 $\rho/\text{g} \cdot \text{cm}^{-3}$	1.0190	1.0319	1.0450	1.0582

解：求解本题需要作出溶液体积随 $CuSO_4$ 物质的量变化关系的曲线。根据偏摩尔体积的定义，通过求曲线在 $CuSO_4$ 质量摩尔浓度为 $0.3\text{mol} \cdot \text{kg}^{-1}$ 处的一阶导数，得到 $CuSO_4$ 的偏摩尔体积。$CuSO_4$ 质量分数 w 与质量摩尔浓度之间的关系为

$$b = \frac{\dfrac{w \times 10^{-3}\text{kg}}{159.606 \times 10^{-3}\text{kg}\cdot\text{mol}^{-1}}}{(100 - w) \times 10^{-3}\text{kg}} = \frac{w\% \times 1000}{159.606(100 - w)}\text{mol}\cdot\text{kg}^{-1}$$

将题中数据换算成 $CuSO_4$ 质量摩尔浓度与溶液总体积的关系，列入下表中，

质量分数 $w/\%$	1.912	3.187	4.462	5.737
溶液密度 $\rho/\text{g}\cdot\text{cm}^{-3}$	1.0190	1.0319	1.0450	1.0582
$b/\text{mol}\cdot\text{kg}^{-1}$	0.1221	0.2066	0.2926	0.3813
V/cm^3	1000.48	1001.00	1001.63	1002.52

固定水的质量为 1kg 时，溶液体积随 $CuSO_4$ 含量变化的关系可通过下式求得：

$$V/\text{cm}^3 = \frac{1\text{g} \times 10^3}{\dfrac{1 - w}{100} \times \rho}$$

作 V-b 图如图 4-1 所示。

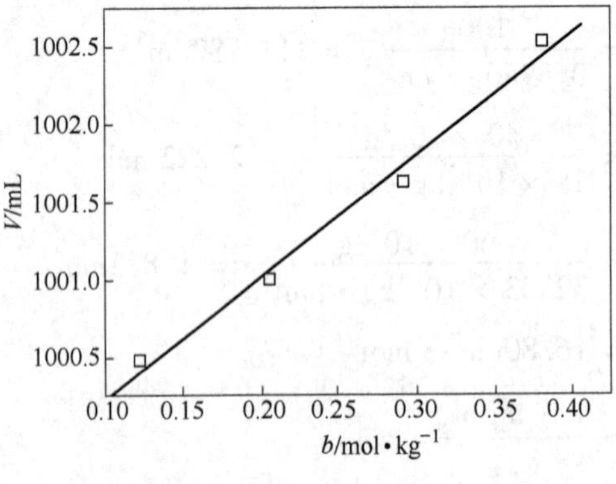

图 4-1　题 4-3

$m = 0.3\text{mol}\cdot\text{kg}^{-1}$ 处曲线斜率为 10.1，即 $CuSO_4$ 的偏摩尔体积为

$$V = \left(\frac{\partial V}{\partial n_{CuSO_4}}\right)_{T,p,n(H_2O)} = \frac{1.77}{0.175} = 10.1\text{cm}^3\cdot\text{mol}^{-1}$$

4-4　为了使汞的蒸气压从 $p_{Hg}^* = 94.62\text{kPa}$ 降到 93.30kPa，需在 50g 汞中溶解多少锡？假设此合金遵守拉乌尔定律。

解： Hg-Sn 二元系服从拉乌尔定律，即

$$p_{Hg} = p_{Hg}^* x_{Hg}$$

将 $p_{Hg} = 93.30\text{kPa}$、$p_{Hg}^* = 94.62\text{kg}$ 代入上式，求得 $x_{Hg} = 0.986$。

50gHg 中溶解 Sn 后，Hg 的摩尔分数为 0.986 时，Sn 的质量 m 为

$$\frac{\frac{50\times10^{-3}\text{kg}}{200.59\times10^{-3}\text{kg}\cdot\text{mol}^{-1}}}{\frac{50\times10^{-3}\text{kg}}{200.59\times10^{-3}\text{kg}\cdot\text{mol}^{-1}}+\frac{m\times10^{-3}\text{kg}}{118.71\times10^{-3}\text{kg}\cdot\text{mol}^{-1}}}=0.986$$

解得 $$m=0.4201\text{g}$$

4-5 已知纯锌、纯铅和纯镉的蒸气压（Pa）与温度的关系式为

Zn： $$\lg(p/\text{Pa})=-\frac{6163\text{K}}{T}+10.233$$

Pb： $$\lg(p/\text{Pa})=-\frac{9840\text{K}}{T}+9.953$$

Cd： $$\lg(p/\text{Pa})=-\frac{5800\text{K}}{T}-1.23\lg(T/\text{K})+14.232$$

设粗锌中含有0.97% Pb和1.3% Cd(摩尔分数)。

求在950℃蒸馏粗锌时的最初蒸馏产物中Pb和Cd的含量（摩尔分数)。设此溶液服从拉乌尔定律。

解： x_{Pb}为0.97%、x_{Cd}为1.3%的Zn溶液服从拉乌尔定律，蒸馏过程是液体组分挥发进入气相的过程，最初蒸馏产物（即气相）中Pb、Cd和Zn的分压可分别用拉乌尔定律计算。

950℃下由 $\lg p^*_{Zn}=-\frac{6163}{1223}+10.233$ 得 $p^*_{Zn}=156.23\text{kPa}$

$\lg p^*_{Pb}=-\frac{9840}{1223}+9.953$ 得 $p^*_{Pb}=0.081\text{kPa}$

$\lg p^*_{Cd}=-\frac{5800}{1223}-1.23\lg1223+14.232$ 得 $p^*_{Cd}=492.07\text{kPa}$

$p_{Zn}=156.23\text{kPa}\times(1-0.0097-0.013)=152.68\text{kPa}$

$p_{Pb}=0.081\text{kPa}\times0.0097=7.86\times10^{-4}\text{kPa}$

$p_{Cd}=492.07\text{kPa}\times0.013=6.40\text{kPa}$

气相总压 $p=p_{Zn}+p_{Pb}+p_{Cd}=159.08\text{kPa}$

气相中Pb和Cd的摩尔分数为

$$x'_{Pb}=\frac{p_{Pb}}{p}=\frac{7.86\times10^{-4}\text{kPa}}{152.68\text{kPa}}=5\times10^{-6}$$

$$x'_{Cd}=\frac{p_{Cd}}{p}=\frac{6.40\text{kPa}}{152.68\text{kPa}}=0.0419$$

4-6 25℃时，氮溶于水中的亨利常数为 $k_x=8.68\times10^9\text{Pa}$。若将氮与水平衡时的压力从 $6.664\times10^5\text{Pa}$ 降至 $1.013\times10^5\text{Pa}$。求从1kg水中可放出多少毫升 N_2？

解： N_2溶于水平衡时服从亨利定律。可根据题中给出的两个分压求出两个溶

解度的差，并换算成气体体积。

即
$$p_{N_2} = k_x x_{N_2}$$

$$(6.664 \times 10^5 - 1.013 \times 10^5)\,\text{Pa} = k_x \Delta x_{N_2}$$

$$\Delta x_{N_2} = \frac{(6.664 - 1.013) \times 10^5\,\text{Pa}}{8.68 \times 10^9\,\text{Pa}} = 6.51 \times 10^{-5}$$

$$\Delta x_{N_2} = \frac{\Delta n_{N_2}}{\dfrac{1\text{kg}}{18 \times 10^{-3}\text{kg} \cdot \text{mol}^{-1}}}$$

$$\Delta n_{N_2} = \Delta x_{N_2} \frac{1\text{kg}}{18 \times 10^{-3}\text{kg} \cdot \text{mol}^{-1}}$$

$$= 6.51 \times 10^{-5} \times \frac{1\text{kg}}{18 \times 10^{-3}\text{kg} \cdot \text{mol}^{-1}}$$

$$= 3.62 \times 10^{-3}\text{mol}$$

按理想气体计算，

$$V = \frac{\Delta nRT}{p} = \frac{3.62 \times 10^{-3}\text{mol} \times 8.314\text{J} \cdot \text{mol}^{-1} \cdot \text{K}^{-1} \times 298\text{K}}{1.013 \times 10^5\text{Pa}}$$

$$= 8.85 \times 10^{-5}\text{m}^3 = 88.5\text{mL}$$

4-7 20℃，101.3kPa 下，1kg 水中能溶 1.7gCO_2，而 40℃时则只能溶 1.0g。某玻璃瓶内部气体压力如超过 202.6kPa 就不安全，则 20℃时瓶中 CO_2的压力应低于多少才能使其在 40℃下使用而无危险？设溶液服从亨利定律。瓶中差不多盛满 CO_2水溶液，而且没有其他气体。

解：CO_2溶解于水中平衡时服从亨利定律。20℃和 40℃溶解平衡的亨利常数分别为：

$$k_c(20℃) = \frac{p}{c} = \frac{101.3\text{kPa}}{1.7\text{g}}$$

$$k_c(40℃) = \frac{p}{c} = \frac{101.3\text{kPa}}{1\text{g}}$$

随着温度的升高，CO_2在水中的溶解度下降。在 40℃时，为保证使用安全，瓶中 CO_2气体分压不得超过 202.6kPa，此时 CO_2的溶解度为

$$c_{CO_2} = \frac{202.6\text{kPa}}{k_c(40℃)} = \frac{202.6\text{kPa}}{\dfrac{101.3\text{kPa}}{1\text{g}}} = 2\text{g}$$

在 20℃时保证 CO_2溶解度为 2g 时，需要 CO_2的平衡分压为：

$$p_{CO_2}=k_c(20℃)\times 2g=\frac{101.3kPa}{1.7g}\times 2g=119.2kPa$$

4-8　已知1540℃，H_2与N_2的分压均为101.3kPa时，液态铁中溶解的H_2与N_2分别为0.0025%及0.039%。

求该温度下，含0.0005% H_2和含0.010% N_2的液态铁平衡时，气相中H_2与N_2的分压。

解： 高温下H_2和N_2在铁液中溶解反应服从平方根定律，见教材中式(4-40)。

根据平方根定律计算1540℃下H_2和N_2溶解于Fe液中的亨利定律常数。

$$k_{H_2}=\frac{w_{H_2}}{p_{H_2}^{1/2}}=\frac{0.0025}{(101.3kPa)^{1/2}}=2.48\times 10^{-4}(kPa)^{-1/2}$$

$$k_{N_2}=\frac{w_{N_2}}{p_{N_2}^{1/2}}=\frac{0.039}{(101.3kPa)^{1/2}}=3.87\times 10^{-3}(kPa)^{-1/2}$$

1540℃时，H_2与N_2溶解度分别为0.0005%和0.010%时的平衡分压为

$$p_{H_2}=\left(\frac{w_{H_2}}{k_{H_2}}\right)^2=\left(\frac{0.0005}{2.48\times 10^{-4}}\right)^2=4.06kPa$$

$$p_{N_2}=\left(\frac{w_{N_2}}{k_{N_2}}\right)^2=\left(\frac{0.01}{3.87\times 10^{-3}}\right)^2=6.68kPa$$

4-9　在1075℃曾测得氧在100g液态银中的溶解度数据如下：

O_2的分压/kPa	17.06	65.04	101.3	160.3
100g Ag中溶解的氧(标准状态)/mL	81.5	156.9	193.6	247.8

（1）用作图法确定氧在银中的溶解是否遵守平方根定律；

（2）100g Ag在1075℃能从空气中吸收多少氧（mL)？

解： 在本题中直接利用体积数据。平方根定律表明溶解度与气体分压的平方根呈直线关系。为此，先求分压的平方根，并列于下表：

p_{O_2}/kPa	17.06	65.04	101.3	160.3
$p_{O_2}^{1/2}$/kPa$^{1/2}$	4.13	8.06	10.06	12.66
100g Ag中溶解氧的体积 V/mL	81.5	156.9	193.6	247.8

以$p_{O_2}^{1/2}$为横坐标，V为纵坐标作图，如图4-2所示。直线斜率k_{O_2}为20.38mL·kPa$^{-1/2}$，为亨利定律常数。空气总压为101.3kPa，含氧量为21%，氧分压

$$p_{O_2}=101.3kPa\times 21\%=21.27kPa$$

此时100g Ag中能溶解O_2的体积为

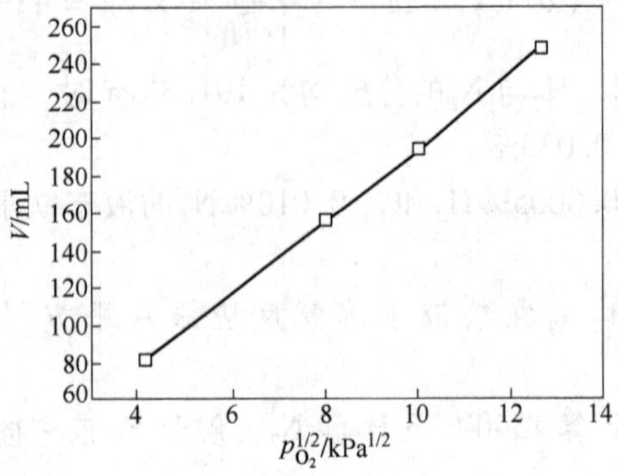

图 4-2 1075℃时氧在银中溶解体积与分压的关系

$$k_{O_2}p_{O_2}^{1/2} = 20.38\text{mL}\cdot\text{kPa}^{-1/2} \times (21.27\text{kPa})^{1/2} = 94\text{mL}$$

4-10 已知 Cd 的熔点为 320.9℃，熔化焓为 5105J · mol^{-1}。某 Cd-Pb 熔体含 1%（质量分数）Pb。设在固态时铅完全不溶于镉中，求此 Cd-Pb 熔体的凝固点。

解： 设 Cd-Pb(w = 1%)熔体是稀溶液，根据稀溶液的凝固点下降公式：

$$\Delta T_f = \frac{RT_f^{*2}}{\Delta_f H_m} x_{Pb}$$

以 Cd 作为溶剂时，$T_f^* = 320.9℃$，$\Delta_f H_m = 5105\text{J}\cdot\text{mol}^{-1}$，Pb 的摩尔质量为 $207.2\times10^{-3}\text{kg}\cdot\text{mol}^{-1}$，Cd 的摩尔质量为 $112.41\times10^{-3}\text{kg}\cdot\text{mol}^{-1}$，则

$$x_{Pb} = \frac{\dfrac{1\times10^{-3}}{207.2\times10^{-3}\text{kg}\cdot\text{mol}^{-1}}}{\dfrac{99\times10^{-3}}{112.41\times10^{-3}\text{kg}\cdot\text{mol}^{-1}}} = 0.0055$$

代入上式得

$$\Delta T_f = \frac{8.314\text{J}\cdot\text{mol}^{-1}\cdot\text{K}^{-1}\times(593.9\text{K})^2}{5105\text{J}\cdot\text{mol}^{-1}} \times 0.0055 = 3.16\text{K}$$

因此，Cd-Pb(w = 1%)熔体的凝固点为 320.9 − 3.16 = 317.7℃。

4-11 某不挥发性溶质溶于水中，20℃时使水的蒸气压从 2.334kPa 下降到 2.322kPa。求溶液的沸点和凝固点。（已知水的凝固点下降常数 K_f = 1.86℃ · mol^{-1} · kg，水的蒸发焓为 2255J · g^{-1}）

解： 设水溶液是稀溶液。根据溶液蒸气压下降值求得溶质的摩尔分数，$p = p^* x_1 = p^*(1 - x_2)$，$\Delta p = p^* x_2$

$$x_2 = \frac{\Delta p}{p^*} = \frac{(2.334 - 2.322)\text{kPa}}{2.334\text{kPa}} = 0.00514$$

换算成质量摩尔浓度为 $x_2 = m_2M_2$，$m_2 = \dfrac{x_2}{M_2} = \dfrac{0.00514}{18\times10^{-3}\text{kg}\cdot\text{mol}^{-1}} = 0.285$ $\text{mol}\cdot\text{kg}^{-1}$

根据稀溶液的沸点上升和凝固点下降公式，得

$$\Delta T_b = \frac{RT_b^{*2}}{\Delta_{vap}H_m}M_1m_2$$

$$= \frac{8.314\text{J}\cdot\text{mol}^{-1}\cdot\text{K}^{-1}\times373.16^2}{2255\text{J}\cdot\text{g}^{-1}\times18}\times$$

$$18\times10^{-3}\text{kg}\cdot\text{mol}^{-1}\times0.285\text{mol}\cdot\text{kg}^{-1}$$

$$= 0.146℃$$

$$\Delta T_f = K_fm_2 = 1.86℃\cdot\text{mol}^{-1}\cdot\text{kg}\times0.285\text{mol}\cdot\text{kg}^{-1} = 0.530℃$$

此稀溶液的沸点为 100℃ + 0.146℃ = 100.146℃，凝固点为 0℃ − 0.530℃ = −0.530℃。

4-12 固态和液态 $TaBr_5$ 的蒸气压公式为

$$\lg(p/\text{Pa})(\text{s}) = -\frac{5650\text{K}}{T} + 14.696$$

$$\lg(p/\text{Pa})(\text{l}) = -\frac{3265\text{K}}{T} + 10.296$$

计算 $TaBr_5$ 的熔点和熔化焓。

解： $TaBr_5$ 三相平衡时，$TaBr_5$(s)和 $TaBr_5$(l)产生的蒸气压相等，即

$$-\frac{5650}{T} + 14.696 = -\frac{3265}{T} + 10.296$$

解得 $T = 542\text{K}$

根据克-克方程，纯物质液-气或固-气平衡时，有

$$\frac{\text{dln}p}{\text{d}T} = \frac{\Delta H_m}{RT_2}, \Delta H_m \text{为蒸发焓或升华焓}$$

积分上式，得 $\lg p = -\dfrac{\Delta H_m}{2.303RT} + C$，$C$ 为积分常数

从蒸气压对数 $\lg p$ 与温度倒数 $\dfrac{1}{T}$ 关系中，可求得物质的蒸发焓或升华焓，即

$TaBr_5$ 的蒸发焓：$\dfrac{\Delta_{vap}H_m}{2.303R} = 3265$，$\Delta_{vap}H_m = 2.303R\times3265 = 62515\text{J}\cdot\text{mol}^{-1}$

$TaBr_5$的升华焓：$\frac{\Delta_{sub}H_m}{2.303R}=5650$，$\Delta_{sub}H_m=5650\times 2.303R=108181J\cdot mol^{-1}$

$TaBr_5$的熔化焓是状态函数的变化，与过程无关，则

$$\begin{aligned}\Delta_{fus}H &= \Delta_{sub}H_m - \Delta_{vap}H_m \\ &= 108181J\cdot mol^{-1} - 62515J\cdot mol^{-1} \\ &= 45666J\cdot mol^{-1}\end{aligned}$$

4-13 25℃，乳酸在水中和 $CHCl_3$ 中的分配系数为 $c_{CHCl_3}/c_{H_2O}=0.0203$。$c$ 为物质的量浓度。将 100mL 水与 100mL 含 0.8mol · L^{-1} 的乳酸 $CHCl_3$ 溶液混合振荡，问可提取乳酸多少摩尔？

解：设分配平衡时能提取乳酸 $x$mol，100mL 水中含 $x$mol 乳酸，则乳酸在水相中的物质的量浓度为$\frac{x\text{mol}}{0.1L}=10x\text{mol}\cdot L^{-1}$，

根据分配定律：
$$\frac{c_{CHCl_3}}{c_{H_2O}}=0.0203=\frac{0.8-10x}{10x}$$

解得
$$x=0.0784\text{mol}$$

4-14 15℃时，将碘溶于含 0.1mol · L^{-1}KI 的水溶液中，与 CCl_4一起振荡，达平衡后分为两层。将两层液体分离后，用滴定方法测定水层中碘的浓度为 0.050mol · L^{-1}，CCl_4层中碘的浓度为 0.085mol · L^{-1}。已知碘在 CCl_4和水中的分配系数为 $c_{I_2}^{CCl_4}/c_{I_2}^{H_2O}=85$。

求反应 $KI+I_2=KI_3$在 15℃时的平衡常数 K_c。

（**提示**：滴定测得水层碘浓度是否等于公式中的 $c_{I_2}^{H_2O}$？）

解：I_2溶于 KI 水溶液中，生成 KI_3的平衡反应如下：

$$KI+I_2 \xlongequal{\quad} KI_3$$

水中 I_2的平衡浓度 $c_{I_2}^{H_2O}$可由分配定律得到：

$$c_{I_2}^{H_2O}=\frac{0.085}{85}=0.001\text{mol}\cdot L^{-1}$$

用滴定方法求得水中 I_2的浓度为 0.05mol · L^{-1}，表明有(0.05 − 0.001) mol · L^{-1} = 0.049mol · L^{-1} 的 I_2 是从 KI_3 分解得到的，即 KI_3 的平衡浓度 $c_{KI_3}^{H_2O}$ = 0.049mol · L^{-1}，并全部来自 KI 与 I_2 的反应。因此 KI 的平衡浓度为(0.1 − 0.049) mol · L^{-1} = 0.051mol · L^{-1}。

反应平衡常数 $K_c=\frac{c_{KI_3}^{H_2O}}{c_{KI}^{H_2O}c_{I_2}^{H_2O}}=\frac{0.049}{0.051\times 0.001}=960.8\text{mol}^{-1}\cdot L$

4-15 50℃时，CCl_4和 $SiCl_4$的饱和蒸气压分别为 42.34kPa 和 80.03kPa，设

CCl_4和$SiCl_4$形成理想溶液。

求：(1) 外压53.28kPa，沸点为50℃的溶液组成；

(2) 蒸馏此溶液时最初冷凝物中$SiCl_4$的摩尔分数。

解： 设用x_1和x_2分别表示CCl_4和$SiCl_4$在溶液中的摩尔分数，溶液总压等于两个组分分压之和，理想溶液中组分的蒸气压服从拉乌尔定律。

(1) $p = p_1^* x_1 + p_2^* x_2 = p_1^* x_1 + p_2^*(1 - x_1) = p_2^* + (p_1^* - p_2^*)x_1$

在50℃、外压为53.28kPa条件下溶液沸腾，$p_1^* = 42.34\text{kPa}$，$p_2^* = 80.03\text{kPa}$，则

$$x_1 = \frac{p - p_2^*}{p_1^* - p_2^*} = \frac{(53.28 - 80.03)\text{kPa}}{(42.34 - 80.03)\text{kPa}} = 0.71,\ x_2 = 1 - x_1 = 0.29$$

(2) 最初蒸馏物的成分：

$$y_1 = \frac{p_1}{p} = \frac{p_1^* x_1}{p_1^* x_1 + p_2^* x_2}$$

$$= \frac{42.34\text{kPa} \times 0.71}{42.34\text{kPa} \times 0.71 + 80.03\text{kPa} \times 0.29}$$

$$= 0.564$$

$$y_2 = 1 - y_1 = 0.436$$

4-16 某温度时液体A的饱和蒸气压是液体B的21倍，A、B两液体形成理想溶液。若气相中A和B的摩尔分数相等，试问液相中A和B的摩尔分数为多少？

解： 对于形成理想溶液的两组分A和B，

$$p_A = p_A^* x_A = 21 p_B^* x_A$$

$$p_B = p_B^* x_B$$

气相中A与B的摩尔分数相等，即

$$y_A = y_B,\ \frac{p_A}{p} = \frac{p_B}{p},\ p_A = p_B$$

$$21 p_B^* x_A = p_B^* x_B,\quad 21 x_A = x_B$$

又因为$x_A + x_B = 1$，得$x_A = \frac{1}{22} = 0.0455$，$x_B = 0.9545$。

4-17 在325℃时，Hg的蒸气压为55.49kPa，同温度下Tl-Hg合金中Hg的蒸气分压及摩尔分数如下：

x_{Hg}	0.957	0.915	0.836	0.664	0.497
p_{Hg}/kPa	53.00	50.00	44.55	33.40	24.03

求对应于各浓度时汞的活度和活度系数。

解：已知 325℃ Hg 的饱和蒸气压 $p_{Hg}^* = 55.49\text{kPa}$，求 Tl-Hg 合金中以拉乌尔定律为基础、纯物质作标准态的 Hg 的活度及活度系数，即：

$$a_{Hg} = \frac{p_{Hg}}{p_{Hg}^*},\quad \gamma_{Hg} = \frac{a_{Hg}}{x_{Hg}}$$

当 $x_{Hg} = 0.957$，$p_{Hg} = 53.00\text{kPa}$ 时，$a_{Hg} = \dfrac{53.00\text{kPa}}{55.49\text{kPa}} = 0.955$，$\gamma_{Hg} = \dfrac{0.955}{0.957} = 0.998$

其他浓度值的 Tl-Hg 合金中 Hg 的活度及活度系数的计算方法相同。计算结果列于如下表中：

x_{Hg}	0.957	0.915	0.836	0.664	0.497
a_{Hg}	0.955	0.901	0.803	0.602	0.433
γ_{Hg}	0.998	0.985	0.961	0.907	0.871

4-18　如要使液态铜中的氧降到 0.1%，用 CO 还原时，CO/CO_2 应超过多少？设反应温度为 1150℃，$f_O \approx 1$，氧溶解在铜液中的标准摩尔溶解吉布斯函数为

$$\frac{1}{2}O_2 \!=\!=\!=\! [O]_{铜}\qquad \Delta_r G_m^\ominus = (-75730 + 11.17T/\text{K})\ \text{J}\cdot\text{mol}^{-1}$$

其余数据查附录。

解：用 CO 还原铜液中的氧，反应为

$$CO(g) + [O] \!=\!=\!=\! CO_2(g) \qquad (1)$$

定温定压无非体积功时，这个反应自发进行的条件是 $\Delta_r G_{m,1} \leqslant 0$，从 $\Delta_r G_{m,1} = 0$ 中解出 $\dfrac{p_{CO_2}}{p_{CO}}$ 的比值。

$$\Delta_r G_{m,1} = \Delta_r G_{m,1}^\ominus + RT\ln\frac{p_{CO_2}/p^\ominus}{(p_{CO}/p^\ominus)\,a_O}$$

$$a_O = f_O w_O \approx 0.10\%$$

查教材附表 4 得下面两个反应的 $\Delta_r G_m^\ominus$ 与温度的关系为

$$2C(石墨) + O_2(g) \!=\!=\!=\! 2CO(g) \qquad \Delta_r G_{m,2}^\ominus = (-232600 - 167.8T/\text{K})\ \text{J}\cdot\text{mol}^{-1} \qquad (2)$$

$$C(石墨) + O_2(g) \!=\!=\!=\! CO_2(g) \qquad \Delta_r G_{m,3}^\ominus = -395390\ \text{J}\cdot\text{mol}^{-1} \qquad (3)$$

已知反应

$\frac{1}{2}O_2(g)$ ══ $[O]_{铜}$，　　$\Delta_r G^{\ominus}_{m,4} = (-75730 + 11.17T/K)\,J \cdot mol^{-1}$　　(4)

由反应（2）、反应（3）和反应（4）组合得到反应（1），反应（1）的 $\Delta_r G^{\ominus}_{m,1}$ 为

$$\Delta_r G^{\ominus}_{m,1} = (-203360 + 72.73T/K)\,J \cdot mol^{-1}$$

在 1423K 时，$\Delta_r G^{\ominus}_{m,1} = -99865 J \cdot mol^{-1}$

代入关系式 $\Delta_r G_{m,1} = \Delta_r G^{\ominus}_{m,1} + RT\ln\frac{p_{CO_2}}{p_{CO}a_O} = 0$ 中，

得：
$$\frac{p_{CO_2}}{p_{CO}a_O} = \exp\left(\frac{-\Delta_r G^{\ominus}_{m,1}}{RT}\right)$$
$$= \exp\left(\frac{99865J \cdot mol^{-1}}{8.314J \cdot mol^{-1} \cdot K^{-1} \times 1423K}\right)$$
$$= 4634$$
$$\frac{p_{CO_2}}{p_{CO}} = \frac{1}{4634a_O} = \frac{1}{4634 \times 0.1} = 2.16 \times 10^{-3}$$

4-19 钢液中碳氧平衡的反应为[C] + [O]══CO(g)

[C]、[O]的浓度用质量分数表示时，反应的标准摩尔反应吉布斯函数与温度的关系为

$$\Delta_r G^{\ominus}_m = (-35600 - 31.45T/K)\,J \cdot mol^{-1}$$

求 1600℃时：（1）平衡常数；（2）含 0.02% 碳的钢液中氧的平衡含量。

解：（1）[C] + [O]══CO(g)　　$\Delta_r G^{\ominus}_m = (-35600 - 31.45T/K)\,J \cdot mol^{-1}$

1873K 时，$\Delta_r G^{\ominus}_m = -35600 - 31.45 \times 1873 = -94505 J \cdot mol^{-1}$

$$\Delta_r G^{\ominus}_m = -RT\ln K^{\ominus}$$

$$K^{\ominus} = \exp\left(-\frac{\Delta_r G^{\ominus}_m}{RT}\right) = \exp\left(\frac{94505J \cdot mol^{-1}}{8.314J \cdot mol^{-1} \cdot K^{-1} \times 1873K}\right) = 432$$

（2）　$K^{\ominus} = \frac{p_{CO}}{p^{\ominus}a_C a_O}$

$$p_{CO} \approx p^{\ominus},\ a_C = f_C w_C \approx w_C = 0.02$$
$$a_O = f_O w_O \approx w_O$$

代入上式，得 $w_O = \frac{1}{K^{\ominus}w_C} = \frac{1}{432 \times 0.02} = 0.116$

4-20 Cu-Zn 二元系统中，Zn 的活度系数满足下列关系式

$$RT\ln\gamma_{Zn} = -ax^2_{Cu}$$

式中，$a=19246\text{J}\cdot\text{mol}^{-1}$，为常数。适用的温度范围是 1000 ~ 1500K。组分活度标准状态是相应的液态金属。

求：(1) 用吉布斯-杜亥姆方程计算 Cu 的活度系数；

(2) 求 1060℃时，含 60% Cu，40% Zn（原子百分数）溶液上面 Zn 的分压。已知 1060℃时 $p_{\text{Zn}}^* = 405.2\text{kPa}$。

解：(1) 根据吉布斯-杜亥姆方程推导的两个组元活度系数的关系

$$\int_0^{\ln\gamma_1} \mathrm{d}\ln\gamma_1 = \int_0^{x_2} -\frac{x_2}{1-x_2}\mathrm{d}\ln\gamma_2 \text{（见教材中式(4-77)）}$$

$$\ln\gamma_{\text{Cu}} = -\int_0^{x_{\text{Zn}}} \frac{x_{\text{Zn}}}{x_{\text{Cu}}}\mathrm{d}\ln\gamma_{\text{Zn}}$$

已知 $RT\ln\gamma_{\text{Zn}} = -ax_{\text{Cu}}^2$，则

$$\mathrm{d}\ln\gamma_{\text{Zn}} = -\frac{2a}{RT}x_{\text{Cu}}\mathrm{d}x_{\text{Cu}} = +\frac{2a}{RT}x_{\text{Cu}}\mathrm{d}x_{\text{Zn}}$$

代入上式中积分，得

$$\ln\gamma_{\text{Cu}} = \int_0^{x_{\text{Zn}}} -\frac{2ax_{\text{Zn}}}{RT}\mathrm{d}x_{\text{Zn}}$$

积分后得 $\ln\gamma_{\text{Cu}} = -\dfrac{ax_{\text{Zn}}^2}{RT}$，将 $a = 19246\text{J}\cdot\text{mol}^{-1}$ 代入，得

$$\ln\gamma_{\text{Cu}} = -\frac{19246x_{\text{Zn}}^2}{RT} \quad (1000 \sim 1500\text{K})$$

(2) 1060℃(1333K)下，$x_{\text{Zn}}=0.4, x_{\text{Cu}}=0.6$ 时，

$$\ln\gamma_{\text{Zn}} = -\frac{19246x_{\text{Cu}}^2}{8.314\text{J}\cdot\text{mol}^{-1}\cdot\text{K}^{-1}\times 1333\text{K}} = -0.6252$$

$$\gamma_{\text{Zn}} = 0.535$$

则
$$a_{\text{Zn}} = \gamma_{\text{Zn}}x_{\text{Zn}} = 0.535\times 0.4 = 0.214$$

$$p_{\text{Zn}} = p_{\text{Zn}}^* a_{\text{Zn}} = 405.2\text{kPa}\times 0.214 = 86.71\text{kPa}$$

4-21 溶液化学平衡中 μ_i，$\mu_i^{\ominus}$，$\Delta_r G_m$，$\Delta_r G_m^{\ominus}$，$K^{\ominus}$等物理量是否与选取的标准状态有关？

解：由于溶液中组元的标准化学势与活度标准状态的选取有关，这影响溶液化学反应标准吉布斯自由能变化，进而影响反应的标准平衡常数。即 $\mu_i^{\ominus}$，$\Delta_r G_m^{\ominus}$ 和 $K^{\ominus}$ 与组元活度标准状态的选取有关，μ_i 和 $\Delta_r G_m$ 与组元活度标准状态的选取无关。

4-22 1540℃，碳含量[C]在0.216%以下的钢，可按理想稀溶液处理。已知此浓度下，维持碳与氧反应

$$CO_2 + [C] = 2CO$$

平衡时的气体分压之比 $p_{CO}^2/p_{CO_2} = 9421\text{kPa}$。

（1）求平衡常数；

（2）当[C] = 0.425%时，$p_{CO}^2/p_{CO_2} = 19348\text{kPa}$，求 a_C 和 f_C；

（3）石墨在钢液中达饱和后，测得 $p_{CO}^2/p_{CO_2} = 1.55\times10^6\text{kPa}$。若以石墨为标准状态，求（2）条件下钢液中的 a_C。

解：（1）反应 $CO_2 + [C] = 2CO$ 的平衡常数为

$$K^{\ominus} = \frac{\left(\frac{p_{CO}}{p^{\ominus}}\right)^2}{\frac{p_{CO_2}}{p^{\ominus}}a_C}$$

由于 $w[C]$ 小于0.216%的钢可按理想稀溶液处理，理想稀溶液中溶质服从亨利定律，碳的活度系数（以亨利定律为基础、1%状态作标准状态）等于1，即活度等于质量分数。

$$a_C = f_C[C] \approx [C] = 0.216$$

$\frac{p_{CO}^2}{p_{CO_2}} = 9421\text{kPa}$，代入上式，得平衡常数

$$K^{\ominus} = \frac{p_{CO}^2}{p_{CO_2}p^{\ominus}a_C} = \frac{p_{CO}^2}{p_{CO_2}p^{\ominus}w_C} = \frac{9421\text{kPa}}{101.3\text{kPa}\times0.216} = 430.5$$

（2）温度恒定时，反应的平衡常数不变。将

$w_C = 0.425\%$，$\frac{p_{CO}^2}{p_{CO_2}} = 19348\text{kPa}$ 代入平衡常数中，得

$$a_C = \frac{p_{CO}^2}{p_{CO_2}p^{\ominus}K^{\ominus}} = \frac{19348\text{kPa}}{101.3\text{kPa}\times430.5} = 0.444$$

$$f_C = \frac{a_C}{w_C} = \frac{0.444}{0.425} = 1.045$$

（3）石墨饱和后析出纯固态石墨，以纯固态石墨为标准状态时，其活度等于1。

当 $\frac{p_{CO}^2}{p_{CO_2}} = 1.55 \times 10^6 \text{kPa}$ 时，平衡常数为

$$K^\ominus = \frac{p_{CO}^2}{p_{CO_2} p^\ominus a_C} = \frac{1.55 \times 10^6 \text{kPa}}{101.3\text{kPa} \times 1} = 15301$$

保持其他条件不变，当 $\frac{p_{CO}^2}{p_{CO_2}} = 19348\text{kPa}$ 时，求得钢液中碳的活度为：

$$a_C = \frac{p_{CO}^2}{p_{CO_2} p^\ominus K^\ominus} = \frac{19348\text{kPa}}{101.3\text{kPa} \times 15301} = 0.0125$$

注： 问题（2）中计算碳的活度是以亨利定律为基础，1% 状态活度的标准状态，而问题（3）中碳的活度是以拉乌尔定律为基础，纯石墨作为标准状态，所以两个计算中用的平衡常数不同，得到的活度值也不相等。

4-23　某加热炉内气相组成如下：

气体	CO_2	CO	N_2
体积分数/%	7.0	27.0	66.0

若被加热的合金钢锭含 0.6% 的碳（活度为 0.26，以纯石墨为标准状态），炉温为 1200℃，炉内总压为 106.4kPa。

求：（1）上述条件下钢锭能否发生脱碳反应（即 C 被 CO_2 氧化成 CO）？

（2）采取什么措施可防止脱碳？

回答上述问题时所需数据自行查附表。

解：（1）脱碳反应　　$[C] + CO_2 \xlongequal{} 2CO$　　（1）

上式中碳的活度若以纯石墨作标准状态，该脱碳反应的标准吉布斯自由能与温度的关系可通过查教材附表 4 数据得到，即

$$C(s) + O_2 \xlongequal{} CO_2 \qquad \Delta_r G_{m,2}^\ominus = -395390\text{J} \cdot \text{mol}^{-1} \tag{2}$$

$$2C(s) + O_2 \xlongequal{} 2CO \qquad \Delta_r G_{m,3}^\ominus = (-232600 - 167.8T/\text{K})\text{J} \cdot \text{mol}^{-1} \tag{3}$$

由反应（2）和（3）得反应（1）

$$C(s) + CO_2 \xlongequal{} 2CO \qquad \Delta_r G_{m,1}^\ominus = (162970 - 167.8T/\text{K})\text{J} \cdot \text{mol}^{-1}$$

根据化学反应的等温方程式

$$\Delta_r G_{m,1} = \Delta_r G_{m,1}^\ominus + RT \ln \frac{p_{CO}^2}{p_{CO_2} p^\ominus a_C}$$

在 1473K 时，$\Delta_r G_{m,1}^{\ominus} = -84380 \text{J} \cdot \text{mol}^{-1}$

$$p_{CO} = p\varphi_{CO} = 106.4\text{kPa} \times 0.27 = 28.73\text{kPa}$$

$$p_{CO_2} = p\varphi_{CO_2} = 106.4\text{kPa} \times 0.07 = 7.45\text{kPa}$$

$a_C = 0.26$，则

$$\Delta_r G_{m,1} = \Delta_r G_{m,1}^{\ominus} + RT\ln\frac{p_{CO}^2}{p_{CO_2}p^{\ominus}a_C}$$

$$= -84380\text{J} \cdot \text{mol}^{-1} + 8.314\text{J} \cdot \text{mol}^{-1} \cdot \text{K}^{-1} \times 1473\text{K}\ln\frac{(28.73\text{kPa})^2}{7.45\text{kPa} \times 101.3\text{kPa} \times 0.26}$$

$$= -66786\text{J} \cdot \text{mol}^{-1} < 0$$

$\Delta_r G_{m,1} < 0$，表示上述脱碳反应（1）能进行。

（2）采取下列措施可防止脱碳反应进行：①降低温度，增加 $\Delta_r G_m^{\ominus}$，最终在某个温度下 $\Delta_r G_m$ 可大于零；②增加气相中 CO 的体积分数或降低 CO_2 的体积分数。

4-24 在 1600℃测得液态 Fe-Ni 合金中 Ni 的活度如下：

x_{Ni}	1	0.9	0.8	0.7	0.6	0.5	0.4	0.3	0.2	0.1
a_{Ni}	1	0.89	0.766	0.62	0.485	0.374	0.283	0.207	0.136	0.067

根据吉布斯-杜亥姆公式，用图解积分法求 $x_{Fe} = 0.3$ 时铁的活度 a_{Fe}。

解：应用吉布斯-杜亥姆方程

$\int_0^{\ln\gamma_{Fe}} d\ln\gamma_{Fe} = \int_0^{x_{Ni}} -\frac{x_{Ni}}{x_{Fe}} d\ln\gamma_{Ni}$，通过对 Ni 活度系数的积分求 Fe 的活度系数，

$$\ln\gamma_{Fe} = -\int_0^{x_{Ni}} \frac{x_{Ni}}{x_{Fe}} d\ln\gamma_{Ni}$$

首先根据 1600℃下测得的 Fe-Ni 合金 Ni 的活度数据计算 Ni 的活度系数，$\gamma_{Ni} = \frac{a_{Ni}}{x_{Ni}}$，取对数后列入下表中：

x_{Ni}	1	0.9	0.8	0.7	0.6	0.5	0.4	0.3	0.2	0.1
a_{Ni}	1	0.89	0.766	0.62	0.485	0.374	0.282	0.207	0.136	0.067
γ_{Ni}	1	0.99	0.957	0.886	0.808	0.748	0.705	0.69	0.68	0.67
$\lg\gamma_{Ni}$	0	−0.00437	−0.019	−0.053	−0.092	−0.126	−0.152	−0.161	−0.167	−0.174
$\frac{x_{Ni}}{x_{Fe}}$	∞	9	4	2.34	1.5	1.0	0.667	0.428	0.25	0.11

以 $\frac{x_{Ni}}{x_{Fe}}$ 为纵坐标，$-\lg\gamma_{Ni}$ 为横坐标作图，如图 4-3 所示。

当 x_{Ni} 从 0 变到 0.7 时，$\frac{x_{Ni}}{x_{Fe}}$ 从 0 变到 2.34，$-\lg\gamma_{Ni}$ 从 0.173 变到 0.062。这个区间下的曲线面积为 -0.138，是 $x_{Fe}=0.3$ 时，Fe 活度系数对数的负值，即 $-\lg\gamma_{Fe}=0.138$，则 $\gamma_{Fe}=0.728$，$a_{Fe}=\gamma_{Fe}x_{Fe}=0.728\times0.3=0.22$。

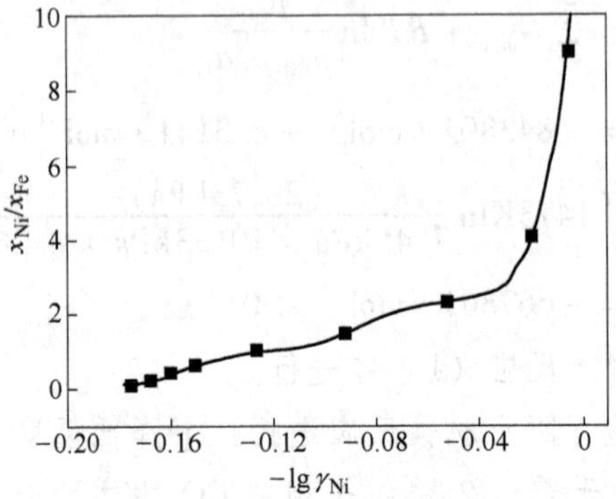

图 4-3　$\frac{x_{Ni}}{x_{Fe}}$ 与 $-\lg\gamma_{Ni}$ 关系

4.3　补充习题

4-1　0.9gHAc 溶解在 50.0g 水中的溶液凝固点为 -0.558℃。2.321gHAc 溶解在 100g 苯中的溶液凝固点比纯苯降低了 0.970℃。分别计算 HAc 在水中和苯中的摩尔质量，并解释两者的摩尔质量为什么不同。

已知以水和苯作溶液时，它们的凝固点下降常数分别为 1.86℃ · mol⁻¹ · kg 和 5.12℃ · mol⁻¹ · kg。

解：根据稀溶液凝固点下降公式：

$$\Delta T_f = K_f m$$

设 HAc 的摩尔质量为 M(kg · mol^{-1})，HAc 在水和苯中的质量摩尔浓度分别为

水中
$$m = \frac{\dfrac{0.9\times10^{-3}\text{kg}}{M}}{50\times10^{-3}\text{kg}} = \frac{0.018}{M}$$

苯中
$$m = \frac{\dfrac{2.321\times10^{-3}\text{kg}}{M}}{100\times10^{-3}\text{kg}} = \frac{0.023}{M}$$

将 b 代入凝固点下降公式中，得

水中
$$0.558℃ = 1.86℃\cdot\text{mol}^{-1}\cdot\text{kg}\times\frac{0.018}{M}, M = 0.060\text{kg}\cdot\text{mol}^{-1}$$

苯中 $0.970℃ = 5.12℃ \cdot mol^{-1} \cdot kg \times \frac{0.023}{M}$, $M = 0.121kg \cdot mol^{-1}$

HAc 在苯中的摩尔质量是水中的2倍，说明 HAc 在苯中是以缔合状态 $(HAc)_2$形式存在的。

4-2 甲醇的正常沸点为65℃，蒸发焓为35146J · mol⁻¹。物质的量分别为0.5mol 和 9.5mol 的 $CHCl_3$ 和 CH_3OH 组成的溶液，沸点为62.5℃。试计算在62.5℃下，由物质的量分别为1mol 和 9mol 的 $CHCl_3$和 CH_3OH 组成的溶液的蒸气总压和气相组成。

解：对克-克方程积分，求62.5℃下甲醇的饱和蒸气压

$$\int_{p_1}^{p_2} d\ln p = \int_{T_1}^{T_2} \frac{\Delta_{vap}H_m}{RT^2} dT$$

$$\ln\frac{p_2}{p_1} = \frac{\Delta_{vap}H_m}{RT_1T_2}(T_2 - T_1)$$

式中，p_1，p_2分别代表65℃和62.5℃下甲醇的饱和蒸气压；$\Delta_{vap}H_m$ 为甲醇的摩尔蒸发焓，并设其不随温度变化。代入相关数据得

$$\ln\frac{p_2}{101.3kPa} = \frac{35146J \cdot mol^{-1} \times (335.5 - 338)K}{8.314J \cdot mol^{-1} \cdot K^{-1} \times 338K \times 335.5K}$$

$$\ln p_2 = -0.0932 + 4.618 = 4.525$$

$$p_2 = 92.28kPa$$

即62.5℃时甲醇的饱和蒸气压为 $p_2 = 92.28kPa$。

设 $CHCl_3$和 CH_3OH 组成理想溶液，由物质的量为0.5mol 的 $CHCl_3$和9.5mol 的 CH_3OH 组成的溶液，沸点为62.5℃，即

$$101.3kPa = p^*_{CH_3OH} \times \frac{9.5}{10} + p^*_{CHCl_3} \times \frac{0.5}{10}$$

在62.5℃时解得 $p^*_{CHCl_3} = 272.68kPa$

$$p_{CHCl_3} = p^*_{CHCl_3} x_{CHCl_3} = 272.68kPa \times \frac{1}{10} = 27.27kPa$$

蒸气总压 $p_{CH_3OH} = p^*_{CH_3OH} x_{CH_3OH} = 92.28 \times \frac{9}{10} = 83.05kPa$

$$p = p_{CH_3OH} + p_{CHCl_3} = 83.05kPa + 27.27kPa = 110.32kPa$$

气相组成

$$y_{CH_3OH}=\frac{p_{CH_3OH}}{p}=\frac{83.05\text{kPa}}{110.32\text{kPa}}=0.753$$

4-3　在 −192.7℃下，液 N_2 的饱和蒸气压为 144.8kPa，液 O_2 的饱和蒸气压为 31.93kPa。设空气中 N_2 和 O_2 的物质的量之比为 4∶1，液态空气为理想溶液。问 −192.7℃时要加多大压力才能使空气全部液化。

解：气相压力达到外压时，气体将液化。

由于空气是理想溶液，服从拉乌尔定律，−192.7℃时液化压力为

$$\begin{aligned}p&=p_{O_2}^{*}x_{O_2}+p_{N_2}^{*}x_{N_2}\\&=31.93\text{kPa}\times\frac{1}{5}+144.8\text{kPa}\times\frac{4}{5}\\&=122.2\text{kPa}\end{aligned}$$

4-4　苯（A）和氯苯（B）形成理想溶液。两者的饱和蒸气压与温度的关系如下表，设它们的摩尔蒸发焓均不随温度变化。试计算苯和氯苯溶液在 101.3kPa、95℃下沸腾时的液体组成。

t/℃	p_A^*/kPa	p_B^*/kPa
90	135.06	27.73
100	178.65	39.06

解：根据表中数据，计算苯和氯苯的蒸发焓及 95℃下的饱和蒸气压。

根据克-克方程，两个温度下的饱和蒸气压关系如下：

$$\ln\frac{p_2^*}{p_1^*}=\frac{\Delta_{vap}H_m}{RT_1T_2}(T_2-T_1)$$

对苯（A）

$$\ln\frac{178.65\text{kPa}}{135.06\text{kPa}}=\frac{\Delta_{vap}H_m(\text{A})}{373\text{K}\times363\text{K}\times R}(373-363)\text{K}$$

$$\Delta_{vap}H_m(\text{A})=31.49\times10^3\text{J}\cdot\text{mol}^{-1}$$

计算 95℃下的饱和蒸气压

$$\ln\frac{p_A^*(368\text{K})}{135.06\text{kPa}}=\frac{31.49\times10^3\text{J}\cdot\text{mol}^{-1}\times(368-363)\text{K}}{R\times368\text{K}\times363\text{K}}$$

$$p_A^*(368\text{K})=155.63\text{kPa}$$

对氯苯（B）

$$\ln\frac{39.06\text{kPa}}{27.73\text{kPa}}=\frac{\Delta_{vap}H_m(\text{B})}{373\text{K}\times363\text{K}\times R}(373-363)\text{K}$$

$$\Delta_{vap}H_m(\text{B})=38.57\times10^3\text{J}\cdot\text{mol}^{-1}$$

95℃下的饱和蒸气压 $p_B^*(368K)=32.99kPa$

95℃、总压为 101.325kPa 下溶液沸腾

$$101.325kPa = p_A^* x_A + p_B^* x_B = 155.63x_A + 32.99(1 - x_A)$$

得溶液组成为 $x_A=0.557$，$x_B=0.443$。

4-5 25℃下，将物质的量为 1mol 的苯加入到苯摩尔分数为 0.2 的无限大量溶液中，计算此时的 ΔG。

解： 由于溶液量无限大，加入 1mol 纯苯不会引起溶液浓度变化。初始态为 1mol 纯苯，末态为摩尔分数为 0.2 苯，ΔG 是末态化学势与始态化学势之差，即

$$\Delta G = \Delta\mu = \mu_{苯} - \mu_{苯}^* = RT\ln x$$

$$= 8.314J \cdot mol^{-1} \cdot K^{-1} \times 298K\ln 0.2$$

$$= -3987.5J \cdot mol^{-1}$$

4-6 CH_3COCH_3(A)和 $CHCl_3$(B)的溶液，在 28.15℃时，$x_A=0.713$，蒸气总压为 29.40kPa，气相组成 $y_A=0.818$。在该温度时，纯 B 的饱和蒸气压为 29.57kPa。试求溶液中 B 的活度系数（以纯液体为标准状态）。假定蒸气服从理想气体状态方程。

解： 以纯液体为活度标准状态，

$$a_B = \frac{p_B}{p_B^*}$$

$$p_B = py_B = p(1 - y_A)$$

$$= 29.40kPa \times (1 - 0.818)$$

$$= 5.35kPa$$

已知 $p_B^*=29.57kPa$

代入后得 $a_B=\dfrac{5.35kPa}{29.57kPa}=0.181$

$$\gamma_B = \frac{a_B}{x_B} = \frac{a_B}{1 - x_A} = \frac{0.181}{1 - 0.713} = 0.631$$

4-7 325℃下，Hg 的摩尔分数为 0.497 的铊汞齐，其汞蒸气压是纯汞的 43.3%。以纯液体为参考状态，求 Hg 在铊汞齐中的活度及活度系数。

解： 以纯液体 Hg 为活度标准状态时，Hg 在铊汞齐中的活度为

$$a_{Hg} = \frac{p_{Hg}}{p_{Hg}^*} = \frac{43.3\% p_{Hg}^*}{p_{Hg}^*} = 0.433$$

$$\gamma_{Hg} = \frac{a_{Hg}}{x_{Hg}} = \frac{0.433}{0.497} = 0.871$$

5 相　图

5.1 主要公式

$$f = K - \Phi + 2 \tag{5-1}$$

式中，f，K，Φ 分别为独立变量数（自由度），独立组分数和相数，系统增加一个独立组分数时，增加一个自由度数；增加一个相数时，减少一个自由度。

5.2 教材习题解答

5-1 下面的说法是否有错误，错在什么地方？试由相律加以说明。

（1）一个平衡系统最多只有三相（气、液、固）。

（2）多元系的相数一定多，单元系的相数一定少。

（3）水的冰点自由度为零。

（4）无论系统有几个组分，当其从液相缓慢冷却析出固相时，其温度不变，直至完全凝固后，温度才下降。

解：

（1）根据相律，$f = K - \Phi + 2$

$$\Phi = K - f + 2$$

自由度 f 的最小值为零，$\Phi = K - f + 2$。因此，系统的最多平衡相数与系统组分数有关，对单组分系统 $K = 1$，最多平衡相数 $\Phi = 3$；对两组分系统，$K = 2$，最多平衡相数为 4。依此类推。

（2）由上面导出的 $\Phi = K - f + 2$ 可知，系统相数 Φ 与组分数 K 和自由度 f 有关，在自由度一定的前提下，多组分系统相数一定多，单组分系统相数一定少。

（3）水的冰点是液固二相平衡温度，应用相律 $f = K - \Phi + 2$，$K = 1$，$\Phi = 2$，得 $f = 1$，表明水的冰点随压力变化。

（4）设系统液固平衡是在维持恒压条件下进行的，此时 $\Phi = 2$，得 $f = K - \Phi + 1 = K - 1$。

对单组分系统 $K=1$，$f=0$，即液态凝固时温度不变；

对两组分系统 $K=2$，$f=1$，表明凝固过程温度变化。

5-2 计算下列系统的自由度：

（1）$N_2(g)$、$H_2(g)$和 $NH_3(g)$。

（2）$N_2(g)$、$H_2(g)$和 $NH_3(g)$，其中 N_2和 H_2均由 NH_3分解而得。

解：

（1）物种数 $n=3$，元素数 $m=2$，独立反应数 $R=n-m=1$，独立组分数$K=n-R=2$，相数 $\Phi=1$，自由度$f=2-1+2=3$。

（2）m，n，R，Φ 同（1），$R'=1$，独立组分数 $K=n-R-R'=1$，自由度 $f=1-1+2=2$。

5-3 试确定下列系统的自由度：

（1）$CaCO_3(s)$、$CaO(s)$、$CO_2(g)$。

（2）$Fe(s)$、$FeO(s)$、$CO(g)$、$CO_2(g)$。

（3）$Fe(s)$、$FeO(s)$、$C(s)$、$CO(g)$、$CO_2(g)$。

（4）$C(s)$、$CO(g)$、$CO_2(g)$、$N_2(g)$。

（5）高温下 Fe-C 熔体、$CO(g)$、$CO_2(g)$、$O_2(g)$、$N_2(g)$。

解：

（1）$n=3$，$R=1$，$\Phi=3$（分别是固相 $CaCO_3$、固相 CaO 和气相 CO_2），$K=n-R=2$

$$f=K-\Phi+2=2-3+2=1$$

（2）$n=4$，$m=3$，$R=1$，$K=n-R=3$，$\Phi=3$（分别是固相 Fe、FeO 及混合气体）

$$f=K-\Phi+2=3-3+2=2$$

（3）$n=5$，$m=3$，$R=2$，$K=n-R=3$，$\Phi=4$（分别是固相 Fe、FeO、C 和混合气体）

$$f=K-\Phi+2=3-4+2=1$$

（4）$n=4$，$m=3$，$R=1$，$K=n-R=3$，$\Phi=2$（分别是固相 C 和气相）

$$f=K-\Phi+2=3-2+2=3$$

（5）$n=6$，$m=4$，$R=2$，$K=n-R=4$，$\Phi=2$（Fe-C 熔体和混合气体）

$$f=K-\Phi+2=4-2+2=4$$

5-4 四氯化碳和四氯化锡的蒸气压 p_1^* 和 p_2^* 在不同温度时的测定值如下：

t/℃	77	80	90	100	110	114
p_1^*/kPa	101.3	111.4	148.2	193.3	250.6	
p_2^*/kPa		34.4	48.3	66.2	89.7	101.3

（1）假定这 2 个组分形成理想溶液，绘出其温度-组成图（沸点-组成图）。

（2）CCl_4的摩尔分数为 0.2 的溶液在 101.3kPa 蒸馏时，于多少度开始沸腾，最初的馏出物中所含 CCl_4的摩尔分数为多少？

解：

（1）溶液在 101.3kPa 下沸腾，用 x_1，x_2，y_1，y_2 分别代表液相和气相中 CCl_4和 $SnCl_4$的摩尔分数，则

$$p = p_1^* x_1 + p_2^* x_2 = p_1^*(1 - x_2) + p_2^* x_2 = 101.3\text{kPa}$$

$$y_2 = \frac{p_2}{p} = \frac{p_2^* x_2}{101.3}$$

根据已知数据，按上式计算各沸点温度下溶液组成 x_2和气相组成 y_2，列于下表中：

沸点/℃	77	80	90	100	110	114
液相组成 x_2	0	0.13	0.47	0.72	0.93	1
气相组成 y_2	0	0.04	0.22	0.47	0.82	1

以沸点为纵坐标，x_2和 y_2为横坐标，获得 CCl_4和 $SnCl_4$的沸点组成图（见图 5-1）。图中上方线为 T-y_2关系，称为气相线；下方线为 T-x_2关系，称为液相线。

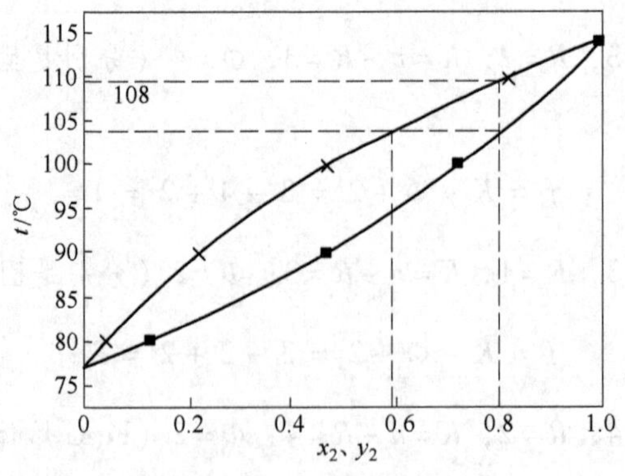

图 5-1　题 5-4

（2）$x_1=0.2$ 时，$x_2=0.8$。在图中作 $x_2=0.8$ 的垂线与液相线（T-x_2）相交，交点温度即为该溶液（$x_1=0.2$）的正常沸点，即 103℃。过交点作水平线与气相线（T-y_2）相交，交点处的横坐标即为平衡气相中的 $SnCl_4$ 摩尔分数，为 0.57，则 CCl_4 的摩尔分数为 0.43，即最初蒸馏物中含 CCl_4 的摩尔分数。

5-5 利用 H_2O-NH_4Cl 系相图（见图 5-2）回答问题：

（1）将一小块 -5℃ 的冰投入 -5℃ 的 15% 的 NH_4Cl 溶液中，这块冰将起什么变化？

（2）在 12℃ 时将 NH_4Cl 晶体投入 25% 的 NH_4Cl 溶液中，NH_4Cl 晶体会溶解吗？

（3）100g 25% 的 NH_4Cl 溶液冷却到 -10℃，加入多少水（保持温度不变）方能使析出的 NH_4Cl 重新溶解？

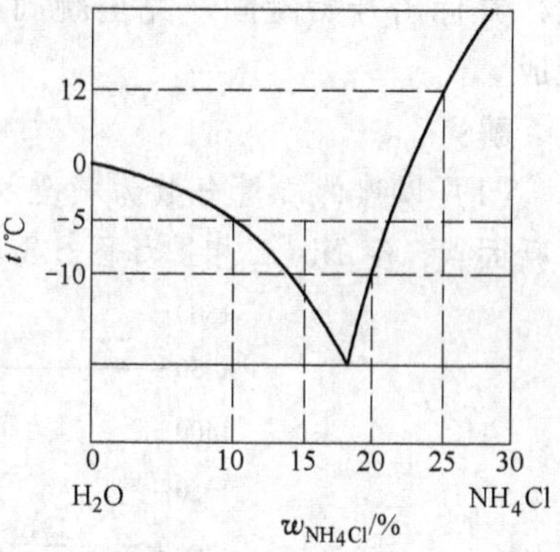

图 5-2 H_2O-NH_4Cl 系相图

解：

（1）-5℃ 时含 15% NH_4Cl 的系统是液相平衡，且系统点离析出冰的状态点（10% NH_4Cl）较远，此时向系统中加入一小块（质量很小）同温度的冰，也不可能使系统到（10% NH_4Cl）状态上，冰不是平衡相，将溶化。

（2）从相图上看 12℃ 处 25% NH_4Cl 正好是溶液中析出晶体 NH_4Cl 的系统点，此时加入一小块（质量很小）同温度的 NH_4Cl 晶体，NH_4Cl 晶体已经是平衡状态，不会溶解。

（3）根据杠杆规则，将 100g 25% NH_4Cl 溶液冷却到 -10℃，将有

$$\frac{W_s}{W_l}=\frac{25-20}{100-25}=\frac{1}{15}, W_s+W_l=100g, W_s=\frac{100g}{16}=6.25g$$

的冰结晶，欲使这些结晶的冰重新溶解，必须使其 NH_4Cl 含量达到 20%（即 -10℃ 时液相线上的点），即需要加水

$$\frac{6.25g}{6.25g+x}\times 100\% = 20\%, x = 25g$$

5-6 将 Ni-Cu 的熔融混合物冷却，由步冷曲线可知，在下列各温度时系统开始凝固及完全凝固，而且在每种情况下析出的都是固态溶液：

镍的质量分数/%	0	10	40	70	100
开始凝固温度/℃	1083	1140	1270	1375	1452

完全凝固温度/℃	1083	1100	1185	1310	1452

(1) 根据上面的数据绘出 Ni-Cu 系统的温度-组成图，并标明每一相区存在的相。

(2) 将 50% Ni 的系统从 1400℃ 冷却至 1200℃，说明所发生的状态变化，并标出开始凝固、完全凝固及 1275℃ 液固平衡时液态溶液与固态溶液的组成。

解：

(1) 以镍的质量分数为横坐标，温度为纵坐标作图，连接开始凝固点和完全凝固点，得 Ni-Cu 相图如图 5-3 所示。

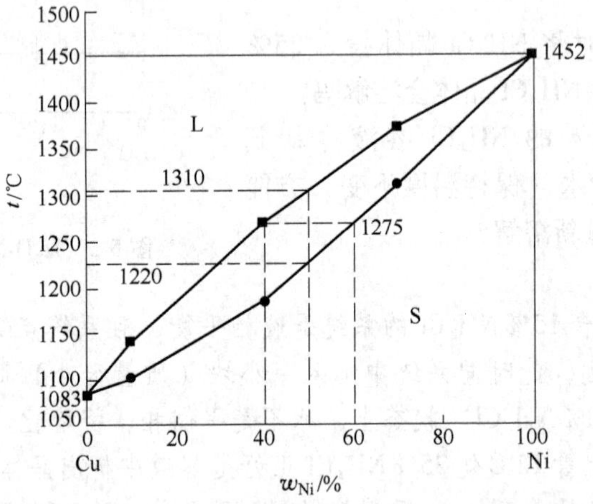

图 5-3　Ni-Cu 系相图

(2) 含 50% Ni 的系统从 1400℃ 冷却至 1310℃ 时开始凝固，并进入固液平衡相区；降温至 1275℃ 时，过系统点作水平线分别交于液相线和固相线，获得平衡的液相含 40% Ni，固相含 60% Ni；降温至 1220℃ 时，系统点到达固相线上，液相即将消失，是系统中存在液相的最低温度；继续降温后，系统单一固相平衡。

5-7　测量 Mg-Si 系的步冷曲线得到下列结果：

Si 的质量分数/%	0	3	20	37	45	57	70	85	100
曲线转折温度/℃			1000		1070		1150	1290	
曲线水平温度/℃	651	638	638	1102	950	950	950	950	1420

(1) 作出该系统的相图，确定镁和硅生成的化合物的化学式。

（2）638℃及950℃各是什么温度？

（3）冷却含硅85%（质量分数）的熔体5kg至1200℃时可得多少纯硅？残液组成如何？

解：

（1）以Si的质量分数为横坐标、温度为纵坐标作图。连接曲线转折温度和曲线水平温度，得Mg-Si二元系相图，如图5-4所示。

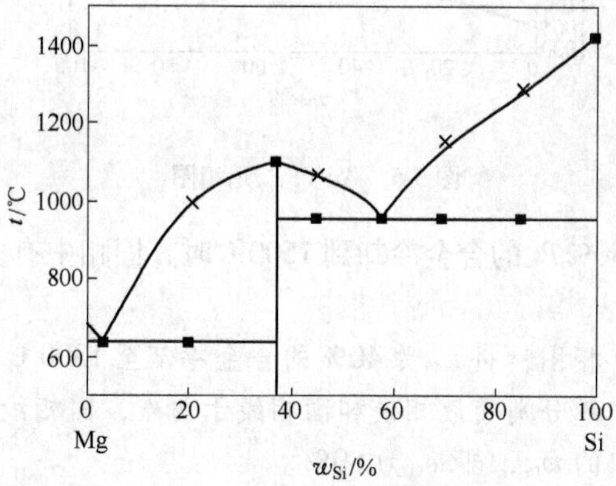

图5-4 Mg-Si二元相图

Mg-Si形成的稳定化合物的分子式的确定：

$$n_{Mg} : n_{Si} = \frac{63\times10^{-3}\text{kg}}{24\times10^{-3}\text{kg}\cdot\text{mol}^{-1}} : \frac{37\times10^{-3}\text{kg}}{28\times10^{-3}\text{kg}\cdot\text{mol}^{-1}}$$

$$= 2 : 1$$

化合物为Mg_2Si。

（2）相图中分别在638℃及950℃时，有两条水平线，是共晶线，相应的温度是共晶温度。

（3）将5kg、w_{Si}为85%的系统冷却至1200℃时，系统是固相硅和熔体平衡，熔体中w_{Si}为75%，设析出固相硅$x$kg，根据杠杆规则：

$$\frac{x}{85\% - 75\%} = \frac{5\text{kg} - x}{100\% - 85\%}$$

解得$x = 2$kg，残液中w_{Si}为75%。

5-8 根据Au-Pt系相图（见图5-5）回答：

（1）如有含40% Pt的合金冷却到1300℃时，固体合金的组成如何？

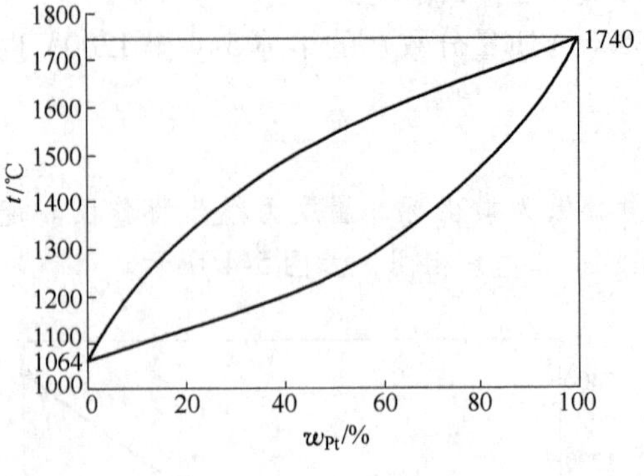

图 5-5　Au-Pt 二元相图

（2）将 300g，60% Pt 的合金冷却到 1500℃时，固相中有多少铂?

解:

（1）根据 Au-Pt 相图，将 w_{Pt} 为 40% 的合金冷却至 1300℃，系统达到固-液平衡。过系统点作水平线分别交液相线和固相线于两点，固相线上交点的横坐标是 1300℃时平衡合金中的 w_{Pt}，即 w_{Pt} 为 60%。

（2）用和（1）同样的方法，在 w_{Pt} 为 60% 的系统 1500℃时作水平线分别交于液相线和固相线，读出两个点的横坐标，分别为 $w_{Pt}=42\%$ 和 $w_{Pt}=83\%$，即为液相中和固相中的 w_{Pt}（见图 5-6）。应用杠杆规律：

$$\frac{W_s}{W_l}=\frac{60\%-42\%}{83\%-60\%}=\frac{18}{23}, W_s+W_l=300\text{g},\quad W_s=\frac{300\text{g}\times 18}{41}=132\text{g}$$

固相中含铂 132g × 83% = 109.5g。

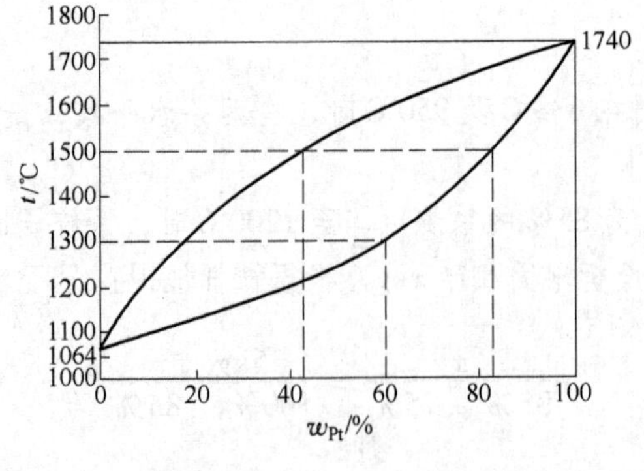

图 5-6　Au-Pt 二元相图

5-9　根据 Ag-Cu 系相图（见图 5-7）回答：

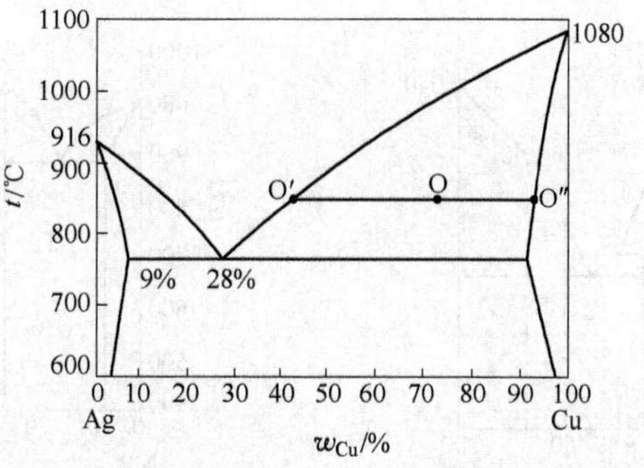

图 5-7 Ag-Cu 系相图

（1）当冷却 100g 70% Cu 的溶液到 850℃时，有多少固体析出？

（2）如有 100g 含铜 70% 的熔体，850℃平衡时，铜在熔体和固溶体间如何分配？

解：（1）冷却 w_{Cu} 为 70% 的熔体至 850℃时，系统处于熔体和固溶体两相平衡。过系统点 O 作水平线，通过交点 O′和 O″的横坐标确定 Cu 在熔体和固溶体中的组成，分别是 w_{Cu} 为 43% 和 w_{Cu} 为 92%。

根据杠杆规则：

$$\frac{W_s}{W_l} = \frac{70\% - 43\%}{92\% - 70\%} = \frac{27}{22}, \quad W_s + W_l = 100\text{g}$$

$$W_s = \frac{100\text{g} \times 27}{49} = 55\text{g}, \quad W_l = 45\text{g}$$

（2）固溶体中含 Cu　55g × 92% = 50.6g；熔体中含 Cu　45g × 43% = 19.4g。

5-10 标出图 5-8 中每个相区存在的相，并作 1、2、3、4、5 各系统的步冷曲线。

解：标上相区的 NaF-AlF_3，如图 5-9 所示：

区	1	2	3	4	5	6	7	8	9	10
相	l	$\alpha + l$	α	C_1	$\alpha + C_1$	$C_1 + l$	$C_1 + C_2$	$C_2 + l$	$C_2 + AlF_3$	$l + AlF_3$
f	2	1	2	1	1	1	1	1	1	1

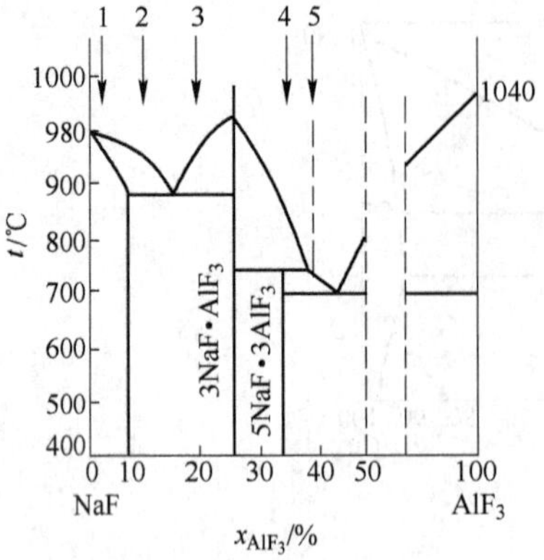

图 5-8　NaF-AlF_3 系相图

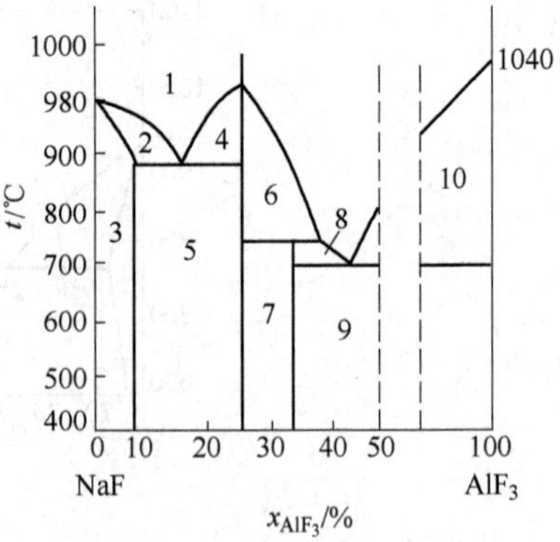

图 5-9　NaF-AlF_3 系相图

C_1：3NaF · AlF_3

C_2：5NaF · $3AlF_3$

步冷曲线如图 5-10 所示。

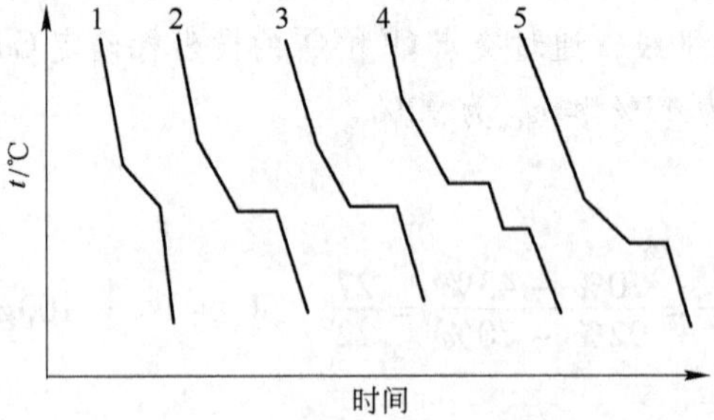

图 5-10　步冷曲线示意图

5-11　指出图 5-11 所示的 3 个二元系相图中所有的单相区、两相区和三相区。

解：如图 5-12 所示。

5-12　根据下列数据作出 Hg-Tl 系相图，并根据相律加以解释。

物质	Hg	Tl	Hg_2Tl
熔点/℃	-40	302	15

共晶点（1）温度 -60℃，组成 8% Tl（质量分数%）；

（2）温度 +0.6℃，组成 41% Tl。

解：Hg-Tl 形成稳定化合物 Hg_2Tl，w_{Tl} 为

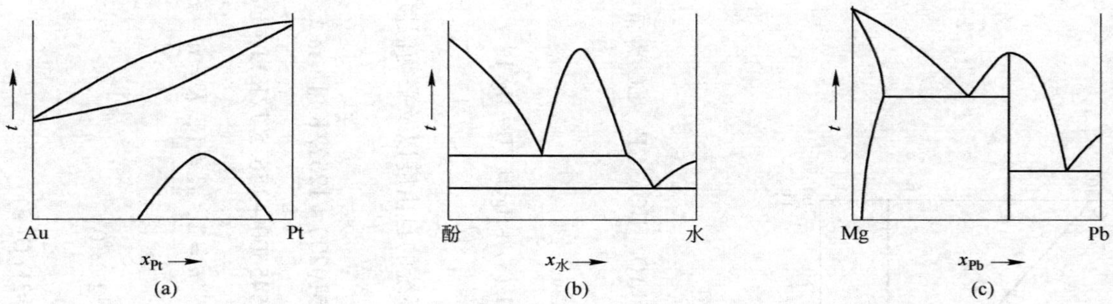

图 5-11 Au-Pt, Mg-Pb 和酚-水二元系相图(1)

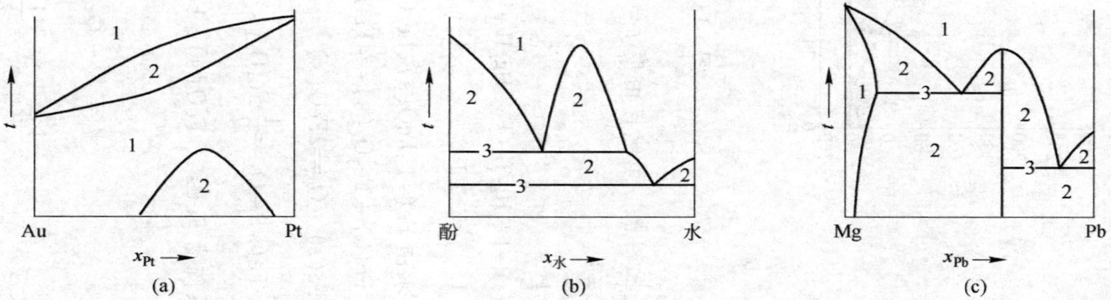

图 5-12 Au-Pt, Mg-Pb 和酚-水二元系相图(2)

$$\frac{x}{204.4\text{g}\cdot\text{mol}^{-1}}:\frac{100-x}{200.6\text{g}\cdot\text{mol}^{-1}}=1:2, x=33.76\%$$

以 w_{Tl} 为横坐标，温度为纵坐标作图，如图 5-13 所示。

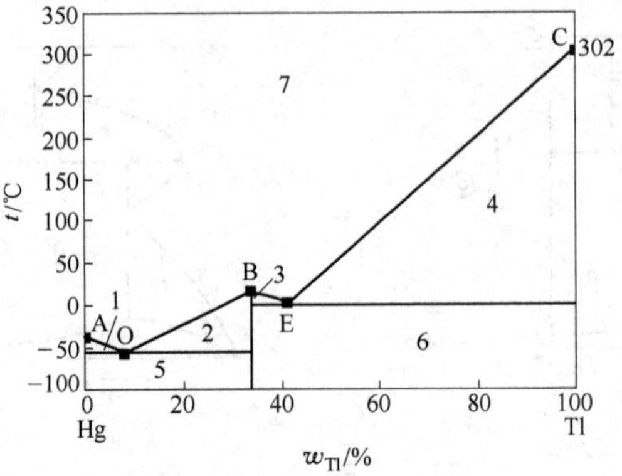

图 5-13　Hg-Tl 二元相图

O 点是三相点，系统自由度 $f=2-3+1=0$，AO、BO、BE、EC 为液相线，$f=2-2+1=1$。

区	1	2	3	4	5	6	7
相	Hg(s) + l	Hg_2Tl + l	Hg_2Tl + l	Tl(s) + l	Hg(s) + Hg_2Tl	Tl + Hg_2Tl	l
f	1	1	1	1	1	1	2

5-13　求由 Fe(s)、FeO(s)、Fe_3O_4(s)组成的系统的自由度以及平衡温度。

已知：Fe(s) + Fe_3O_4(s)══4FeO(s)达到平衡。

(1) 2Fe(s) + O_2══2FeO(s)　　　$\Delta_r G_m^\ominus=(-519200+125T/\text{K})\text{J}\cdot\text{mol}^{-1}$

(2) $\frac{3}{2}$Fe(s) + O_2══$\frac{1}{2}Fe_3O_4$(s)　$\Delta_r G_m^\ominus=(-545600+156.5\,T/\text{K})\text{J}\cdot\text{mol}^{-1}$

解：系统由 Fe(s)、FeO(s)、Fe_3O_4(s) 组成，$n=2$，$R=1$，$K=n-R=1$，$\Phi=3$

$$f=K-\Phi+2=1-3+2=0$$

平衡反应　　$\frac{1}{2}$Fe(s) + $\frac{1}{2}Fe_3O_4$(s)══2FeO(s)

$$\Delta_r G_m^\ominus=[(-519200+125T)-(-545600+156.5T)]\text{J}\cdot\text{mol}^{-1}=0$$

解得：$T=840\text{K}$。

5-14　指出图 5-14 与图 5-15 中各区存在的相以及三相线的变化。

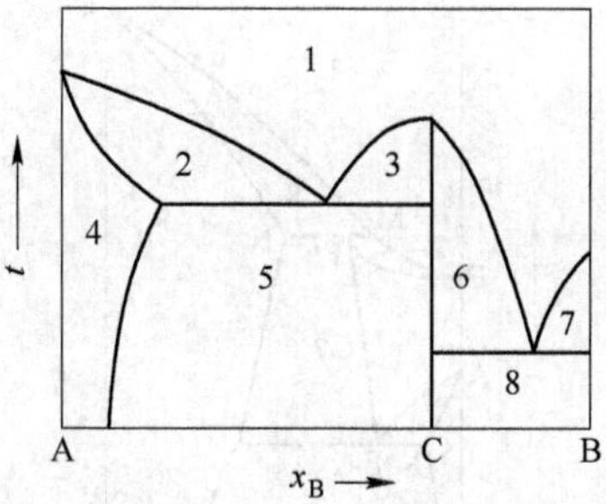

图 5-14 A-B 系相图（1）

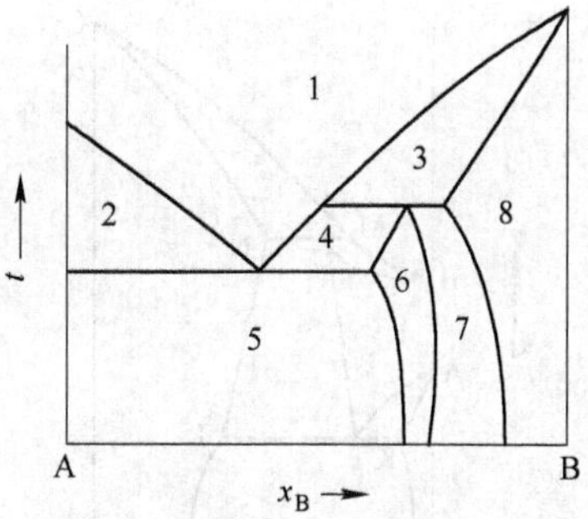

图 5-15 A-B 系相图（2）

解：图 5-14 所示各区平衡相如下：

区	1	2	3	4	5	6	7	8
相	l	α+l	C+l	α	α+C	C+l	l+B	C+B
自由度 f	2	1	1	2	1	1	1	1

图中两条水平线是三相线，均为共晶反应。

图 5-15 各区平衡相见下表：

区	1	2	3	4	5	6	7	8
相	l	l+A	l+α	l+β	A+β	β	α+β	α
自由度 f	2	1	1	1	1	2	1	1

图中两条水平线是三相线，分别为包晶反应和共晶反应。

5-15 根据相图（见图 5-16）回答下列问题：

（1）A、B、C 是什么点？

（2）MN 线和 KJ 线是什么线？在线上发生什么反应？

（3）各区内都有哪些相？

解：

（1）A 点：x 的晶型转变点。

B 点：x 的熔点。

C 点：y 的熔点。

（2）MN 为三相线，发生包晶反应：$l+\alpha \rightarrow \beta$；

KJ 为三相线，发生共晶反应：$\beta(E) \rightarrow \gamma+\alpha$。

（3）各区（见图 5-17）平衡相如下：

区	1	2	3	4	5	6	7	8	9
相	l	l+β	β	α+β	α	α+γ	β+γ	γ+l	γ

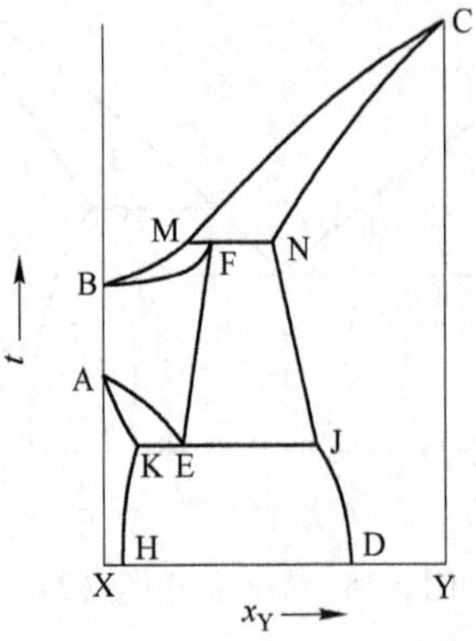

图 5-16　x-y 系相图

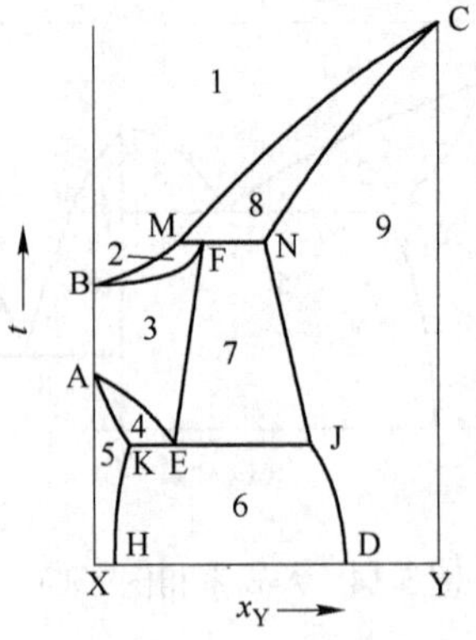

图 5-17　x-y 系相图

5-16　图 5-18 所示为 A-B 两组分相图，其中 A 代表水、B 代表难挥发组分。

（1）说明此系统各不变系所存在的相。

（2）P 点代表系统某一状态。用冷却的办法能得到纯 M_1 吗？欲得到最大量的纯 M_1，应冷却到什么温度？

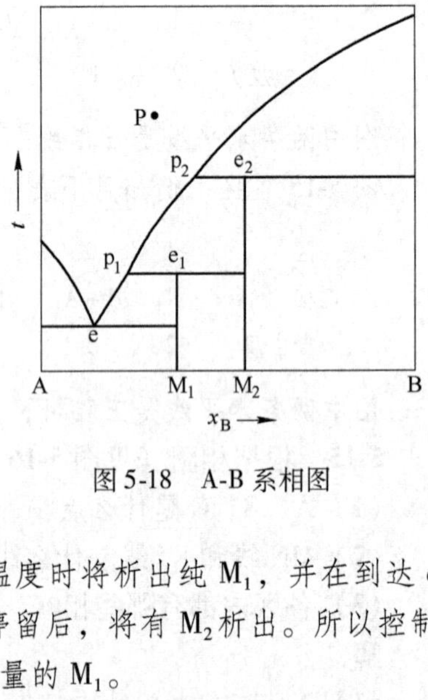

图 5-18　A-B 系相图

解：

（1）图 5-18 所示的相图中有三条自由度为零的水平线，这三条线上的反应为：

e 上的反应：　　$l(e) \rightleftharpoons A + M_1$

e_1上的反应：$l(p_1) + M_2 \rightleftharpoons M_1$

e_2上的反应：$l(p_2) + B \rightleftharpoons M_2$

（2）系统点 P 冷却过程中到达 e_1 点所在的温度时将析出纯 M_1，并在到达 e 点所在温度瞬间析出最大量的 M_1。在这个温度停留后，将有 M_2 析出。所以控制冷却温度接近 e_1 点所在的温度，系统将得到最大量的 M_1。

5-17　图 5-19 为 Fe-Cu 系相图，其中图(b)是图(a)中靠近 Cu 一方的放大图形。

（1）说明图中 P 点的冷却过程。

（2）计算 1200℃时液相线上 b 点 Fe 的活度和活度系数（以固态纯 Fe 为标准状态），假设 γ 固溶体的溶剂遵守拉乌尔定律。

解：

（1）系统点 P 冷却过程中首先析出 γ 铁（固溶体），继续降温到 1094℃时，将发生类似包晶反应，生成 Cu 固溶体：

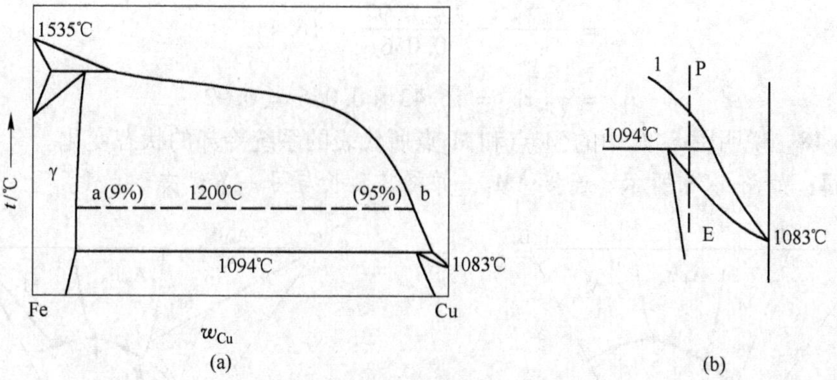

图 5-19 Fe-Cu 系相图

$$\gamma(\text{固溶体}) + \text{l} \rightleftharpoons \beta(\text{Cu 固溶体})$$

(2) 1200℃时，在 w_{Cu}为 9% ~95% 时，系统中 γ 相与液相平衡。根据平衡条件，Fe 在两相中的化学势相等，即

$$\mu_{Fe}^{\gamma} = \mu_{Fe}^{l}$$

应用溶液中化学势的表达式，得

$$\mu_{Fe}^{\ominus} + RT\ln a_{Fe}^{\gamma} = \mu_{Fe}^{\ominus} + RT\ln a_{Fe}^{l}$$

注意两相中活度标准状态均选用纯固质（纯固态 Fe）作为标准状态，则有

$$a_{Fe}^{\gamma} = a_{Fe}^{l}$$

$$\gamma_{Fe}^{\gamma}x_{Fe}^{\gamma} = \gamma_{Fe}^{l}x_{Fe}^{l}$$

γ 相中 Fe 服从拉乌尔定律，$\gamma_{Fe}^{\gamma}=1$，γ 相中 w_{Cu} 为 9%，则 w_{Fe}为 91%，l 相中 w_{Cu}为 95%，则 w_{Fe}为 5%。换算成摩尔分数，则有

$$x_{Fe}^{\gamma} = \frac{\dfrac{91\%}{55.85\text{g}\cdot\text{mol}^{-1}}}{\dfrac{91\%}{55.85\text{g}\cdot\text{mol}^{-1}} + \dfrac{9\%}{63.55\text{g}\cdot\text{mol}^{-1}}}$$

$$= \frac{1.629\times10^{-2}\text{mol}\cdot\text{g}^{-1}}{(1.629+0.142)\times10^{-2}\text{mol}\cdot\text{g}^{-1}}$$

$$= 0.92$$

$$x_{Fe}^{l} = \frac{\dfrac{5\%}{55.85\text{g}\cdot\text{mol}^{-1}}}{\dfrac{5\%}{55.85\text{g}\cdot\text{mol}^{-1}} + \dfrac{95\%}{63.55\text{g}\cdot\text{mol}^{-1}}}$$

$$= \frac{0.0895\times10^{-2}\text{mol}\cdot\text{g}^{-1}}{(0.0895+1.495)\times10^{-2}\text{mol}\cdot\text{g}^{-1}}$$

$$= 0.056$$

得 $$\gamma_{Fe}^{l} = \frac{\gamma_{Fe}^{\gamma}x_{Fe}^{\gamma}}{x_{Fe}^{l}} = \frac{1 \times 0.92}{0.056} = 16.43$$

$$a_{Fe}^{l} = \gamma_{Fe}^{l}x_{Fe}^{l} = 16.43 \times 0.056 = 0.92$$

5-18 说明图5-20中的M_1点和M_2点所代表的系统冷却的状态变化。

解：如图5-21所示。连接AM_1，并将其延长与另一条线交于点1。

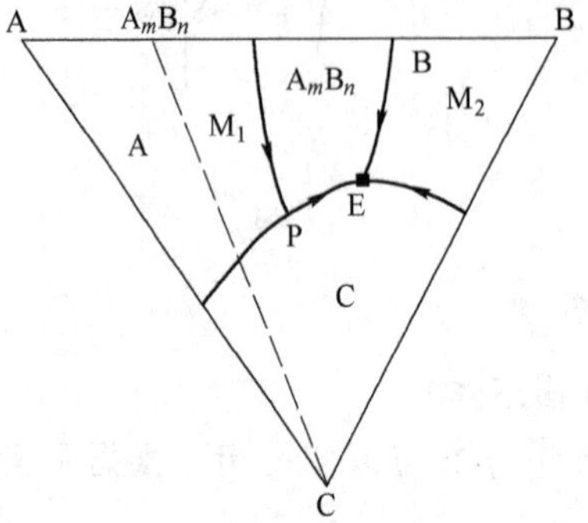

图5-20 A-B-C系相图

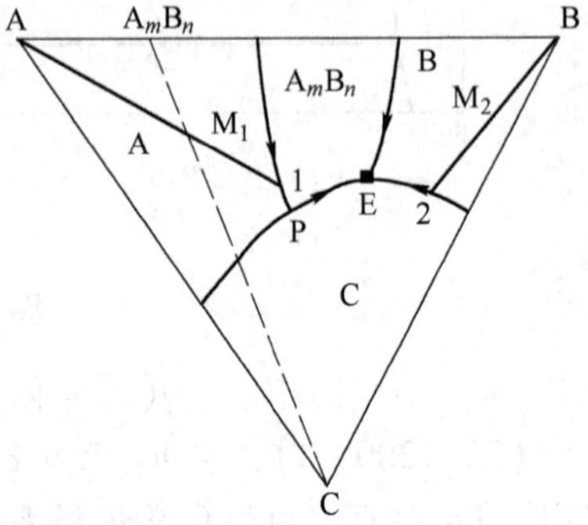

图5-21

系统点M_1初始为液相，降温到达液相面A上时开始结晶出固相A；温度越低，析出A的量越多，液相中含A越少，液相浓度将沿A1线上远离A点的方向变化；到达点1后，发生包晶反应：

$$l + A \longrightarrow A_mB_n$$

过点1后系统向P点移动，到达P点，发生四相包晶反应：

$$l + A \longrightarrow A_mB_n + C$$

在这个过程中不断析出A_mB_n和C，包晶反应直至A消失为止，此时系统点沿PE线向E点移动，到达E点，发生四相共晶反应，直至液相消失为止。

$$l = A_mB_n + B + C$$

系统点M_2初始为液相，冷却到液相面B析出，液相组成沿$M_2$2变化，到达点2后，B和C同时析出，$l \rightleftharpoons B + C$；之后沿E2线到达E点，发生四相共晶反应，至液相消失为止：

$$l = B + C + A_mB_n$$

5.3 补充习题

5-1 NaCl、KCl、$NaNO_3$和KNO_3等固体的混合物与水振荡并达到平衡，且系统中仍有各物质的固体存在，则该系统的自由度f为（ ）。

A 2 B 1 C 0

答：B。

5-2 三组分系统的最大自由度f_{max}和平衡共存的最大相数Φ_{max}为（ ）。

A $f_{max}=3$，$\Phi_{max}=3$ B $f_{max}=3$，$\Phi_{max}=4$

C $f_{max}=4$，$\Phi_{max}=4$ D $f_{max}=4$，$\Phi_{max}=5$

答： C。

5-3 在图 5-22 左图中，（ ）物系点代表的系统步冷曲线与图 5-22 右图中的步冷曲线相当。

A ① B ② C ③ D ④

答： C。

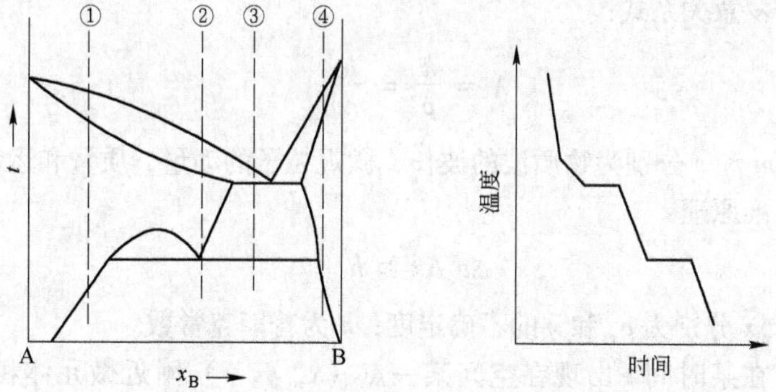

图 5-22 补题 5-3

5-4 某一元物系相图中固液平衡线斜率$\frac{dp}{dT}<0$，则此物质凝固过程中，有（ ）。

A $\Delta V>0$ B $\Delta H>0$ C $\Delta G>0$ D $\Delta S>0$

答： A。

5-5 液体在其T、p满足克-克方程的条件下进行气化的过程，以下各量中不变的是（ ）。

A 摩尔热力学能 B 摩尔体积

C 摩尔吉布斯函数 D 摩尔熵

答： C。

5-6 $NaHCO_3(s)$在真空容器中部分分解为$Na_2CO_3(s)$，$H_2O(g)$和$CO_2(g)$，处于如下的化学平衡：$NaHCO_3(s) \rightleftharpoons Na_2CO_3(s)+H_2O(g)+CO_2(g)$，该系统的自由度数、组分数及相数符合（ ）。

A $C=2$，$\Phi=3$，$f=1$ B $C=3$，$\Phi=2$，$f=3$

C $C=4$，$\Phi=2$，$f=4$

答： A。

6 量子力学基础

6.1 主要公式

（1）德布罗意关系式：

$$\lambda = \frac{h}{p} = \frac{h}{mv} \tag{6-1}$$

式中，λ，p，m 和 v 分别为物质波的波长、微观粒子的动量、质量和运动速度。

（2）测不准原理：

$$\Delta p_x \Delta x \geqslant h \tag{6-2}$$

式中，Δp_x 和 Δx 分别为 p_x 和 x 的不确定度；h 为普朗克常数。

（3）粒子在某时间 t 出现在空间某一点（x，y，z）附近微元体积 $\mathrm{d}\tau$ 内的几率：

$$P = \int_{-\infty}^{+\infty} \Psi\Psi^* \mathrm{d}\,\tau = \int_{-\infty}^{+\infty} |\Psi|^2 \mathrm{d}\,\tau = 1 \tag{6-3}$$

（4）波函数的归一化：

$$\int_{-\infty}^{+\infty} A^2 \Psi\Psi^* \mathrm{d}\,\tau = \int_{-\infty}^{+\infty} A^2\ |\Psi|^2 \mathrm{d}\,\tau = 1 \tag{6-4}$$

式中，$A = \dfrac{1}{\sqrt{\int_{-\infty}^{+\infty} |\Psi|^2 \mathrm{d}\,\tau}}$，为归一化系数。

（5）哈密顿算符：

$$\hat{H} = -\frac{h^2}{2m} \nabla^2 + V(x,y,z) \tag{6-5}$$

式中，$\nabla^2 = \dfrac{\partial^2}{\partial x^2} + \dfrac{\partial^2}{\partial y^2} + \dfrac{\partial^2}{\partial z^2}$，称为拉普拉斯算符。

（6）力学量平均值：

$$\langle F \rangle = \frac{\int \Psi^* \hat{F} \Psi \mathrm{d}\,\tau}{\int \Psi^* \Psi \mathrm{d}\,\tau} \tag{6-6}$$

（7）一维势箱离子能级和波函数：

$$E = \frac{n^2\pi^2\hbar^2}{2ml^2} \quad n = 1,2,3,\cdots \tag{6-7}$$

$$\psi = \sqrt{\frac{2}{l}}\sin\left(n\pi\frac{x}{l}\right) \quad n = 1,2,3,\cdots \tag{6-8}$$

（8）三维势箱能级和波函数：

$$E = \frac{\pi^2\hbar^2}{2ma^2}(n_x^2 + n_y^2 + n_z^2) \tag{6-9}$$

$$\psi = \psi_x\psi_y\psi_z = \sqrt{\frac{8}{abc}}\sin\frac{n_x\pi x}{a}\sin\frac{n_y\pi y}{b}\sin\frac{n_z\pi z}{c} \tag{6-10}$$

式中，a，b，c 分别为箱子三个边的长度；n_x，n_y，n_z 分别为对应于三个方向的三个平动量子数。

（9）刚性转子的转动能：

$$E = \frac{h^2}{8\pi^2 I}J(J+1) \quad J = 0,1,2,\cdots \tag{6-11}$$

式中，J，I 分别为转动量子数和转子的转动惯量。

（10）一维谐振子的振动能：

$$E = \left(v + \frac{1}{2}\right)h\nu \quad v = 0,1,2,\cdots \tag{6-12}$$

式中，v 为振子的振动量子数。

（11）氢原子的电子波函数及能量：

$$\psi_{n,l,m} = R_{n,l}\Theta_{l,m}\Phi_m \tag{6-13}$$

式中，m 为磁量子数，磁量子数决定电子绕核运动的轨道角动量在磁场中的分量的取值，即

$$M_z = m\hbar \quad m = 0, \pm 1, \pm 2,\cdots \tag{6-14}$$

l 为角量子数，角量子数决定电子轨道角动量的取值，即

$$L = \sqrt{l(l+1)}\hbar \tag{6-15}$$

n 为主量子数，主量子数决定核外电子能量的取值，即

$$E = -\frac{2\pi^2\mu e^4 Z^2}{n^2h^2} \quad n = 1,2,3,\cdots;\quad n > l \tag{6-16}$$

对应一个 n 值，有 n 个 l 值，一个 l 值有 $2l+1$ 个 m 值。量子数 n，l，m 的取值范围及相互限定关系为：

$$\left.\begin{aligned} n &= 1,2,3,\cdots \\ l &= 0,1,2,\cdots,n-1 \\ m &= 0,\pm 1,\pm 2,\cdots,\pm l \end{aligned}\right\}$$

氢原子与类氢离子基态波函数

$$\psi_{1,0,0} = \psi_{1s} = \frac{1}{\sqrt{\pi}}\left(\frac{Z}{a_0}\right)^{3/2} e^{-\rho/2}$$

式中，$\rho = \frac{2Zr}{2a_0}$。

（12）径向分布函数：

$$\int_{\varphi=0}^{2\pi}\int_{\theta=0}^{\pi}\psi^2(r,\theta,\varphi)\mathrm{d}\tau = \int_{\varphi=0}^{2\pi}\int_{\theta=0}^{\pi}R(r)\Theta(\theta)\Phi(\varphi)r^2\sin\theta\mathrm{d}r\mathrm{d}\theta\mathrm{d}\varphi$$

$$= R^2(r)r^2\mathrm{d}r\int_{\varphi=0}^{2\pi}\Theta^2(\theta)\sin\theta\mathrm{d}\theta\int_{\theta=0}^{\pi}\Phi^2(\varphi)\mathrm{d}\varphi \quad (6\text{-}17)$$

（13）电子自旋角动量：

$$M_s = \sqrt{s(s+1)}\hbar \quad (6\text{-}18)$$

式中，s 为电子的自旋量子数，$s = 1/2$。

（14）单电子近似：

电子 i 的薛定谔方程为

$$\hat{H}_i\psi_i = \left[-\frac{h^2}{8\pi^2 m_e}\nabla_i^2 + V_i(r_i)\right]\psi_i = E_i\psi_i \quad (6\text{-}19)$$

其中，势能 $V_i(r_i)$ 包含了其他电子对第 i 个电子作用信息。

6.2 教材习题解答

6-1 若电子的波长为 1×10^{-10}m，计算该电子的动能（用 J 作单位）。

解：该电子的动量为：

$p = h/\lambda = (6.626\times10^{-34}\mathrm{J\cdot s})/(1\times10^{-10}\mathrm{m}) = 6.626\times10^{-24}\mathrm{kg\cdot m/s}$

$E = 1/2\times p^2/m = 1/2\times(6.626\times10^{-24}\mathrm{kg\cdot m/s})^2/(9.109\times10^{-31}\mathrm{kg})$

$= 2.410\times10^{-17}\mathrm{J}$

6-2 计算下述粒子的德布罗意波的波长。（1）射出的子弹（质量为 0.01kg，速度为 $1\times10^3\mathrm{m\cdot s^{-1}}$）；（2）空气中的尘埃（质量为 1×10^{-10}kg，速度为 0.01 $\mathrm{m\cdot s^{-1}}$）；（3）分子中的电子（动能为 1×10^{-24}J）；（4）经 1×10^4V 电场加速的显像管（真空）中的电子。

解：粒子的德布罗意波长为：$\lambda = h/p$

（1）$\lambda = (6.626 \times 10^{-34}\mathrm{J \cdot s})/(0.01\mathrm{kg} \times 1 \times 10^{3}\mathrm{m/s}) = 6.626 \times 10^{-35}\mathrm{m}$

（2）$\lambda = (6.626 \times 10^{-34}\mathrm{J \cdot s})/(1 \times 10^{-10}\mathrm{kg} \times 0.01\mathrm{m/s}) = 6.626 \times 10^{-22}\mathrm{m}$

（3）$\lambda = h/(2m_eE)^{1/2}$

$= (6.626 \times 10^{-34}\mathrm{J \cdot s})/(2 \times 9.109 \times 10^{-31}\mathrm{kg} \times 1 \times 10^{-24}\mathrm{J})^{1/2}$

$= 4.909 \times 10^{-7}\mathrm{m}$

（4）$\lambda = h/(m_ev) = h/[m_e(2eU/m_e)^{1/2}] = h/(2eUm_e)^{1/2}$

$= (6.626 \times 10^{-34}\mathrm{J \cdot s})/(2 \times 1.602 \times 10^{-19}\mathrm{C} \times 1 \times 10^{4}\mathrm{V} \times 9.109 \times 10^{-31}\mathrm{kg})^{1/2} = 1.227 \times 10^{-11}\mathrm{m}$

6-3 在 $1 \times 10^3\mathrm{V}$ 电场中加速的电子，能否用普通光栅（栅线间距为 $10^{-6}\mathrm{m}$）观察到电子的衍射现象？若用晶体作为光栅（晶面间距为 $10^{-11}\mathrm{m}$），又如何？

解：$\lambda = h/(m_ev) = h/[m_e(2eU/m_e)^{1/2}] = h/(2eUm_e)^{1/2}$

$= (6.626 \times 10^{-34}\mathrm{J \cdot s})/(2 \times 1.602 \times 10^{-19}\mathrm{C} \times 1 \times 10^{3}\mathrm{V} \times 9.109 \times 10^{-31}\mathrm{kg})^{1/2} = 3.879 \times 10^{-11}\mathrm{m}$

所以，该电子不能在普通光栅上衍射，可用晶体光栅进行衍射。

6-4 下列哪些函数是算符 $\frac{\mathrm{d}^2}{\mathrm{d}x^2}$ 的本征函数？试求出本征值：e^x，$\sin x$，$2\cos x$，x^3，$\sin x + \cos x$。

解：$\frac{\mathrm{d}^2(e^x)}{\mathrm{d}x^2} = e^x$，$e^x$ 是 $\frac{\mathrm{d}^2}{\mathrm{d}x^2}$ 的本征函数，本征值为 1

$\frac{\mathrm{d}^2(\sin x)}{\mathrm{d}x^2} = -\sin x$，$\sin x$ 是 $\frac{\mathrm{d}^2}{\mathrm{d}x^2}$ 的本征函数，本征值为 -1

$\frac{\mathrm{d}^2(2\cos x)}{\mathrm{d}x^2} = -2\cos x$，$2\cos x$ 是 $\frac{\mathrm{d}^2}{\mathrm{d}x^2}$ 的本征函数，本征值为 -1

$\frac{\mathrm{d}^2(x^3)}{\mathrm{d}x^2} = 6x$，$x^3$ 不是 $\frac{\mathrm{d}^2}{\mathrm{d}x^2}$ 的本征函数

$\frac{\mathrm{d}^2(\sin x + \cos x)}{\mathrm{d}x^2} = -(\sin x + \cos x)$，$\sin x + \cos x$ 是 $\frac{\mathrm{d}^2}{\mathrm{d}x^2}$ 的本征函数，本征值为 -1。

6-5 已知函数 $\psi = xe^{-ax^2}$ 为算符 $[(\mathrm{d}^2/\mathrm{d}x^2) - 4a^2x^2]$ 的本征函数，求本征值。

解：$(\mathrm{d}^2/\mathrm{d}x^2 - 4a^2x^2)\psi = (\mathrm{d}^2/\mathrm{d}x^2 - 4a^2x^2)xe^{-ax^2}$

$$= \frac{\mathrm{d}^2(xe^{-ax^2})}{\mathrm{d}x^2} - 4a^2x^2(xe^{-ax^2})$$

$$= \frac{\mathrm{d}(e^{-ax^2} - 2ax^2e^{-ax^2})}{\mathrm{d}x} - 4a^2x^3e^{-ax^2}$$

$$= -2axe^{-ax^2} - 4axe^{-ax^2} + 4a^2x^3e^{-ax^2} - 4a^2x^3e^{-ax^2}$$

$$= -6ax\mathrm{e}^{-ax^2}$$

所以，本征值为 $-6a$。

6-6　长度为 a 的一维势箱中粒子运动的波函数为 $\psi = A\sin\dfrac{n\pi x}{a}$，试求常数 A。

解：根据波函数的归一化性质 $\int_{-\infty}^{+\infty} A^2\Psi\Psi^* \mathrm{d}\tau = \int_{-\infty}^{+\infty} A^2\ |\Psi|^2 \mathrm{d}\tau = 1$

$$\int_0^a A^2\Psi\Psi^* \mathrm{d}\tau = \int_0^a A^2\left(\sin\frac{n\pi x}{a}\right)^2 \mathrm{d}\tau = 1$$

得 $A = (a/2)^{1/2}$。

6-7　计算氢原子和氦离子在 1s 态时电子离核的平均距离。利用 Γ-函数积分公式 $\Gamma(n) = \int_0^{\infty} x^{n-1}\mathrm{e}^{-x}\mathrm{d}x = (n-1)!$。

解：$\psi_{1s} = \dfrac{1}{\sqrt{\pi}}\left(\dfrac{Z}{a_0}\right)^{3/2}\mathrm{e}^{-Zr/a_0}$

$$\langle r\rangle = \int\psi_{1s}^* r\psi_{1s}\mathrm{d}\tau = \int\psi_{1s}^2 r\mathrm{d}\tau = \iiint\frac{Z^3}{\pi a_0^3}\mathrm{e}^{-2Zr/a_0}r(r^2\sin\theta\mathrm{d}r\mathrm{d}\theta\mathrm{d}\psi)$$

$$= \frac{Z^3}{\pi a_0^3}\int_0^{\infty} r^3\mathrm{e}^{-2Zr/a_0}\mathrm{d}r\int_0^{\pi}\sin\theta\mathrm{d}\theta\int_0^{2\pi}\mathrm{d}\psi$$

$$= \left(\frac{Z^3}{\pi a_0^3}\int_0^{\infty} r^3\mathrm{e}^{-2Zr/a_0}\mathrm{d}r\right)[-(-1-1)](2\pi-0)$$

$$= \frac{4Z^3}{a_0^3}\int_0^{\infty} r^3\mathrm{e}^{-2Zr/a_0}\mathrm{d}r = \frac{4Z^3}{a_0^3}\left(\frac{a_0}{2Z}\right)^4\cdot(4-1)! = \frac{3}{2}\cdot\frac{a_0}{Z}$$

氢原子　$Z = 1, \langle r\rangle = \dfrac{3}{2}a_0$

氦离子　$Z = 2, \langle r\rangle = \dfrac{3}{4}a_0$

6-8　已知氢原子 $2p_z$ 轨道波函数为 $\psi_{2p_z} = (4\sqrt{2\pi a_0^3})^{-1}(r/a_0)\mathrm{e}^{-r/2a_0}\cos\theta$。(1) 求该轨道能级 E；(2) 求轨道角动量的绝对值 $|M|$；(3) 求该轨道角动量 $\vec{M}$ 与 z 轴的夹角；(4) 求该轨道节面的形状和位置。

解：ψ_{2p_z} 轨道的三个量子数 $n=2$，$l=1$，$m=0$。

(1) 原子轨道能为：

$$E = -\frac{2\pi^2\mu\mathrm{e}^4Z^2}{n^2h^2}$$

$$= -13.6\mathrm{eV}/n^2$$

$$= -3.4\text{eV} = -5.45 \times 10^{-19}\text{J}$$

（2）轨道角动量的取值为：

$$L = \sqrt{l(l+1)}\,\frac{h}{2\pi} = \sqrt{2} \times h/2\pi = 1.491 \times 10^{-34}\text{kg} \cdot \text{m/s}$$

（3）设轨道角动量 $\vec{M}$ 与 z 轴的夹角为 α，则因氢原子 $2p_z$ 轨道波函数的 $m=0$，故可得：

$$\cos\theta = M_z/M = (0 \times h/2\pi)(\sqrt{2} \times h/2\pi) = 0$$

所以，$\theta = 90°$。

（4）令 $\psi_{2pz} = 0$，得 $r=0$，$r=\infty$，$\theta=90°$。

节面或节点通常不包括 $r=0$ 和 $r=\infty$，故该轨道节面只有一个，即 xy 平面。

6-9 氢原子 1s 态本征函数 $\psi(r) = N\text{e}^{-ar}$，其中 N 和 a 为常数。（1）求归一化常数 N 和常数 a；（2）求该轨道能量本征值。

解：（1）归一化常数 $N_n = (\propto n^2)^{-1}[Z^3/(n\pi a_0^3)]^{1/2}$

所以，$N_1 = [Z^3/(\pi a_0^3)]^{1/2}$

$$\psi(r) = N_1\text{e}^{-Zr/na_0}$$

当 $n=1$ 时，$a = Z/a_0$。

（2）$E_n = -13.6(Z/n)^2$

所以，该轨道能量本征值 $E_{1s} = -13.6\text{eV}$。

6-10 试求氢原子轨道电子云径向分布极大值离核的距离。已知该轨道的径向波函数为 $R = (2\sqrt{6})^{-1}(1/a_0)^{3/2}(r/a_0)\text{e}^{-r/2a_0}$。

解：该氢原子的径向分布函数为：

$$D_{2pz} = r^2R^2 = r^2[(2\times\sqrt{6})^{-1} \times (1/a_0)^{3/2}(r/a_0)\text{e}^{-r/2a_0}]^2 = (24a_0^5)^{-1}r^4\text{e}^{-r/a_0}$$

令 $\text{d}D_{2pz}(r)/\text{d}r = 0$，得 $r=0$ 或 $r=4a_0$

所以，氢原子轨道电子云径向分布极大值离核的距离为 $4a_0$。

6-11 试写出硼离子 B^{2+} 薛定谔方程的表达式（不考虑电子自旋），并说明哈密顿算符中各项的物理意义。

解：硼离子 B^{2+} 的核电荷数为 5；核外电子数为 3。其薛定谔方程可表达为

$$\left[-\frac{\hbar^2}{2m}(\nabla_1^2 + \nabla_2^2 + \nabla_3^2) - \frac{5e^2}{4\pi\varepsilon_0}\left(\frac{1}{r_1} + \frac{1}{r_2} + \frac{1}{r_3}\right) + \frac{e^2}{4\pi\varepsilon_0}\left(\frac{1}{r_{12}} + \frac{1}{r_{23}} + \frac{1}{r_{31}}\right)\right]\psi = E\psi$$

哈密顿算符中第一项 $-\frac{\hbar^2}{2m}(\nabla_1^2 + \nabla_2^2 + \nabla_3^2)$ 为 3 个电子的动能项；

第二项 $-\frac{5e^2}{4\pi\varepsilon_0}\left(\frac{1}{r_1} + \frac{1}{r_2} + \frac{1}{r_3}\right)$ 为 3 个电子与核之间的吸引能项；

第三项 $\frac{e^2}{4\pi\varepsilon_0}\left(\frac{1}{r_{12}}+\frac{1}{r_{23}}+\frac{1}{r_{31}}\right)$ 为 3 个电子间的排斥能项。

6-12　试推出钠原子和氟原子基态的原子光谱项和光谱支项；推出碳原子激发态（$1s^2 2s^2 2p^1 3p^1$）的原子光谱和光谱支项。

解：钠原子基态 $Na(1s^2 2s^2 2p^6 3s^1)$，内层轨道电子全充满，对原子的量子数无贡献，只需考虑未充满的外层轨道中的电子，即($3s^1$)：

$$L = 0,\quad S = 1/2,\quad J = 1/2$$

原子光谱项为^2S；光谱支项为$^2S_{1/2}$。

氟原子基态 $F(2p^5)$，由于 3 个 p 轨道中有 2 个充满电子，所以其光谱项和支项与（p^1）组态是相同的：

$$L = 1,\quad S = 1/2,\quad J = 3/2,\quad J = 1/2$$

原子光谱项为^2P；光谱支项为$^2P_{3/2}$和$^2P_{1/2}$。

碳原子激发态 $C(1s^2 2s^2 2p^1 3p^1)$：

$$L = 2,1,0;\quad S = 0,1$$

原子光谱项	光谱支项
$^3D(J=3,2,1)$	$^3D_3, {}^3D_2, {}^3D_1$
$^1D(J=2)$	$^1D_2$
$^3P(J=2,1,0)$	$^3P_2, {}^3P_1, {}^3P_0$
$^1P(J=1)$	$^1P_1$
$^3S(J=1)$	$^3S_1$
$^1S(J=0)$	$^1S_0$

6-13　写出铝原子基态（$3p^1$）和激发态（$3d^1$）的光谱项和光谱支项。

解：铝原子基态 Al（$3p^1$）：

$$L = 1,\quad S = 1/2,\quad J = 3/2,\quad J = 1/2$$

原子光谱项^2P；光谱支项$^2P_{3/2}, {}^2P_{1/2}$。

铝原子激发态 $Al(3d^1)$：

$$L = 2,\quad S = 1/2,\quad J = 5/2,\quad J = 3/2$$

原子光谱项^2D；光谱支项$^2D_{5/2}, {}^2D_{3/2}$。

7 统计热力学

7.1 主要公式

（1）玻耳兹曼分布：

$$n_i^* = \frac{N}{q}\omega_i e^{-\varepsilon_i/kT} \tag{7-1}$$

式中，ε_1，ε_2，…代表独立定域子系统的允许能级；n_1^*，n_2^*，…，n_i^*，…代表在上述能级上的分布数；q 称为粒子的配分函数，$q = \sum_i \omega_i e^{-\varepsilon_i/kT}$；指数项 $e^{-\varepsilon_i/kT}$ 称为玻耳兹曼因子。

（2）独立定域子系统的热力学函数：

$$S = k\ln q^N + NkT\left(\frac{\partial \ln q}{\partial T}\right)_{V,N} \tag{7-2}$$

$$U = A + TS = NkT^2\left(\frac{\partial \ln q}{\partial T}\right)_{V,N} \tag{7-3}$$

（3）独立离域子系统的热力学函数：

$$S = k\ln \frac{q^N}{N!} + NkT\left(\frac{\partial \ln q}{\partial T}\right)_{V,N} \tag{7-4}$$

$$U = A + TS = NkT^2\left(\frac{\partial \ln q}{\partial T}\right)_{V,N} \tag{7-5}$$

$$A = U - TS = -kT\ln \frac{q^N}{N!} \tag{7-6}$$

（4）配分函数的析因子性质：

$$q = q_{tr} q_r q_v q_{el} q_n \tag{7-7}$$

式中，q_{tr}，q_r，q_v，q_{el}和 q_n 依次为分子的平动、转动、振动、电子运动和核自旋的配分函数。

（5）原子晶体的配分函数和热力学函数：

$$q_v = \frac{e^{-\Theta_v/2T}}{1 - e^{-\Theta_v/T}} \tag{7-8}$$

$$A_{\mathrm{v}} = \frac{3}{2}Nh\nu + 3NkT\ln(1 - \mathrm{e}^{-h\nu/kT}) \tag{7-9}$$

$$S_{\mathrm{v}} = -3Nk\ln(1 - \mathrm{e}^{-h\nu/kT}) + 3N\left(\frac{h\nu}{T}\right)\frac{1}{\mathrm{e}^{h\nu/kT} - 1} \tag{7-10}$$

$$U_{\mathrm{v}} = \frac{3}{2}Nh\nu + 3Nh\nu\frac{1}{\mathrm{e}^{h\nu/kT} - 1} \tag{7-11}$$

（6）平动配分函数和热力学函数：

$$q_{\mathrm{tr}} = \frac{(2\pi mkT)^{3/2}}{h^3}V \tag{7-12}$$

$$A_{\mathrm{tr}} = -NkT\left[\ln V + \frac{3}{2}\ln T + \ln\frac{(2\pi mk)^{3/2}}{h^3} - \ln N + 1\right] \tag{7-13}$$

$$S_{\mathrm{tr}} = Nk\ln\frac{(2\pi mkT)^{3/2}}{h^3}\frac{V}{N} + \frac{5}{2}Nk \tag{7-14}$$

$$U_{\mathrm{tr}} = A_{\mathrm{tr}} + TS_{\mathrm{tr}} = \frac{3}{2}NkT \tag{7-15}$$

（7）转动配分函数和热力学函数：

$$q_{\mathrm{r}} = \frac{8\pi^2 IkT}{\sigma h^2} \tag{7-16}$$

$$A_{\mathrm{r}} = -kT\ln q_{\mathrm{r}}^N = -NkT\ln\frac{8\pi^2 IkT}{\sigma h^2} \tag{7-17}$$

$$S_{\mathrm{r}} = -\left(\frac{\partial A_{\mathrm{r}}}{\partial T}\right)_{V,N} = Nk\ln\frac{8\pi^2 IkT}{\sigma h^2} + Nk \tag{7-18}$$

$$U_{\mathrm{r}} = A_{\mathrm{r}} + TS_{\mathrm{r}} = NkT \tag{7-19}$$

7.2　教材习题解答

7-1　什么是配分函数？由 N 个等同粒子构成的系统，它的配分函数和热力学能（内能）、熵、亥姆霍兹函数、吉布斯函数之间有什么关系，这种关系是如何导出的？

解： 配分函数

$$q = \sum_i \omega_i \mathrm{e}^{-\varepsilon_i/kT}, \frac{n_i^*}{N} = \frac{\omega_i \mathrm{e}^{-\varepsilon_i/kT}}{q}$$

q 中任意一项 $\omega_i \mathrm{e}^{-\varepsilon_i/kT}$ 与 q 之比代表粒子在 i 能级分布的分数。q 中任意两项

之比代表最概然分布时系统在这两个能级上分布的粒子数之比，也可以说 q 是对一个粒子在长时间经历的所有可能状态的玻耳兹曼因子求和。

对 N 个粒子的等同粒子系统，有

$$S = k\ln\frac{q^N}{N!} + \frac{U}{T} = k\ln\frac{q^N}{N!} + NkT\left(\frac{\partial \ln q}{\partial T}\right)_{V,N}$$

$$F = -kT\ln\frac{q^N}{N!},\ U = NkT^2\left(\frac{\partial \ln q}{\partial T}\right)_{V,N},\ G = -NkT\ln\frac{q}{N}$$

这些公式的推导如下：等同粒子系统即离域子系统，系统的微观状态数为

$$\Omega_{离} = \frac{\Omega}{N!} = \Sigma\Pi\frac{\omega_i^{n_i}}{n_i!}$$

根据系统熵与系统微观状态数的关系，有

$$S = k\ln\Omega_{离} \cong k\ln(t_m)_{离} = k\Pi\frac{\omega_i^{n_i}}{n_i^*} = k(\Sigma\omega_i\ln\omega_i - \Sigma n)$$

$$= k\left(\Sigma n_i^*\ln\frac{\omega_i^{n_i}}{n_i^*} + N\right) = k\left(\Sigma n_i^*\ln\frac{q}{N}e^{\varepsilon_i/kT} + N\right)$$

$$= k\left(\ln\frac{q}{N}\Sigma n_i^* + \frac{\Sigma n_i^*\varepsilon_i}{kT} + N\right)$$

$$= k(\ln q^N - N\ln N + N) + \frac{U}{T}$$

$$= k\ln\frac{q^N}{N!} + \frac{U}{T}$$

根据定义，得

$$F = U - TS = -kT\ln\frac{q^N}{N!}$$

又根据

$$S = -\left(\frac{\partial F}{\partial T}\right)_{V,N} = \frac{\partial\left(kT\ln\frac{q^N}{N!}\right)}{\partial T}$$

$$= k\ln\frac{q^N}{N!} + kT\frac{\partial(N\ln q - \ln N!)}{\partial T}$$

$$= k\ln\frac{q^N}{N!} + NkT\left(\frac{\partial \ln q}{\partial T}\right)_{V,N}$$

得
$$U = F + TS = NkT^2\left(\frac{\partial \ln q}{\partial T}\right)_{V,N}$$

$$G = F + PV = -kT\ln\frac{q^N}{N!} + NkT$$
$$= -NkT\ln q + kT(N\ln N - N) + NkT$$
$$= -NkT\ln\frac{q}{N}$$

7-2　从实验得知 Cl_2 在 $v=0$ 和 $v=1$ 两振动能级的能量差为 1.11×10^{-20} J，问 25℃时 Cl_2 在 $v=1$ 能级上的分子数和 $v=0$ 能级上的分子数之比是多少?

解：根据玻耳兹曼分布定律，谐振子在基态和第一激发态分布的粒子数分别为

$$n_0 = \frac{N}{q}e^{-\varepsilon_0/kT},\quad n_1 = \frac{N}{q}e^{-\varepsilon_1/kT}$$

$$\frac{n_1}{n_0} = e^{-(\varepsilon_1-\varepsilon_0)/kT} = e^{-\Delta\varepsilon/kT}$$

已知　　$\Delta\varepsilon = 1.11\times10^{-20}\text{J}, T = 298\text{K}, k = 1.38\times10^{-23}\text{J}\cdot\text{K}^{-1}$

代入上式，得

$$\frac{n_1}{n_0} = e^{-\frac{1.11\times10^{-20}}{298\times1.38\times10^{-23}}} = e^{-2.699} = 0.0673$$

7-3　如果 O_2 的振动频率是 $4.7\times10^{13}\text{s}^{-1}$，则 100℃时 O_2 在第一激发态的分子数占多少百分比?

解：根据玻耳兹曼分布定律

$$n = \frac{N}{q}e^{-\varepsilon/kT},\ \frac{n_1}{N} = \frac{e^{-\varepsilon_1/kT}}{q}$$

O_2 分子有一个沿键长方向的振动，并认为是简谐振动，一维谐振子的振动配分函数为

$$q = \frac{e^{-h\nu/2kT}}{1-e^{-h\nu/kT}}$$

振动能

$$\varepsilon_v = \left(v+\frac{1}{2}\right)h\nu,\ \text{当 } v = 1 \text{ 时},\varepsilon = \left(1+\frac{1}{2}\right)h\nu = \frac{3}{2}h\nu$$

所以
$$\frac{n_1}{N} = \frac{e^{-\frac{3h\nu}{2kT}}}{\dfrac{e^{-h\nu/2kT}}{1-e^{-h\nu/kT}}} = e^{-h\nu/kT}(1-e^{-h\nu/kT})$$

已知普朗克常数 $h=6.62\times10^{-34}\text{J}\cdot\text{s}$，振动频率 $\nu=4.7\times10^{13}\text{s}^{-1}$，$k=1.38\times10^{-23}\text{J}\cdot\text{K}^{-1}$，则

$$\text{e}^{-\frac{h\nu}{kT}}=\text{e}^{-6.62\times10^{-34}\times4.7\times10^{13}/1.38\times10^{-23}\times373}$$

$$=\text{e}^{-6.0446}$$

$$\frac{n_1}{N}=\text{e}^{-6.0446}(1-\text{e}^{-6.0446})$$

$$=2.371\times10^{-3}\times(1-2.371\times10^{-3})$$

$$=2.37\times10^{-3}$$

7-4 频率为 ν 的二维简谐振子的许可能级如下：

$$\varepsilon=(v+1)h\nu,\ \text{简并度}\ \omega=v+1$$

试证明二维振子的配分函数是具有同样频率的一维振子配分函数的平方。

解： 已知一维振子振动配分函数为

$$q_{\text{v},1}=\frac{\text{e}^{-h\nu/2kT}}{1-\text{e}^{-h\nu/kT}}$$

对二维振子，配分函数为（见配分函数的定义）

$$q_{\text{v},i}=\sum_i\omega_i\text{e}^{-\varepsilon_i/kT}$$

式中，ω_i 为二维振子简并度，$\omega_i=v+1$；ε_i 为二维振子的能级，$\varepsilon_i=(v+1)h\nu$。

代入上式，则

$$q_{\text{v},2}=\sum_{v=0}^{\infty}(v+1)\text{e}^{-(v+1)h\nu/kT}$$

$$=\text{e}^{-h\nu/kT}+2\text{e}^{-2h\nu/kT}+3\text{e}^{-3h\nu/kT}+\cdots$$

令 $\text{e}^{-h\nu/kT}=x$，当 $x<1$

$$q_{\text{v},1}=\frac{\text{e}^{-h\nu/2kT}}{1-\text{e}^{-h\nu/kT}}=\frac{\sqrt{x}}{1-x}$$

则

$$q_{\text{v},2}=x+2x^2+3x^3+\cdots=x(1+2x+3x^2+\cdots)$$

$$=x\sum_{j=0}^{\infty}(1+j)x^j$$

$$=x\left[\frac{1}{1-x}+\frac{x}{(1-x)^2}\right]=x\left[\frac{1-x}{(1-x)^2}+\frac{x}{(1-x)^2}\right]=\frac{x}{(1-x)^2}$$

所以　$q_{v,2} = q_{v,1}^2$

7-5　在体积为 $1cm^3$，温度为 298K 的条件下，计算：（1）H_2 和（2）CH_4 的分子平动配分函数。

解： 分子平动配分函数的计算公式为

$$q_{tr} = \frac{(2\pi mkT)^{\frac{3}{2}}}{h^3}V$$

（1）对 H_2 分子：

$$m = \frac{2\times10^{-3}}{6.02\times10^{23}}kg = 3.32\times10^{-27}kg$$

$$T = 298K, k = 1.38\times10^{-23}J\cdot K^{-1}, h = 6.62\times10^{-34}J\cdot s$$
$$V = 1cm^3 = 10^{-6}m^3$$

代入上式，得

$$q_{tr} = \frac{(2\times3.14\times3.32\times10^{-27}kg\times1.38\times10^{-23}J\cdot K^{-1}\times298K)^{\frac{3}{2}}}{(6.62\times10^{-34}J\cdot s)^3}\times10^{-6}m^3$$

$$=2.74\times10^{24}$$

（2）对 CH_4

$$m = \frac{16\times10^{-3}}{6.02\times10^{23}}kg = 2.66\times10^{-26}kg$$

$$q_{tr} = \frac{(2\times3.14\times2.66\times10^{-26}kg\times1.38\times10^{-23}J\cdot K^{-1}\times298K)^{\frac{3}{2}}}{(6.62\times10^{-34}J\cdot s)^3}\times10^{-6}m^3$$

$$=6.2\times10^{25}$$

7-6　298K 时计算：（1）$^{14}N_2$，（2）$^{14}N^{15}N$ 的分子转动配分函数。已知两种分子的核间距都是 0.1095nm（$1nm=10^{-9}m$）。

解： 双原子分子转动配分函数计算公式为

$$q_r = \frac{8\pi^2 IkT}{\sigma h^2}$$

（1）$^{14}N_2$：$\sigma=2$，$I=\mu r_0^2$，$\mu=\dfrac{m_1m_2}{m_1+m_2}$

$$m_1 = m_2 = \frac{14\times10^{-3}}{6.02\times10^{23}}kg = 2.33\times10^{-26}kg, \mu = 1.16\times10^{-26}kg$$

$$I = \mu r_0^2 = 1.16\times10^{-26}kg\times(1.095\times10^{-10}m)^2$$

$$= 1.39 \times 10^{-46} \text{kg} \cdot \text{m}^2$$

$$q_r = \frac{8 \times 3.14^2 \times 1.39 \times 10^{-46} \text{kg} \cdot \text{m}^2 \times 1.38 \times 10^{-23} \text{J} \cdot \text{K}^{-1} \times 298\text{K}}{2 \times (6.62 \times 10^{-34} \text{J} \cdot \text{s})^2}$$

$$= 51.4$$

(2) $^{14}N^{15}N$: $\sigma = 1$, $m_1 = 2.33 \times 10^{-26}$ kg, $m_2 = 2.49 \times 10^{-26}$ kg, $\mu = 1.20 \times 10^{-26}$ kg

$$I = 1.20 \times 10^{-26} \text{kg} \times (1.095 \times 10^{-10} \text{m})^2 = 1.44 \times 10^{-46} \text{kg} \cdot \text{m}^2$$

$$q_r = \frac{8 \times 3.14^2 \times 1.44 \times 10^{-46} \text{kg} \cdot \text{m}^2 \times 1.38 \times 10^{-23} \text{J} \cdot \text{K}^{-1} \times 298\text{K}}{1 \times (6.62 \times 10^{-34} \text{J} \cdot \text{s})^2}$$

$$= 106.6$$

7-7 如何从统计热力学导出理想气体的状态方程?

解: 气体压强定义为

$$p = -\left(\frac{\partial F}{\partial V}\right)_{T,N}$$

只有平动配分函数与系统压力有关，根据统计热力学的平动自由能公式

$$F_{tr} = -NkT\left(\ln V + \frac{3}{2}\ln T + \frac{3}{2}\ln \frac{2\pi mk}{h^2} - \ln N + 1\right)$$

求导数后，得

$$p = -\left(\frac{\partial F}{\partial V}\right)_{T,N} = \frac{NkT}{V} = \frac{nRT}{V}$$

即为理想气体状态方程。

7-8 计算 1mol 氦在 298K 的标准熵 $S^{\ominus}_{298K}$。

解: 氦是单原子分子，它的分子运动只有平动。根据教材中式 (7-56)，有

$$S^{\ominus} = S^{\ominus}_{平} = R\ln \frac{(2\pi mkT)^{\frac{3}{2}}}{N_0 h^3} V + \frac{5}{2}R$$

$$V = \frac{nRT}{p} = \frac{1 \times 8.314 \text{J} \cdot \text{mol}^{-1} \cdot \text{K}^{-1} \times 298\text{K}}{101.3 \times 10^3 \text{Pa}}$$

$$= 2.446 \times 10^{-2} \text{m}^3$$

$$m = \frac{4.00 \times 10^{-3} \text{kg} \cdot \text{mol}^{-1}}{6.02 \times 10^{23} \text{mol}^{-1}}$$

$$= 6.64 \times 10^{-27} \text{kg}$$

代入上式，得

$$S^{\ominus}=8.314\text{J}\cdot\text{mol}^{-1}\cdot\text{K}^{-1}\times$$

$$\ln\left[\frac{(2\times 3.14\times 6.64\times 10^{-27}\text{kg}\times 1.38\times 10^{-23}\text{J}\cdot\text{K}^{-1}\times 298\text{K})^{\frac{3}{2}}}{6.02\times 10^{23}\text{mol}\times(6.62\times 10^{-34}\text{J}\cdot\text{s})^{3}}\times\right.$$

$$\left.2.446\times 10^{-2}\text{m}^{3}\right]+\frac{5}{2}\times 8.314\text{J}\cdot\text{mol}^{-1}\cdot\text{K}^{-1}$$

$$=126.0\text{J}\cdot\text{mol}^{-1}\cdot\text{K}^{-1}$$

7-9　假定1mol氪在300K体积为V，而1mol氦也有同样的体积。如果这两种气体有同样的熵值，问氦的温度是多少？

解： 氪和氦都是单原子分子气体，只有平动熵。平动熵公式为

$$S^{\ominus}=R\ln\frac{(2\pi mkT)^{\frac{3}{2}}}{N_0h^3}V+\frac{5}{2}R$$

当两种气体有同样的熵值和体积时，由$S^{\ominus}_{\text{Kr}}=S^{\ominus}_{\text{He}}$，得

$$R\ln\frac{(2\pi m_{\text{Kr}}kT_{\text{Kr}})^{\frac{3}{2}}}{N_0h^3}V+\frac{5}{2}R=R\ln\frac{(2\pi m_{\text{He}}kT_{\text{He}})^{\frac{3}{2}}}{N_0h^3}V+\frac{5}{2}R$$

$$m_{\text{Kr}}T_{\text{Kr}}=m_{\text{He}}T_{\text{He}}$$

$$M_{\text{Kr}}=83.8\times 10^{-3}\text{kg}\cdot\text{mol}^{-1}$$

$$M_{\text{He}}=4.0\times 10^{-3}\text{kg}\cdot\text{mol}^{-1}$$

$$T_{\text{Kr}}=300\text{K}$$

$$T_{\text{He}}=\frac{83.8\times 10^{-3}\text{kg}\cdot\text{mol}^{-1}}{4.0\times 10^{-3}\text{kg}\cdot\text{mol}^{-1}}\times 300\text{K}=6285\text{K}$$

7-10　已知CO的转动惯量$I=1.45\times 10^{-46}\text{kg}\cdot\text{m}^2$，振动特征温度$\Theta_{\text{v}}=3084\text{K}$。计算CO在100kPa，25℃时的摩尔熵和热容。

解： CO有平动、转动和振动三种运动形式，CO的平动熵、转动熵和振动熵分别为

$$S_{\text{tr}}=Nk\ln\frac{(2\pi mkT)^{\frac{3}{2}}}{Nh^3}V+\frac{5}{2}R$$

当$N=N_0$时，有

$$V=\frac{nRT}{p}=\frac{1\text{mol}\times 8.314\text{J}\cdot\text{mol}^{-1}\cdot\text{K}^{-1}\times 298\text{K}}{101.3\times 10^{3}\text{Pa}}$$

$$=2.446\times 10^{-2}\text{m}^3$$

$$m=\frac{28\times 10^{-3}\text{kg}\cdot\text{mol}^{-1}}{6.02\times 10^{23}\text{mol}^{-1}}=4.651\times 10^{-26}\text{kg}$$

则

$$S_{tr} = 8.314\text{J}\cdot\text{mol}^{-1}\cdot\text{K}^{-1}\times$$

$$\ln\left[\frac{(2\times3.14\times4.651\times10^{-26}\text{kg}\times1.38\times10^{-23}\text{J}\cdot\text{K}^{-1}\times298\text{K})^{\frac{3}{2}}}{6.02\times10^{23}\text{mol}^{-1}\times(6.62\times10^{-34}\text{J}\cdot\text{s})^3}\times\right.$$

$$\left.2.446\times10^{-2}\text{m}^3\right]+\frac{5}{2}\times8.314\text{J}\cdot\text{mol}^{-1}\cdot\text{K}^{-1}$$

$$=150.29\text{J}\cdot\text{mol}^{-1}\cdot\text{K}^{-1}$$

根据已知条件 $I=1.45\times10^{-46}\text{kg}\cdot\text{m}^2$，则

$$S_r = R + R\ln\frac{8\pi^2IkT}{\sigma h^2} = 8.314\text{J}\cdot\text{mol}^{-1}\cdot\text{K}^{-1}\times$$

$$\left[1+\ln\frac{8\times3.14^2\times1.45\times10^{-46}\text{kg}\cdot\text{m}^2\times1.38\times10^{-23}\text{J}\cdot\text{K}^{-1}\times298\text{K}}{1\times(6.62\times10^{-34}\text{J}\cdot\text{s})^2}\right]$$

$$=47.19\text{J}\cdot\text{K}^{-1}\cdot\text{mol}^{-1}$$

$$S_v = -R\ln(1-e^{-x})+\frac{Rx}{e^x-1}$$

$$x=\frac{h\nu}{kT}=\frac{3084}{298}=10.3$$

$$S_v = -8.314\text{J}\cdot\text{mol}^{-1}\cdot\text{K}^{-1}\times\ln(1-e^{-10.3})+\frac{8.314\text{J}\cdot\text{mol}^{-1}\cdot\text{K}^{-1}\times10.3}{e^{10.3}-1}$$

$$\approx0$$

所以，25℃时 CO 的标准摩尔熵为

$$S^\ominus = S_{tr}^\ominus + S_r^\ominus + S_v^\ominus$$

$$= 150.29\text{J}\cdot\text{mol}^{-1}\cdot\text{K}^{-1} + 47.19\text{J}\cdot\text{mol}^{-1}\cdot\text{K}^{-1} + 0$$

$$= 197.48\text{J}\cdot\text{mol}^{-1}\cdot\text{K}^{-1}$$

$$C_{V,tr}=\frac{3}{2}R, C_{V,r}=R, C_{V,v}=3R\times\frac{x^2e^x}{(e^x-1)^2}$$

因为 $\Theta_v \gg T$, $C_{V,v}\approx0$

所以

$$C_V = C_{V,tr}+C_{V,r}+C_{V,v}$$

$$=\frac{5}{2}R=\frac{5}{2}\times8.314\text{J}\cdot\text{mol}^{-1}\cdot\text{K}^{-1}$$

$$=20.79\text{J}\cdot\text{mol}^{-1}\cdot\text{K}^{-1}$$

7-11 298K，100kPa 下，1mol 氦和氩的熵分别为 126J·mol^{-1}·K^{-1}和 155

$J \cdot mol^{-1} \cdot K^{-1}$。同样条件下，1mol 氮的熵是 $191.6J \cdot mol^{-1} \cdot K^{-1}$。试根据统计热力学原理解释这些数据值有差别的原因。

解： 氦和氩是单原子分子气体，只有平动熵

$$S_{tr} = N_0 k\ln \frac{(2\pi mkT)^{\frac{3}{2}}}{N_0 h^3}V + \frac{5}{2}N_0 k$$

因为 $m_{He} < m_{Ar}$，所以 $S_{He} < S_{Ar}$。

氮是双原子分子理想气体，分子质量大于单原子理想气体，并且除了平动熵外，还有转动熵和振动熵，所以其熵值最大。

7-12　单原子分子理想气体的温度从 300K 升到 400K。如果上述过程在等容下进行，试以统计热力学方法证明气体的摩尔熵变是 $0.43R$。如果上述过程在等压下进行，证明摩尔熵变是 $0.72R$。

解： 平动熵公式为

$$S_{tr} = Nk\ln \frac{(2\pi mkT)^{\frac{3}{2}}}{Nh^3}V + \frac{5}{2}Nk$$

物质的量为 1mol 时，$N = N_0$，

$$S_{tr} = R\ln \frac{(2\pi mkT)^{\frac{3}{2}}}{N_0 h^3}V + \frac{5}{2}R$$

恒容时，温度从 300K 升到 400K，熵变为

$$\Delta S_{tr} = R\ln\left(\frac{400}{300}\right)^{\frac{3}{2}} = \frac{3}{2}R\ln\frac{400}{300} = 0.43R$$

等压条件下，温度从 300K 升到 400K，熵变为

$$\Delta S_{tr} = R\ln\left(\frac{400}{300}\right)^{\frac{3}{2}} \times \frac{V_{400}}{V_{300}}$$

对于理想气体，根据状态方程 $pV = nRT$，等压条件下，体积与温度成正比：

$$\frac{V_{400}}{V_{300}} = \frac{400}{300}$$

$$\begin{aligned}\Delta S_{tr} &= R\ln\left(\frac{400}{300}\right)^{\frac{3}{2}} \times \frac{V_{400}}{V_{300}} \\ &= R\ln\left(\frac{400}{300}\right)^{\frac{3}{2}} \times \frac{400}{300} \\ &= \frac{5}{2}R\ln\left(\frac{400}{300}\right) \\ &= 0.72R\end{aligned}$$

7-13 求反应$H_2(g)+\frac{1}{2}O_2(g)=H_2O(g)$在298K和2000K的平衡常数。所需数据请自行查表。

解：反应$H_2(g)+\frac{1}{2}O_2(g)=H_2O(g)$的平衡常数与$\Delta_r G_m^\ominus$的关系为

$$\Delta_r G_m^\ominus=-R\ln K^\ominus$$

计算298K和2000K时的平衡常数，需用$\Delta G_m^\ominus(298K)$和$\Delta G_m^\ominus(2000K)$的数据。

根据公式：$$\frac{\Delta_r G_m^\ominus}{T}=-R\ln K_p=\frac{\Delta_r U_{m,0}^\ominus}{T}+\Delta_r\left(\frac{G_m^\ominus-U_{m,0}^\ominus}{T}\right)$$

而$\frac{\Delta_r U_{m,0}^\ominus}{T}$和$\Delta_r\left(\frac{G_m^\ominus-U_{m,0}^\ominus}{T}\right)$均可通过查教材中表7-3计算得到：

298K时，

$$\Delta_r\left(\frac{G_m^\ominus-U_{m,0}^\ominus}{T}\right)=\left(\frac{G_m^\ominus-U_{m,0}^\ominus}{T}\right)_{H_2O}-\left(\frac{G_m^\ominus-U_{m,0}^\ominus}{T}\right)_{H_2}-\frac{1}{2}\left(\frac{G_m^\ominus-U_{m,0}^\ominus}{T}\right)_{O_2}$$

$$=-155.56J\cdot mol^{-1}\cdot K^{-1}-(-102.17)J\cdot mol^{-1}\cdot K^{-1}-\frac{1}{2}(-175.98)J\cdot mol^{-1}\cdot K^{-1}$$

$$=34.6J\cdot mol^{-1}\cdot K^{-1}$$

$$\Delta_r U_{m,0}^\ominus=\Delta_r H_{m,0}^\ominus=\Delta_f H_0^\ominus(H_2O)-\Delta_f H_0^\ominus(H_2)-\frac{1}{2}\Delta_f H_0^\ominus(O_2)$$

$$=-238.995kJ\cdot mol^{-1}-0-0$$

$$=-238.995kJ\cdot mol^{-1}$$

则298K时，

$$\Delta_r G_m=\Delta_r U_{m,0}^\ominus+298K\times 34.6J\cdot mol^{-1}\cdot K^{-1}$$

$$=-238995J\cdot mol^{-1}+10310.8J\cdot mol^{-1}$$

$$=-228684J\cdot mol^{-1}$$

$$K_{298}^\ominus=\exp\left(-\frac{\Delta_r G_m}{RT}\right)$$

$$=\exp\left(\frac{228684J\cdot mol^{-1}}{8.314J\cdot mol^{-1}\cdot K^{-1}\times 298K}\right)$$

$$=1.22\times 10^{40}$$

2000K 时，

$$\Delta_r\left(\frac{G_m^\ominus - U_{m,0}^\ominus}{T}\right) = \left(\frac{G_m^\ominus - U_{m,0}^\ominus}{T}\right)_{H_2O} - \left(\frac{G_m^\ominus - U_{m,0}^\ominus}{T}\right)_{H_2} - \frac{1}{2}\left(\frac{G_m^\ominus - U_{m,0}^\ominus}{T}\right)_{O_2}$$

$$= -223.14\text{J}\cdot\text{mol}^{-1}\cdot\text{K}^{-1} - (-157.61)\text{J}\cdot\text{mol}^{-1}\cdot\text{K}^{-1} - \frac{1}{2}(-234.72)\text{J}\cdot\text{mol}^{-1}\cdot\text{K}^{-1}$$

$$= 51.83\text{J}\cdot\text{mol}^{-1}\cdot\text{K}^{-1}$$

$$\Delta_r G_m = \Delta_r U_{m,0}^\ominus + 2000\text{K}\times 51.83\text{J}\cdot\text{mol}^{-1}\cdot\text{K}^{-1}$$

$$= -238995\text{J}\cdot\text{mol}^{-1} + 103660\text{J}\cdot\text{mol}^{-1}$$

$$= -135335\text{J}\cdot\text{mol}^{-1}$$

$$K_{2000}^\ominus = \exp\left(-\frac{\Delta_r G_m}{RT}\right)$$

$$= \exp\left(\frac{135335\text{J}\cdot\text{mol}^{-1}}{8.314\text{J}\cdot\text{mol}^{-1}\cdot\text{K}^{-1}\times 2000\text{K}}\right)$$

$$= 3425.4$$

7-14 气相反应：

（1）$CH_4 + H_2O \Longrightarrow CO + 3H_2$；

（2）$CH_4 + 2H_2O \Longrightarrow CO_2 + 4H_2$。

计算上述两个反应在 1000K 的平衡常数。所需数据请自行查表。

解法一：

计算 1000K 时的平衡常数，需用 $\Delta G_m^\ominus(298\text{K})$ 和 $\Delta G_m^\ominus(1000\text{K})$ 的数据。

根据公式： $$\frac{\Delta_r G_m}{T} = -R\ln K_p = \frac{\Delta_r U_{m,0}^\ominus}{T} + \Delta_r\left(\frac{G_m^\ominus - U_{m,0}^\ominus}{T}\right)$$

而 $\frac{\Delta_r U_{m,0}^\ominus}{T}$ 和 $\Delta_r\left(\frac{G_m^\ominus - U_{m,0}^\ominus}{T}\right)$ 均可通过查教材中表 7-3 计算得到。

（1）对反应 $CH_4 + H_2O = CO + 3H_2$

$$\Delta_r U_{m,0}^\ominus = \Delta_r H_{m,0}^\ominus$$

$$= \Delta_f H_0^\ominus(CO) + 3\Delta_f H_0^\ominus(H_2) - \Delta_f H_0^\ominus(H_2O) - \Delta_f H_0^\ominus(CH_4)$$

$$= -113.81\text{kJ}\cdot\text{mol}^{-1} + 3\times 0 - (-238.995\text{kJ}\cdot\text{mol}^{-1}) - (-66.9\text{kJ}\cdot\text{mol}^{-1})$$

$$= 192.085\text{kJ}\cdot\text{mol}^{-1}$$

1000K 时，

$$\Delta_r\left(\frac{G_m^\ominus - U_{m,0}^\ominus}{T}\right) = -204.05\text{J}\cdot\text{mol}^{-1}\cdot\text{K}^{-1} - 3\times 136.98\text{J}\cdot\text{mol}^{-1}\cdot\text{K}^{-1} +$$

$$199.37\text{J}\cdot\text{mol}^{-1}\cdot\text{K}^{-1}+196.74\text{J}\cdot\text{mol}^{-1}\cdot\text{K}^{-1}$$
$$=-218.88\text{J}\cdot\text{mol}^{-1}\cdot\text{K}^{-1}$$

$$\Delta_r G_m^{\ominus}=192085\text{J}\cdot\text{mol}^{-1}-218.88\text{J}\cdot\text{mol}^{-1}\cdot\text{K}^{-1}\times 1000\text{K}$$
$$=-26795\text{J}\cdot\text{mol}^{-1}$$

$$K^{\ominus}=\exp\left(-\frac{\Delta_r G_m^{\ominus}}{RT}\right)$$
$$=\exp\left(\frac{26795}{8.314\text{J}\cdot\text{mol}^{-1}\cdot\text{K}^{-1}\times 1000\text{K}}\right)=25.1$$

（2）对反应 $CH_4+2H_2O=\!=CO_2+4H_2$

$$\Delta_r U_{m,0}^{\ominus}=\Delta_r H_{m,0}^{\ominus}$$
$$=\Delta_f H_0^{\ominus}(CO_2)+4\Delta_f H_0^{\ominus}(H_2)-2\Delta_f H_0^{\ominus}(H_2O)-\Delta_f H_0^{\ominus}(CH_4)$$
$$=-393.17\text{kJ}\cdot\text{mol}^{-1}+4\times 0-2\times(-238.995\text{kJ}\cdot\text{mol}^{-1})-(-66.90\text{kJ}\cdot\text{mol}^{-1})$$
$$=151.72\text{kJ}\cdot\text{mol}^{-1}$$

1000K 时，

$$\Delta_r\left(\frac{G_m^{\ominus}-U_{m,0}^{\ominus}}{T}\right)=-226.4\text{J}\cdot\text{mol}^{-1}\cdot\text{K}^{-1}-4\times 136.98\text{J}\cdot\text{mol}^{-1}\cdot\text{K}^{-1}+199.37\text{J}\cdot\text{mol}^{-1}\cdot\text{K}^{-1}+2\times 196.74\text{J}\cdot\text{mol}^{-1}\cdot\text{K}^{-1}$$
$$=-181.47\text{J}\cdot\text{mol}^{-1}\cdot\text{K}^{-1}$$

$$\Delta_r G_m^{\ominus}=151720\text{J}\cdot\text{mol}^{-1}-181.47\text{J}\cdot\text{mol}^{-1}\cdot\text{K}^{-1}\times 1000\text{K}$$
$$=-29750\text{J}\cdot\text{mol}^{-1}$$

$$K^{\ominus}=\exp\left(-\frac{\Delta_r G_m^{\ominus}}{RT}\right)$$
$$=\exp\left(\frac{29750}{8.314\text{J}\cdot\text{mol}^{-1}\cdot\text{K}^{-1}\times 1000\text{K}}\right)=35.8$$

解法二：

计算反应平衡常数的方法与 7-13 题有所不同，需要查教材中表 7-3 中 1000K 下两个反应所涉及物质的部分数据。

利用下面公式：

$$\Delta_r G_m^{\ominus}=-RT\ln K_p=T\left[\frac{\Delta_r U_{m,0}^{\ominus}}{T}+\Delta_r\left(\frac{G_m^{\ominus}-U_{m,0}^{\ominus}}{T}\right)\right]$$

$$\Delta_r U_{m,0}^{\ominus}=\Delta_r H_{m,298}^{\ominus}-\Delta_r(H_0^{\ominus}-U_{m,0}^{\ominus})$$
$$=\sum v_i\Delta_f H_{298}^{\ominus}-\sum v_i(H_{298}^{\ominus}-H_{m,0}^{\ominus})\tag{1}$$

求和是对反应中物质而言的，

$$\Delta_r\left(\frac{G_m^\ominus - U_{m,0}^\ominus}{T}\right) = \sum v_i\left(\frac{G_m^\ominus - H_{m,0}^\ominus}{T}\right) \tag{2}$$

式(1)和(2)中等号右侧的求和中的每一项都可以从教材表7-3中查到。

(1) 对反应 $CH_4 + H_2O = CO + 3H_2$

$$\begin{aligned}\Delta_r H_{m,298}^\ominus &= -110.525\text{kJ}\cdot\text{mol}^{-1} - (-74.852\text{kJ}\cdot\text{mol}^{-1}) - \\ &\quad (-241.885\text{kJ}\cdot\text{mol}^{-1}) \\ &= 206.212\text{kJ}\cdot\text{mol}^{-1}\\ \Delta_r(H_{m,298}^\ominus - U_{m,0}^\ominus) &= 8.673\text{kJ}\cdot\text{mol}^{-1} + 3\times 8.468\text{kJ}\cdot\text{mol}^{-1} - \\ &\quad 10.029\text{kJ}\cdot\text{mol}^{-1} - 9.91\text{kJ}\cdot\text{mol}^{-1}\\ &= 14.138\text{kJ}\cdot\text{mol}^{-1} = 14138\text{J}\cdot\text{mol}^{-1}\\ \Delta_r U_{m,0}^\ominus &= 206212\text{J}\cdot\text{mol}^{-1} - 14138\text{J}\cdot\text{mol}^{-1}\\ &= 192074\text{J}\cdot\text{mol}^{-1}\end{aligned}$$

1000K 时,

$$\begin{aligned}\Delta_r\left(\frac{G_m^\ominus - U_{m,0}^\ominus}{T}\right) &= -204.05\text{J}\cdot\text{mol}^{-1}\cdot\text{K}^{-1} - 3\times 136.98\text{J}\cdot\text{mol}^{-1}\cdot\text{K}^{-1} + \\ &\quad 199.37\text{J}\cdot\text{mol}^{-1}\cdot\text{K}^{-1} + 196.74\text{J}\cdot\text{mol}^{-1}\cdot\text{K}^{-1}\\ &= -218.88\text{J}\cdot\text{mol}^{-1}\cdot\text{K}^{-1}\\ \Delta_r G_m^\ominus &= 192074\text{J}\cdot\text{mol}^{-1} - 218.88\text{J}\cdot\text{mol}^{-1}\cdot\text{K}^{-1}\times 1000\text{K}\\ &= -26806\text{J}\cdot\text{mol}^{-1}\\ K^\ominus &= \exp\left(-\frac{\Delta_r G_m^\ominus}{RT}\right)\\ &= \exp\left(\frac{26806\text{J}\cdot\text{mol}^{-1}}{8.314\text{J}\cdot\text{mol}^{-1}\cdot\text{K}^{-1}\times 1000\text{K}}\right) = 25.1\end{aligned}$$

(2) 对反应 $CH_4 + 2H_2O = CO_2 + 4H_2$

$$\begin{aligned}\Delta_r H_{m,298}^\ominus &= -393.514\text{kJ}\cdot\text{mol}^{-1} - (-74.852\text{kJ}\cdot\text{mol}^{-1}) - \\ &\quad 2\times(-241.885\text{kJ}\cdot\text{mol}^{-1})\\ &= 165.108\text{kJ}\cdot\text{mol}^{-1}\\ \Delta_r(H_{m,298}^\ominus - U_{m,0}^\ominus) &= 9.364\text{kJ}\cdot\text{mol}^{-1} + 4\times 8.468\text{kJ}\cdot\text{mol}^{-1} - \\ &\quad 10.029\text{kJ}\cdot\text{mol}^{-1} - 2\times 9.91\text{kJ}\cdot\text{mol}^{-1}\\ &= 13.387\text{kJ}\cdot\text{mol}^{-1} = 13387\text{J}\cdot\text{mol}^{-1}\\ \Delta_r U_{m,0}^\ominus &= 165108\text{J}\cdot\text{mol}^{-1} - 13387\text{J}\cdot\text{mol}^{-1}\\ &= 151721\text{J}\cdot\text{mol}^{-1}\end{aligned}$$

1000K 时,

$$\begin{aligned}\Delta_r\left(\frac{G_m^\ominus - U_{m,0}^\ominus}{T}\right) &= -226.4\text{J}\cdot\text{mol}^{-1}\cdot\text{K}^{-1} - 4\times 136.98\text{J}\cdot\text{mol}^{-1}\cdot\text{K}^{-1} + \\ &\quad 199.37\text{J}\cdot\text{mol}^{-1}\cdot\text{K}^{-1} + 2\times 196.74\text{J}\cdot\text{mol}^{-1}\cdot\text{K}^{-1}\\ &= -181.47\text{J}\cdot\text{mol}^{-1}\cdot\text{K}^{-1}\\ \Delta_r G_m^\ominus &= 151721\text{J}\cdot\text{mol}^{-1} - 181.47\text{J}\cdot\text{mol}^{-1}\cdot\text{K}^{-1}\times 1000\text{K}\\ &= -29749\text{J}\cdot\text{mol}^{-1}\end{aligned}$$

$$K^{\ominus} = \exp\left(-\frac{\Delta_r G_m^{\ominus}}{RT}\right)$$

$$= \exp\left(\frac{29749}{8.314\text{J} \cdot \text{mol}^{-1} \cdot \text{K}^{-1} \times 1000\text{K}}\right) = 35.8$$

7.3 补充习题

7-1 N_2与 CO 的转动特性温度分别为 2.86K 及 2.77K，同温度下 N_2和 CO 的转动配分函数之比应为下列哪一个选项？

A 1.03∶1 B 0.97∶1 C 0.48∶1 D 1.94∶1

答： A。

7-2 一定量纯气体恒温变压时，下列选项哪一个正确？

A 转动配分函数变化

B 振动配分函数变化

C 平动配分函数变化

D 各配分函数都不变化

答： C。

7-3 从配分函数计算气体宏观性质时，若所取能量零点不同，对下列哪个物理量的值会有影响？

A 熵 B 焓 C 热容 D 压力

答： A。

7-4 为什么说微观状态等概率假定是最重要的基本假定？

答： 统计力学最根本的目标是由微观量计算宏观量。第一个基本假定告诉我们，一定的宏观状态对应着巨大数目的微观状态，宏观状态有宏观量，微观状态有微观量，因此这个假定是实现上述目标的前提。第二个基本假定指出，宏观力学量是相应微观量的统计平均值，它给出了由微观量计算宏观量的途径。问题是怎样求得统计平均值，这里的关键是要知道每一个微观状态出现的概率。第三个基本假定即等概率假定解决了这个关键问题，因此它是最重要的基本假定。

7-5 对由大量独立子构成的系统，为什么说平衡分布就是最概然分布？

答： 对于由大量独立子构成的系统，当达到平衡态时，尽管严格的最概然分布出现的概率很小，但是如果考虑一定的误差，则那些非常接近最概然分布的各种分布出现的概率之和已经非常接近。因此最概然分布能够代表一切可能的分布，从而可以说平衡分布就是最概然分布。

7-6 在两个绝热的等体积的容器中，分别装有 1mol 单原子分子气体 A 和 B，它们的初始状态如图 7-1 所示。现若打开连接两容器的旋塞，使 A 和 B 相互混合。试计算系统在混合前后的微观状态数之比。

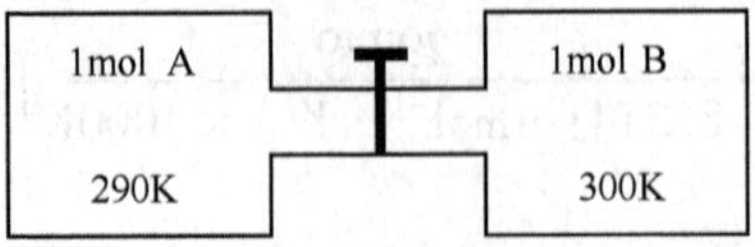

图 7-1　补题 7-6

解：混合过程的熵变

$$\Delta S = S_2 - S_1 = k\ln\Omega_2 - k\ln\Omega_1 = k\ln\frac{\Omega_2}{\Omega_1}$$

设 A 和 B 的 $C_{V,\mathrm{m}} = 3R/2$，则可由热力学求得

$$\Delta S = 11.53\mathrm{J\cdot K^{-1}}$$

$$\frac{\Omega_2}{\Omega_1} = \exp\left(\frac{\Delta S}{k}\right) = \exp\left(\frac{11.53\mathrm{J\cdot K^{-1}}}{13.81\times10^{-24}\mathrm{J\cdot K^{-1}}}\right)$$

$$= \exp 8.349\times10^{23} = 10^{3.626\times10^{23}}$$

7-7　在 Pb 和 C（金刚石）中，Pb 原子和 C 原子的振动频率各为 $2\times10^{12}\mathrm{s^{-1}}$ 和 $3\times10^{13}\mathrm{s^{-1}}$，试根据爱因斯坦晶体热容公式计算它们在 300K 时的摩尔定容热容。

解：Pb：

$$\Theta_\mathrm{E} = \Theta_\mathrm{V} = \frac{h\nu}{k} = \frac{0.6626\times10^{-33}\mathrm{J\cdot s}\times2\times10^{12}\mathrm{s^{-1}}}{13.81\times10^{-24}\mathrm{J\cdot K^{-1}}} = 95.96\mathrm{K}$$

$$C_{V,\mathrm{m}} = 3R\frac{\mathrm{e}^{\Theta_\mathrm{E}/T}}{(\mathrm{e}^{\Theta_\mathrm{E}/T}-1)^2}\left(\frac{\Theta_\mathrm{E}}{T}\right)^2$$

$$= 3\times8.3145\mathrm{J\cdot mol^{-1}\cdot K^{-1}}\times\frac{\exp(95.96/300)}{[\exp(95.96/300)-1]^2}\left(\frac{95.96}{300}\right)^2$$

$$= 24.73\mathrm{J\cdot mol^{-1}\cdot K^{-1}}$$

C：

$$\Theta_\mathrm{E} = \Theta_\mathrm{V} = \frac{h\nu}{k} = \frac{0.6626\times10^{-33}\mathrm{J\cdot s}\times3\times10^{13}\mathrm{s^{-1}}}{13.81\times10^{-24}\mathrm{J\cdot K^{-1}}} = 1439\mathrm{K}$$

$$C_{V,\mathrm{m}} = 3R\frac{\mathrm{e}^{\Theta_\mathrm{E}/T}}{(\mathrm{e}^{\Theta_\mathrm{E}/T}-1)^2}\left(\frac{\Theta_\mathrm{E}}{T}\right)^2$$

$$= 3\times8.3145\mathrm{J\cdot mol^{-1}\cdot K^{-1}}\times\frac{\exp(1439/300)}{[\exp(1439/300)-1]^2}\left(\frac{1439}{300}\right)^2$$

$$= 4.818\mathrm{J\cdot mol^{-1}\cdot K^{-1}}$$

8 表面现象

8.1 主要公式

（1）比表面能：

$$\sigma = \left(\frac{\partial G}{\partial A}\right)_{T,p} \tag{8-1}$$

即表面张力是恒温恒压条件下，增加单位系统表面积时引起的系统吉布斯函数的增加值，也称为比表面能，单位是 $J \cdot m^{-2}$。

（2）拉普拉斯方程：

$$p_s = \frac{2\sigma}{r} \tag{8-2}$$

附加压力 p_s 与液体的表面张力 σ 成正比，与弯曲液面的曲率半径 r 成反比，其方向由界面曲率方向决定。凸形液面的液体，$r>0$，$p_s>0$；平面液体，$r=\infty$，$p_s=0$；凹形液面的液体，$r<0$，$p_s<0$。

（3）开尔文方程：

$$\ln\frac{p}{p^*} = \frac{2\sigma M}{RTr\rho} \tag{8-3}$$

式中，p 和 p^* 分别为小液滴和平面液体的饱和蒸气压；ρ，M，σ 分别为液体密度、摩尔质量和表面张力；r 为弯曲液体的半径；R 和 T 为气体常数和热力学温度。开尔文方程的另外一种形式：

$$\ln\frac{c}{c_0} = \frac{2\sigma_{sl}M}{\rho rRT} \tag{8-4}$$

式中，ρ，σ_{sl}，r，M，T 分别为固体的密度、固－液界面张力、小晶粒的半径、物质的分子质量和热力学温度。该式只用于粗略估算。

（4）铺展系数：

$$\varphi = \sigma_{gs} - \sigma_{ls} - \sigma_{gl} = -\frac{\Delta G}{A_s} \tag{8-5}$$

当铺展系数 $\varphi>0$ 时，$\Delta G<0$，表明液体能在固体表面上铺展。因此，液体在固体表面上铺展的必要条件是铺展系数大于零。

（5）吉布斯等温吸附式：

$$\Gamma = -\frac{c}{RT}\left(\frac{\partial \sigma}{\partial c}\right)_T \tag{8-6}$$

式中，Γ 为吸附量，$mol \cdot m^{-2}$；c 为浓度，$mol \cdot m^{-3}$；$\left(\frac{\partial \sigma}{\partial c}\right)_T$ 为表面张力随溶质浓度的变化率；R 和 T 为气体常数和热力学温度。此式适用于稀溶液中溶质在溶液表面层中吸附量的计算。

（6）弗劳因德里希吸附等温方程：

$$\lg a = \lg k + \frac{1}{n}\lg p \tag{8-7}$$

式中，k 和 n 均为经验常数，与吸附质、吸附剂的性质和温度有关，$n>1$，$k>0$。此式可以用于计算中等压力范围内，吸附量与压力的关系。

（7）朗格缪尔吸附等温方程：

$$\theta = \frac{bp}{1+bp} \tag{8-8}$$

式中，θ 为覆盖分数；p 为气体的分压；b 为常数。

$$a = \frac{a_\infty bp}{1+bp} \tag{8-9}$$

当 $\theta=1$ 时，吸附气体的量最大，为饱和吸附，用 a_∞ 表示。朗格缪尔吸附等温方程建立了等温条件下气体吸附量和吸附质分压之间的关系。此式只适用于单分子层吸附，即化学吸附。

（8）BET 吸附等温式：

$$a = \frac{a_\infty Cp}{(p-p^*)\left[1+(C-1)\frac{p}{p^*}\right]} \tag{8-10}$$

式中，a，a_∞ 分别为吸附量和饱和吸附量；p^*，p 分别为吸附温度下气体的饱和蒸气压及分压，C 为常数。此式适用于多分子层吸附。

8.2　教材习题解答

8-1　水泥、面粉或其他粉料，时间长了会结成团，试从表面现象说明其原因。

答：水泥、面粉等结成团是一表面积减小的过程，也是一界面自由能减小的过程，按照热力学第二定律，界面能降低的过程为自发过程。

8-2 25℃下，将一半径 $R=2\text{cm}$ 的水珠分散为 $r=10^{-4}\text{cm}$ 的许多小水滴，问需消耗多少功，系统的表面自由能增加多少？

解： 半径 $R=2\text{cm}$ 时，球的面积为 A_1：$A_1=4\pi R^2=4\times3.14\times2^2\text{cm}^2=50.24\text{cm}^2$

设此球的体积为 V_1，则 $V_1=\dfrac{4}{3}\pi R^3=\dfrac{4}{3}\times3.14\times2^3\text{cm}^3=33.49\text{cm}^3$

当分散半径为 $r=10^{-4}\text{cm}$ 的小水滴时，则每个水滴的面积为：

$$A_2'=4\pi r^2=4\times3.14\times(10^{-4})^2\text{cm}^2=12.56\times10^{-8}\text{cm}^2$$

每个小水滴的体积为 $V_2'=\dfrac{4}{3}\pi r^3=\dfrac{4}{3}\times3.14\times(10^{-4})^3\text{cm}^3=4.187\times10^{-12}\text{cm}^3$

一个大水滴分散为小水滴的个数为 n，则 $n=\dfrac{V_1}{V_2'}=\dfrac{33.49\text{cm}^3}{4.187\times10^{-12}\text{cm}^3}=8\times10^{12}$个

小水滴的总面积 $A_2=8\times10^{12}\times12.56\times10^{-8}\text{cm}^2=1.005\times10^6\text{cm}^2$

从大水滴分散成小水滴时面积增加量为

$$\Delta A=A_2-A_1=1.005\times10^6\text{cm}^2-50.24\text{cm}^2\approx1.005\times10^6\text{cm}^2$$

环境消耗功 $W=\sigma\Delta A=71.76\times10^{-3}\text{N}\cdot\text{m}^{-1}\times1.005\times10^2\text{m}^2=7.21\text{J}$

表面自由能增量 $\Delta G=\sigma\Delta A=71.76\times10^{-3}\text{N}\cdot\text{m}^{-1}\times1.005\times10^2\text{m}^2=7.21\text{J}$

8-3 25℃下，水面下有一半径为 $5\times10^{-3}\text{mm}$ 的气泡，求气泡内气体的压力（大气压力为101.3kPa，不考虑水的静压力）。

解： 水面下气泡内压 $p_{内}=p_{外}+p_{水}+p_s$

$$p_{水}=0\text{Pa}, p_s\ 为附加压力, p_s=\frac{2\sigma}{r}, p_{外}=101.3\text{kPa}$$

所以
$$p_{内}=101.3\text{kPa}+\frac{2\sigma}{r}$$
$$=101.3\times10^3\text{Pa}+\frac{2\times71.76\times10^{-3}\text{N}\cdot\text{m}^{-1}}{5\times10^{-6}\text{m}}$$
$$=130\times10^3\text{Pa}$$

8-4 若在两平板玻璃间放些水，将其叠在一起，则很难把两块玻璃掰开。说明其原因。

答： 若在两块玻璃间放些水银，由于水银不能润湿玻璃，其夹缝的水银面为凸面，如图8-1(a)所示。若玻璃间放的是水，由于水能润湿玻璃，其夹缝间的水为凹面，如图8-1(b)所示。根据拉普拉斯方程，附加压力与曲率半径关系为：$p_s=\dfrac{2\sigma}{r}$，凸面液体的附加压力指向液体内部，如图8-1(a)所示，附加压力相当于

在两个玻璃间打了一个楔子，因此有利于将两玻璃板分开。与此相反，凹面液体的附加压力指向空间，如图 8-1(b)所示，若将两玻璃分开，必须施加较大的力。

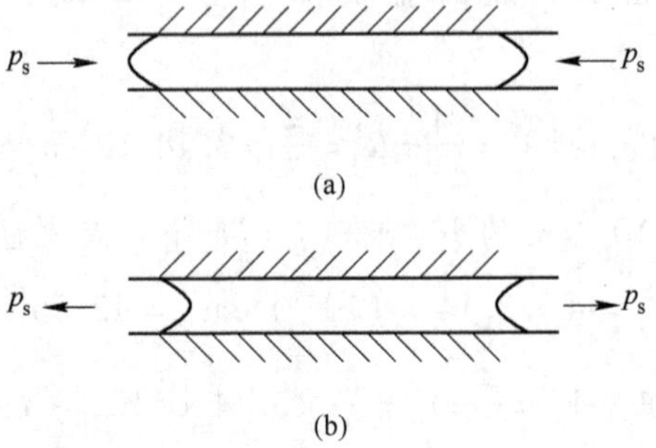

图 8-1　题 8-4

8-5　用气泡压力法测定某液体（密度为 $1.6g \cdot mL^{-1}$）的表面张力时，最大气泡压力为 207Pa，毛细管半径为 1mm，管端在液面下 1cm，求该液体的表面张力。

解：液面下气泡内压为：$p_{内} = p_{大气} + p_{最大}$

气泡外的压力：$p_{外} = p_{大气} + \rho gh$

从而求得凹液面对气泡的附加压力为

$$\Delta p = p_{内} - p_{外} = \frac{2\sigma}{r} = p_{最大} - \rho gh$$

即　$$\frac{2\sigma}{r} = 207\text{Pa} - 1.6 \times 10^3 \text{kg} \cdot \text{m}^{-3} \times 9.81\text{m} \cdot \text{s}^{-2} \times 0.01\text{m}$$

$$= \frac{2\sigma}{0.001\text{m}}$$

得　$$\sigma = 0.025\text{N} \cdot \text{m}^{-1}$$

8-6　用气泡压力法测定 20℃ 浓度为 $0.1mol \cdot L^{-1}$ 丁醇的表面张力。实验测得 U 形水压计的最大压力差 Δp 为 4.30cm。若用同一毛细管来测定 20℃ 的水，其压力差为 5.58cm。试求丁醇溶液的表面张力。

解：气泡离液面高度为零，根据气泡压力有：

$$\frac{2\sigma}{r} = \Delta p_1$$

因此，由水的表面张力，可以计算毛细管的半径 r

$$r = \frac{2\sigma}{\Delta p_1} = \frac{2 \times 72.53 \times 10^{-3} \text{N} \cdot \text{m}^{-1}}{1000\text{kg} \cdot \text{m}^{-3} \times 9.81\text{m} \cdot \text{s}^{-2} \times 0.058\text{m}}$$

$$= 0.255 \times 10^{-3}\text{m}$$

正丁醇的表面张力

$$\sigma = \frac{r\Delta p_2}{2} = \frac{\rho hgr}{2}$$

$$= \frac{1000\text{kg} \cdot \text{m}^{-3} \times 9.81\text{m} \cdot \text{s}^{-2} \times 0.043\text{m} \times 0.255 \times 10^{-3}\text{m}}{2}$$

$$= 0.0538\text{N} \cdot \text{m}^{-1}$$

8-7　水蒸气迅速冷却至25℃时会发生过饱和现象。已知25℃时水的表面张力为0.0715N·m^{-1}，当过饱和的水蒸气压力为平衡压力的4倍时，试计算在此情况下，开始形成水滴的半径。

解：根据开尔文方程：

$$\ln \frac{p}{p^*} = \frac{2\sigma M}{RT\rho r}$$

开始形成小水滴的半径为

$$r = \frac{2\sigma M}{RT\rho \ln \frac{p}{p^*}}$$

$$= \frac{2 \times 0.0715\text{N} \cdot \text{m}^{-1} \times 18.02 \times 10^{-3}\text{kg} \cdot \text{mol}^{-1}}{8.314\text{J} \cdot \text{mol}^{-1} \cdot \text{K}^{-1} \times 298\text{K} \times 1000\text{kg} \cdot \text{m}^{-3} \times \ln 4}$$

$$= 7.5 \times 10^{-8}\text{cm}$$

8-8　20℃，水的正常蒸气压为2.33kPa，求半径为5nm的水珠的蒸气压。

解：根据开尔文方程 $\ln \frac{p}{p^*} = \frac{2\sigma M}{RT\rho r}$

半径为5nm水珠的蒸气压为

$$\ln p = \frac{2\sigma M}{RT\rho r} + \ln p^*$$

$$= \frac{2 \times 72.53 \times 10^{-3}\text{N} \cdot \text{m}^{-1} \times 18.02 \times 10^{-3}\text{kg} \cdot \text{mol}^{-1}}{8.314\text{J} \cdot \text{mol}^{-1} \cdot \text{K}^{-1} \times 293\text{K} \times 1000\text{kg} \cdot \text{m}^{-3} \times 5 \times 10^{-9}\text{m}} + \ln 2.33 \times 10^3$$

$$= 7.968$$

得　　$p = 2.89\text{kPa}$

8-9　20℃，$BaSO_4$的正常溶解度为1×10^{-16} mol·L^{-1}，求半径为5nm的$BaSO_4$的溶解度。$BaSO_4$密度为4.5g·cm^{-3}，它与水的界面张力为1.25N·m^{-1}。

解：根据开尔文方程 $\ln \frac{c}{c_0} = \frac{2\sigma M}{RT\rho r}$

$BaSO_4$的摩尔质量 $M = 233.3 \times 10^{-3}\,\mathrm{kg \cdot mol^{-1}}$，密度 $\rho = 4.5 \times 10^3\,\mathrm{kg \cdot m^{-3}}$，正常溶解度 $c_0 = 1 \times 10^{-16}\,\mathrm{mol \cdot L^{-1}}$，半径为 $5 \times 10^{-9}\,\mathrm{m}$ 的 $BaSO_4$的溶解度为

$$c = c_0 \exp\left(\frac{2\sigma M}{RT\rho r}\right) = 1 \times 10^{-16}\,\mathrm{mol \cdot L^{-1}} \times$$

$$\exp\left(\frac{2 \times 1.25\,\mathrm{N \cdot m^{-1}} \times 233.3 \times 10^{-3}\,\mathrm{kg \cdot mol^{-1}}}{8.314\,\mathrm{J \cdot mol^{-1} \cdot K^{-1}} \times 293\,\mathrm{K} \times 4.5 \times 10^3\,\mathrm{kg \cdot m^{-3}} \times 5 \times 10^{-9}\,\mathrm{m}}\right)$$

$$= 4.18 \times 10^{-12}\,\mathrm{mol \cdot L^{-1}}$$

8-10　25℃，当石膏（$CaSO_4 \cdot 2H_2O$）粉末的颗粒半径平均为 2μm 和 0.3μm 时，其溶解度分别为 $15.33\,\mathrm{mmol \cdot L^{-1}}$ 和 $18.2\,\mathrm{mmol \cdot L^{-1}}$，已知石膏的摩尔体积为 $74.1\,\mathrm{cm^3 \cdot mol^{-1}}$，试求石膏-水界面张力近似值。

解：根据开尔文方程

$$\ln\frac{c}{c_0} = \frac{2\sigma M}{RT\rho r}$$

得出两个曲率半径下溶解度之比为

$$\ln\frac{c_2}{c_1} = \frac{2\sigma M}{RT\rho}\left(\frac{1}{r_2} - \frac{1}{r_1}\right)$$

将 $\rho = \frac{M}{V}$ 代入方程得

$$\ln\frac{c_2}{c_1} = \frac{2\sigma V}{RT}\left(\frac{1}{r_2} - \frac{1}{r_1}\right)$$

$$\ln\frac{18.2\,\mathrm{mmol \cdot L^{-1}}}{15.33\,\mathrm{mmol \cdot L^{-1}}} = \frac{2 \times 74.1 \times 10^{-6}\,\mathrm{m^3 \cdot mol^{-1}} \times \sigma}{8.314\,\mathrm{J \cdot mol^{-1} \cdot K^{-1}} \times 298\,\mathrm{K}} \times \left(\frac{1}{3 \times 10^{-7}\,\mathrm{m}} - \frac{1}{2 \times 10^{-6}\,\mathrm{m}}\right)$$

解得界面张力　　　　$\sigma = 1.012\,\mathrm{N \cdot m^{-1}}$

8-11　20℃时，水的表面张力为 $0.0725\,\mathrm{N \cdot m^{-1}}$，汞的表面张力为 $0.485\,\mathrm{N \cdot m^{-1}}$，汞-水界面张力为 $0.375\,\mathrm{N \cdot m^{-1}}$，求水在汞表面上的展开系数，并判断水能否在汞表面上展开。

解：根据铺展系数 φ 的定义知：

$$\varphi = \sigma_{汞} - \sigma_{水} - \sigma_{汞\text{-}水}$$

$$= 0.485\,\mathrm{N \cdot m^{-1}} - 0.0725\,\mathrm{N \cdot m^{-1}} - 0.375\,\mathrm{N \cdot m^{-1}}$$

$$= 0.0375\,\mathrm{N \cdot m^{-1}} > 0$$

所以水能在汞面上展开。

8-12　用焦炭吸附丙酮水溶液中的丙酮，获得数据如下：

$\frac{x}{m}$/mmol · g^{-1}	0.208	0.618	1.075	1.50	2.08
c/mol · L^{-1}	0.00234	0.01465	0.04103	0.0886	0.1776

试用作图法求弗劳因德里希吸附等温式中的常数 k 及 $1/n$。

解： 根据弗劳因德里希吸附等温方程的对数形式

$$\lg a = \lg k + \frac{1}{n}\lg c$$

吸附量 a 的对数和浓度的对数呈直线关系，故将题给数据取对数得到如下数据：

$\lg a\frac{x}{m}$	−0.6819	−0.209	0.0314	0.1761	0.3181
$\lg c$	−2.6308	−1.8341	−1.3869	−1.0526	−0.7505

以 $\lg c$ 为横坐标，$\lg a$ 为纵坐标作图，如图 8-2 所示。

斜率 $=\frac{1}{n}=0.532$，截距 $=0.742=\lg k$

得 $k=5.52$

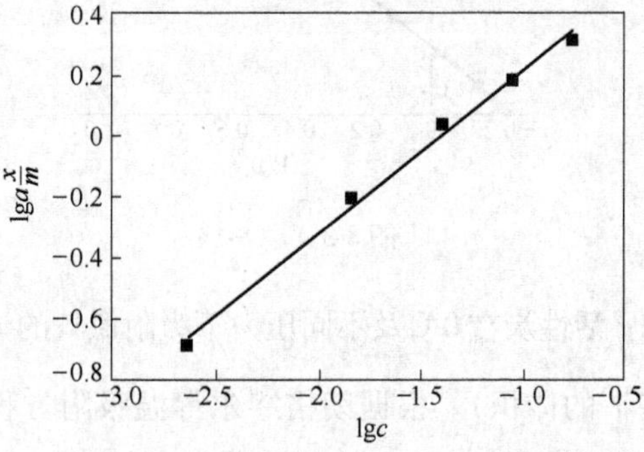

图 8-2　题 8-12

8-13　以焦炭吸附氨，在 78.3℃时获得如下数据：

p/kPa	0.722	1.307	1.723	2.898	3.931	7.528	10.10
$\frac{x}{m}$/L · kg^{-1}	10.2	14.7	17.3	23.7	28.4	41.9	50.1

利用上列各数值求对应的 $\lg p$ 及 $\lg\frac{x}{m}$，并作 $\lg\frac{x}{m}-\lg p$ 图，从图中求弗劳因德里希吸附等温式中的常数 k 及 $1/n$。

解： 根据弗劳因德里希吸附等温方程：

$$\lg a = \lg k + \frac{1}{n}\lg p$$

吸附量 a 的对数和分压的对数呈直线关系。直线的斜率和截距分别是 $\frac{1}{n}$ 和 $\lg k$，故将题给数据取对数，得到如下数据

$\lg p$	−0.141	0.116	0.236	0.462	0.595	0.877	1.004
$\lg a \frac{x}{m}$	1.009	1.167	1.238	1.375	1.453	1.622	1.70

以 $\lg p$ 为横坐标，$\lg a$ 为纵坐标作图，得直线图如图 8-3 所示。

斜率 $=\frac{1}{n}=0.602$，截距 $=1.096=\lg k$

得 $k=12.47$

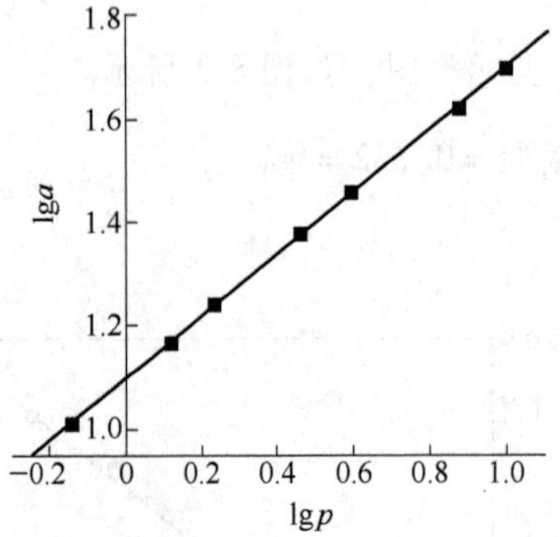

图 8-3　题 8-13

8-14　下表是 1g 活性炭在 0℃及不同压力下吸附氮气的体积（mL，换算为 0℃及 100kPa 标准状态下的体积）。根据朗格缪尔等温吸附方程，作 $\frac{1}{a}$ 与 $\frac{1}{p}$ 直线，并确定常数 a_∞ 及 b。

p/Pa	523.9	1730	3058	4534	7495
a/mL	0.987	3.043	5.082	7.047	10.31

解：根据朗格缪尔吸附等温方程式：$\frac{1}{a}=\frac{1}{a_\infty}+\frac{1}{a_\infty b}\cdot\frac{1}{p}$

以 $\frac{1}{a}$ 为纵坐标，$\frac{1}{p}$ 为横坐标作图，如图 8-4 所示。

$\frac{1}{p}$/kPa^{-1}	1.909	0.578	0.327	0.2206	0.1334
$\frac{1}{a}$/mL^{-1}	1.0132	0.3286	0.1968	0.1419	0.09699

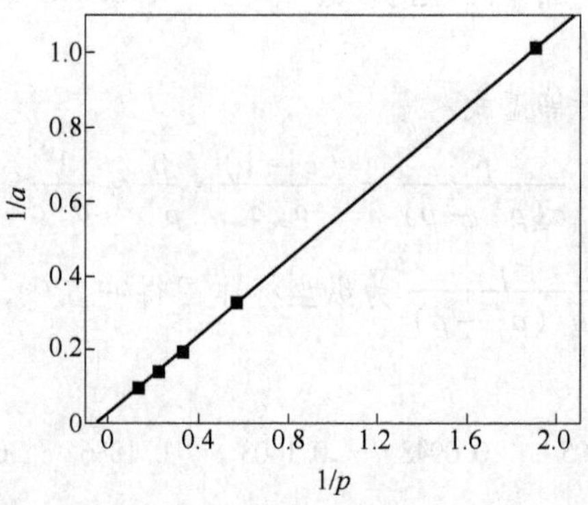

图 8-4 题 8-14

直线的截距 $=\dfrac{1}{a_\infty}=0.0286$

所以 $a_\infty=34.97\text{mL}$

直线的斜率 $=\dfrac{1}{a_\infty b}=522.14$

所以 $b=5.48\times10^{-5}\text{Pa}^{-1}$

8-15 用活性炭吸附 $CHCl_3$ 蒸气时，在 0℃ 的饱和吸附量为 93.8 L · kg^{-1}，已知 $CHCl_3$ 的分压为 13.37kPa 时的平衡吸附量为 82.5 L · kg^{-1}。(1) 求朗格缪尔公式中的 b 值；(2) $CHCl_3$ 的分压为 6.67kPa 时，平衡吸附量是多少？

解： 根据朗格缪尔吸附等温方程式：

$$V=\frac{V_\infty bp}{1+bp}$$

(1) 已知 $V_\infty=93.8\text{L}\cdot\text{kg}^{-1}$，$p=13.37\text{kPa}$，$V=82.5\text{L}\cdot\text{kg}^{-1}$，代入上式求出 b。

$$82.5\times10^{-3}\text{m}^3\cdot\text{kg}^{-1}=\frac{93.8\times10^{-3}\text{m}^3\cdot\text{kg}^{-1}\times13.37\times10^3\text{Pa}\times b}{1+b\times13.37\times10^3\text{Pa}}$$

得 $b=0.546\text{kPa}^{-1}$

(2) $V=\dfrac{V_\infty bp}{1+bp}=\dfrac{93.8\times10^{-3}\text{m}^3\cdot\text{kg}^{-1}\times5.46\times10^{-4}\text{Pa}^{-1}\times6.67\times10^3\text{Pa}}{1+5.46\times10^{-4}\text{Pa}^{-1}\times6.67\times10^3\text{Pa}}$

$=73.59\times10^{-3}\text{m}^3\cdot\text{kg}^{-1}=73.59\text{L}\cdot\text{kg}^{-1}$

8-16 在 −192.4℃ 下，用硅胶吸附氮气（已知硅胶的 $A_0=0.162\text{nm}^2$），测得在不同压力下每克硅胶的吸附量（mL，换算为标准状况）如下：

p/Pa	8.887	13.93	20.62	27.73	33.76	37.30
a/mL	33.55	36.56	39.80	42.61	44.66	45.92

试求硅胶的比表面积。已知氮气在 -192.4℃ 时的饱和蒸气压 p^* 为 147.0kPa。

解： 根据 BET 吸附等温式：

$$\frac{p}{a(p^* - p)} = \frac{(c-1)}{a_\infty c} \cdot \frac{p}{p^*} + \frac{1}{a_\infty c}$$

以 $\frac{p}{p^*}$ 为横坐标，$\frac{p}{a(p^*-p)}$ 为纵坐标作图得一直线，如图 8-5 所示。两数据计算如下：

$\frac{p}{p^*}$	0.0605	0.0948	0.1403	0.1886	0.2297	0.2537
$\frac{p}{a(p^*-p)}$	0.001918	0.002863	0.004099	0.005456	0.006676	0.007405

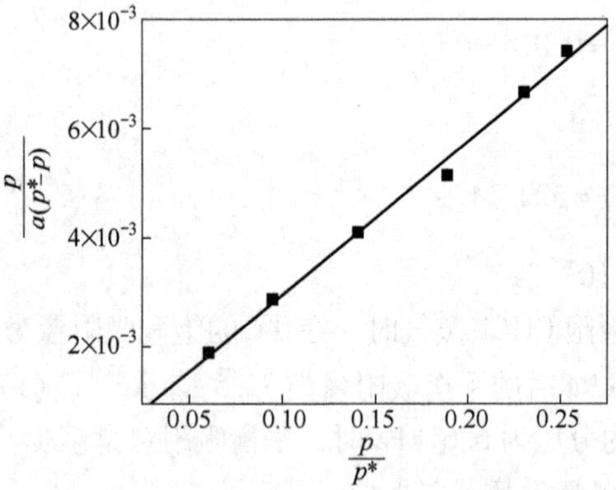

图 8-5　题 8-16

直线的截距 $=1.64\times10^{-4}$，直线的斜率 $=0.02804$

$$a_\infty = \frac{1}{\text{斜率}+\text{截距}} = \frac{1}{1.64\times10^{-4}+0.02804} = 35.46\text{mL}$$

$$A = \frac{a_\infty N_0 A_0}{22.4\times10^{-3}\text{m}^3\cdot\text{mol}^{-1}}$$

$$= \frac{35.46\times10^{-6}\text{m}^3\times6.02\times10^{23}\text{mol}^{-1}\times16.2\times10^{-20}\text{m}^2}{22.4\times10^{-3}\text{m}^3\cdot\text{mol}^{-1}}$$

$$= 154.4\text{m}^2$$

8-17　把 25mL 浓度为 $0.198\text{mol}\cdot\text{L}^{-1}$ 的醋酸与 3g 炭共摇，达平衡后，取出 5mL 溶液用 $0.05\text{mol}\cdot\text{L}^{-1}$ NaOH 溶液滴定，结果用掉 10mL，求 1g 炭吸附多少醋酸？

解： 设吸附平衡时，醋酸的浓度为 c，由滴定反应得

$$5\text{mL} \times c = 10\text{mL} \times 0.05\text{mol} \cdot \text{L}^{-1}$$

得 $$c = 0.1\text{mol} \cdot \text{L}^{-1}$$

吸附量
$$a = \frac{x}{m}$$
$$= \frac{0.025\text{L} \times (0.198\text{mol} \cdot \text{L}^{-1} - 0.1\text{mol} \cdot \text{L}^{-1})}{3\text{g}}$$
$$= 0.000817\text{mol} \cdot \text{g}^{-1}$$

8-18 在20℃下，乙基硫醇（C_2H_5SH）的表面张力为0.022 $\text{N} \cdot \text{m}^{-1}$，水的表面张力为0.0725$\text{N} \cdot \text{m}^{-1}$。将二者混合为一溶液，试分析哪一个在表面层上产生正吸附？哪一个产生负吸附？

解：$\sigma(C_2H_5SH) = 0.022\text{N} \cdot \text{m}^{-1}$，$\sigma(H_2O) = 0.0725\text{N} \cdot \text{m}^{-1}$，将二者混合为一溶液，因为 $\sigma(C_2H_5SH) < \sigma(H_2O)$，表面张力减小过程能自动发生，所以$C_2H_5SH$会自动聚集到表面层，使溶液表面张力减小，$C_2H_5SH$ 发生正吸附，而水发生负吸附。

8-19 乙醇的表面张力符合公式：$\sigma = 0.072 - 0.0005c + 0.0002c^2$，$c$ 是乙醇的浓度（$\text{mol} \cdot \text{L}^{-1}$），温度为25℃。计算乙醇溶液浓度为0.6$\text{mol} \cdot \text{L}^{-1}$时乙醇在表面层的吸附量。

解：根据吉布斯吸附等温式 $\Gamma = -\frac{c}{RT} \times \frac{d\sigma}{dc}$

由 $\sigma = 0.072 - 0.0005c + 0.0002c^2$ 得

$$\frac{d\sigma}{dc} = -0.0005 + 0.0004c$$

当 $c = 0.6\text{mol} \cdot \text{L}^{-1}$时，

$$\Gamma = -\frac{c}{RT} \times \frac{d\sigma}{dc} = -\frac{0.6\text{mol} \cdot \text{L}^{-1}}{8.314\text{J} \cdot \text{mol}^{-1} \cdot \text{K}^{-1} \times 298\text{K}} \times$$
$$(-0.0005 + 0.0004 \times 0.6\text{mol} \cdot \text{L}^{-1})$$
$$= 6.3 \times 10^{-8}\text{mol} \cdot \text{m}^{-2}$$

8-20 在21.5℃时，测得各种浓度的β-苯基丙酸（β-$C_6H_5CH_2CH_2COOH$）水溶液的表面张力数据如下：

$c/\text{g} \cdot (\text{kgH}_2\text{O})^{-1}$	0.503	0.962	1.501	1.750	2.352	3.002
$\sigma/\text{mN} \cdot \text{m}^{-1}$	69.0	66.5	63.6	61.3	59.3	56.1

求溶液浓度为1.501$\text{g} \cdot (\text{kgH}_2\text{O})^{-1}$时，β-苯基丙酸在表面层的吸附量。

解：由吉布斯吸附等温式

$$\Gamma = -\frac{c}{RT} \times \frac{d\sigma}{dc}$$

以浓度为横坐标，表面张力为纵坐标作图，如图 8-6 所示。在对应于浓度为 $1.501g \cdot (kgH_2O)^{-1}$的曲线上作切线，切线的斜率即为

$$\frac{d\sigma}{dc} = -5.33 \times 10^{-3} N \cdot m^{-1} \cdot g^{-1}(kgH_2O)$$

$$\Gamma = -\frac{c}{RT} \times \frac{d\sigma}{dc} = -\frac{1.501g \cdot (kgH_2O)^{-1}}{8.314J \cdot mol^{-1} \cdot K^{-1} \times 294.5K} \times$$

$$[-5.33 \times 10^{-3} N \cdot m^{-1} \cdot g^{-1}(kgH_2O)]$$

$$= 3.3 \times 10^{-6} mol \cdot m^{-2}$$

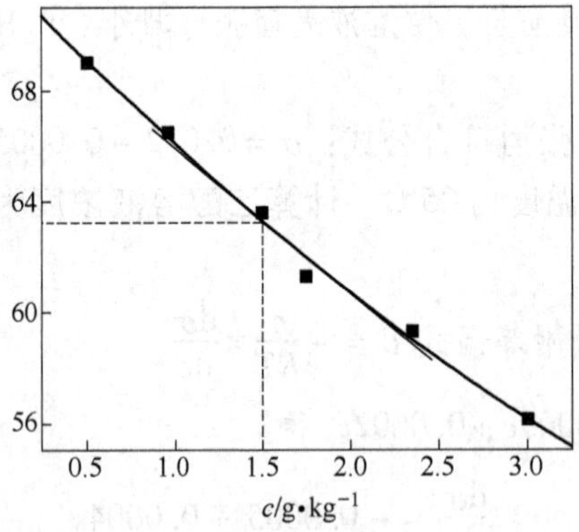

图 8-6　题 8-20

8-21　20℃时，从实验测得酚水溶液的表面张力数据如下：

酚/$g \cdot kg^{-1}$	0.024	0.047	0.118	0.471
$\sigma/mN \cdot m^{-1}$	72.6	72.2	71.3	66.5

试从吉布斯吸附等温式计算溶液浓度为 $0.1g \cdot kg^{-1}$时酚的吸附量。

解：以浓度为横坐标，表面张力为纵坐标，得到的曲线近似为直线，如图 8-7 所示。

$$直线的斜率 = \frac{d\sigma}{dc} = -13.56 \times 10^{-3} N \cdot m^{-1}$$

根据吉布斯吸附等温方程式，吸附量为

$$\Gamma = -\frac{c}{RT} \times \frac{d\sigma}{dc}$$

$$= -\frac{0.1}{8.314\text{J}\cdot\text{mol}^{-1}\cdot\text{K}^{-1}\times 293\text{K}}\times(-13.56\times10^{-3}\text{N}\cdot\text{m}^{-1})$$

$$= 5.6\times10^{-7}\text{mol}\cdot\text{m}^{-2}$$

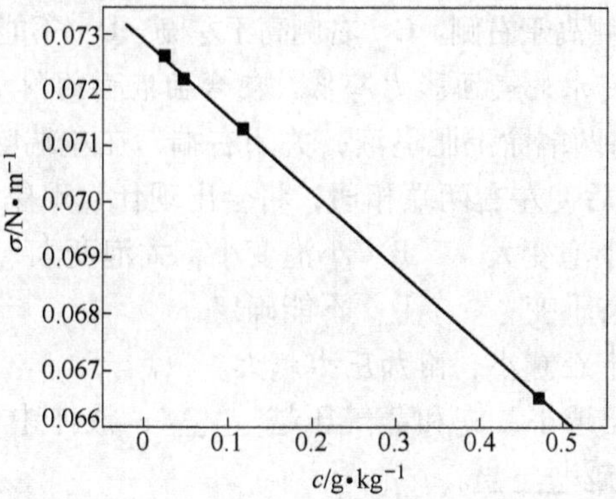

图 8-7 题 8-21

8-22 浓度为 $0.4\text{g}\cdot\text{L}^{-1}$ 的 16 酸苯溶液滴在水面上，苯迅速蒸发，而 16 酸则在水面展开形成一单分子膜。今测得 729cm^2 的水面上形成一紧密单分子膜需要上述溶液 0.381mL，求 16 酸分子的截面积和长度。已知 16 酸的相对分子质量为 256，密度为 $0.857\ \text{g}\cdot\text{cm}^{-3}$。

解：形成单分子层 16 酸的质量为 $m=\rho V=0.4\text{g}\cdot\text{L}^{-1}\times0.381\times10^{-3}\text{L}=1.524\times10^{-4}\text{g}$

16 酸分子截面面积

$$A_0=\frac{AM}{mN_0}=\frac{7.29\times10^{-2}\text{m}^2\times256\times10^{-3}\text{kg}\cdot\text{mol}^{-1}}{1.524\times10^{-7}\text{kg}\times6.02\times10^{23}\text{mol}^{-1}}$$

$$=2.034\times10^{-19}\text{m}^2=0.203\text{nm}^2$$

16 酸分子长度

$$l=\frac{m}{\rho A}=\frac{1.524\times10^{-7}\text{kg}}{0.857\times10^{3}\text{kg}\cdot\text{m}^{-3}\times7.29\times10^{-2}\text{m}^2}=2.44\text{nm}$$

8.3 补充习题

8-1 人工降雨是将 AgI 微细晶粒喷洒在积雨云层中，目的是为降雨提供（ ）。

A 冷量 B 湿度 C 晶核 D 温度

答： C。

8-2　在一支干净的粗细均匀的 U 形玻璃毛细管中，注入一滴纯水，两侧液柱的高度相同，然后用微量注射器从右侧注入少许正丁醇，两侧液柱的高度是（　）。

A　相同　B　左侧高于右侧　C　右侧高于左侧　D　不能确定

答： B。正丁醇使水的表面张力降低，使弯曲液面的附加压力减小。

8-3　在三通活塞两端涂上肥皂液，关闭右端，在左端吹一大泡，关闭左端，在右端吹一小泡，然后使左右两端相通，将会出现什么现象（　）。

A　大泡变小，小泡变大　　B　小泡变小，大泡变大

C　两泡大小保持不变　　D　不能确定

答： B。气泡的半径越小，附加压力越大。

8-4　液滴的半径越小，饱和蒸气压越______；液体中气泡半径越小，气泡内液体的饱和蒸气压越______。

答： 大；小（液滴表面是凸面，曲率半径为正值，气泡内液面是凹面，半径是负值，由开尔文公式判断蒸气压变化）。

8-5　加入表面活性剂，使液体的表面张力___，表面层表面活性剂的浓度一定___它在本体中的浓度。

答： 降低；大于。

8-6　多孔固体表面易吸附水蒸气，而不易吸附氧气、氮气，其主要原因是（　）。

A　水蒸气的相对分子质量比 O_2、N_2小

B　水蒸气的极性比 O_2、N_2大

C　水蒸气的凝结温度比 O_2、N_2高

D　水蒸气在空气中含量比 O_2、N_2少

答： C。

8-7　将水滴在洁净的玻璃上，水会自动铺展开来，此时水的表面积不是变小而是变大，这与液体有自动缩小其表面积的趋势是否矛盾？请说明理由。

答： 不矛盾，液体力图缩小其表面积，是为了降低系统的表面自由能。当液体润湿固体，并在固体表面铺展开时，液固界面和液气界面都增加了，但固-气界面却缩小了，有铺展时 $\sigma_{s\text{-}g} > \sigma_{l\text{-}s} + \sigma_{l\text{-}g}$，系统的总界面自由能还是减小了，因此两者不矛盾。

9 电 化 学

9.1 主要公式

（1）法拉第定律：

$$n = \frac{Q}{ZF} \tag{9-1}$$

式中，n，Q，Z，F 分别为电极上发生反应的物质的量、电解过程中通过电解池的电量、转移电子的数目和法拉第常数。法拉第定律适用于一切电解过程。

（2）离子迁移数：

$$t_i = \frac{I_i}{I} = \frac{Q_i}{Q} = \frac{n_{迁} z_i F}{Q} \tag{9-2}$$

式中，Q_i为离子 i 输送的电量，等于 $n_{迁}$ 与电荷数 z_i及法拉第常数的乘积；Q 为通过电解质的总电量，等于库仑计记载的电量。

（3）电导、电导率、摩尔电导率：

电导 G 与导体之间的关系为

$$G = \frac{1}{R} = \kappa \frac{A}{l} \tag{9-3}$$

式中，A 为电极横截面积；l 为两电极之间的距离；κ 为电导率，$\kappa = \frac{1}{\rho}$。电导率是盛放在电极面积等于 $1m^2$、电极间距等于 1m 的电导池内的电解质溶液的电导。

摩尔电导率

$$\Lambda_m = \frac{\kappa}{c} \tag{9-4}$$

当电解质浓度 c 的单位是 $mol \cdot m^{-3}$时，摩尔电导率的单位是$\Omega^{-1} \cdot m^2 \cdot mol^{-1}$。

（4）离子独立运动定律：

$$\Lambda_m^{\infty} = \Lambda_m^{\infty+} + \Lambda_m^{\infty-} \tag{9-5}$$

无限稀释时电解质的摩尔电导率 Λ_m^{∞} 是阴、阳离子无限稀释时的摩尔电导率 $\Lambda_m^{\infty-}$，$\Lambda_m^{\infty+}$ 之和。

（5）平均浓度

$$m_{\pm} = (\nu_{+}^{\nu_{+}}\nu_{-}^{\nu_{-}})^{\frac{1}{\nu_{+}+\nu_{-}}} m \qquad (9\text{-}6)$$

平均活度

$$a_{\pm} = \gamma_{\pm}\frac{m_{\pm}}{m^{\ominus}} \qquad (9\text{-}7)$$

式中，$\gamma_{\pm}$ 为离子平均活度系数。

（6）德拜-尤格尔极限公式：

$$\lg\gamma_{\pm} = -|z_{+}z_{-}|A\sqrt{I} \qquad (9\text{-}8)$$

式中，A 为常数，25 ℃ 以水作为溶剂时，$A = 0.509\text{mol}^{-1/2}\cdot\text{kg}^{1/2}$；$z_{+}$，$z_{-}$ 分别为阳离子、阴离子的电荷数；I 为离子强度。

（7）离子强度：

$$I = \frac{1}{2}\sum_{i} m_{i}z_{i}^{2} \qquad (9\text{-}9)$$

式中，m_{i}为第 i 种离子的质量摩尔浓度；z_{i}为其电荷数。

（8）液接电势：

$$E = \frac{2t_{-}RT}{F}\ln\frac{a_{\pm(2)}}{a_{\pm(1)}} \qquad (9\text{-}10)$$

有盐桥时

$$E = (t_{-} - t_{+})\frac{RT}{F}\ln\frac{a_{\pm(2)}}{a_{\pm(1)}} \qquad (9\text{-}11)$$

式(9-10)和式(9-11)适用于 1-1 价型的同种电解质，由于浓度差引起的液体接界电势。

（9）电池反应热力学关系式：

$$\Delta_{r}G_{m} = -ZFE \qquad (9\text{-}12)$$

$$\Delta_{r}S_{m} = ZF\left(\frac{\partial E}{\partial T}\right)_{p} \qquad (9\text{-}13)$$

$$Q_{R} = T\Delta_{r}S_{m} = ZFT\left(\frac{\partial E}{\partial T}\right)_{p} \qquad (9\text{-}14)$$

$$\Delta_{r}H_{m} = -ZFE + ZFT\left(\frac{\partial E}{\partial T}\right)_{p} \qquad (9\text{-}15)$$

式中，Z 为电池反应转移的电子数；F 为法拉第常数；E 为电池的电动势；$\left(\frac{\partial E}{\partial T}\right)_{p}$ 为电池电动势的温度系数。

（10）能斯特方程：

多相化学反应　$a\text{A(s)} + b\text{B(aq)} = d\text{D(g)} + h\text{H(aq)}$

$$E = E^{\ominus} - \frac{RT}{ZF}\ln J \tag{9-16}$$

式中，$J = \dfrac{a_{\mathrm{H}}^{h}\left(\dfrac{p_{\mathrm{D}}}{p^{\ominus}}\right)^{d}}{a_{\mathrm{B}}^{b}}$；$a_{\mathrm{H}}$和$a_{\mathrm{B}}$分别为溶液中物质 H 和 B 的活动；$p_{\mathrm{D}}$为气态物质 D 的分压。

$E^{\ominus}$与$K^{\ominus}$关系

$$K^{\ominus} = \exp\left(\frac{ZFE^{\ominus}}{RT}\right) \tag{9-17}$$

式中，Z为电池反应转移的电子数；F为法拉第常数；$E^{\ominus}$为标准电池电动势。

（11）电极电势：

$$\varphi_{\mathrm{M}^{Z+}|\mathrm{M}} = \varphi^{\ominus}_{\mathrm{M}^{Z+}|\mathrm{M}} - \frac{RT}{ZF}\ln\frac{a_{\mathrm{M}}}{a_{\mathrm{M}}^{Z+}} \tag{9-18}$$

式(9-18)适用于任意电极$\mathrm{M}^{Z+}|\mathrm{M}$的还原电极反应$\mathrm{M}^{Z+} + Ze^{-} = \mathrm{M}$。

（12）超电势：

$$\eta = |\varphi - \varphi_{\mathrm{e}}| \tag{9-19}$$

式中，φ_{e}为平衡电极电势；φ为电极电势。

（13）极限电流密度：

$$i_{\mathrm{d}} = \frac{DZF}{(1-t)\delta}c \approx \frac{DZF}{\delta}c \tag{9-20}$$

当溶剂、温度、搅拌条件一定时，DZF/δ是常数，令其为K，则$i_{\mathrm{d}} = Kc$。

（14）浓差极化方程：

$$\eta = \frac{RT}{ZF}\ln\frac{i_{\mathrm{d}}}{i_{\mathrm{d}} - i} \tag{9-21}$$

（15）氢超电势：

$$\eta = a + b\lg i \tag{9-22}$$

式中，i为电流密度；常数a为当电流密度等于$1\mathrm{A}\cdot\mathrm{cm}^{-2}$时的超电势值，它与电极材料、电极表面状态、溶液组成及温度等都有关。

（16）实际分解电压：

$$E_{实} = E_{理} + \eta_{a} + \eta_{c} \tag{9-23}$$

式中，$E_{实}$，$E_{理}$，η_{a}，η_{c}分别为化合物的实际分解电压、理论分解电压、阳极超电势和阴极超电势。

槽电压

$$E_{槽} = E_{理} + \eta_a + \eta_c + \sum \sum \Sigma IR \tag{9-24}$$

实际分解时，加在电解槽两端的电压为槽电压。ΣIR 为系统中各部分电阻引起的电压降之和。

9.2　教材习题解答

9-1　在 3 个串联的电解池中，分别装入（1）$CuSO_4$ 溶液（含 H_2SO_4）；（2）CuCl溶液（含 NaCl）；（3）$KCu(CN)_2$溶液（含 KCN），用 Cu 电极通电 1h，电流强度为 1A，问每个铜阴极上析出多少克铜？设电流效率为 100%。

解： 通过电解池的电量为

$$Q = It = 1A \times 1 \times 3600s = 3600C$$

根据法拉第定律，电极上沉积的铜的物质的量为

$$n = \frac{Q}{ZF} = \frac{3600C}{2 \times 96485C \cdot mol^{-1}} = 0.0187mol$$

（1）
$$m = nM = 0.0187mol \times 63.5g \cdot mol^{-1} = 1.187g$$

（2）
$$n = \frac{Q}{ZF} = \frac{3600C}{1 \times 96485C \cdot mol^{-1}} = 0.0373mol$$

$$m = nM = 0.0373mol \times 63.5g \cdot mol^{-1} = 2.369g$$

（3）同（2）。

9-2　当一定强度的电流通过含有某金属离子的溶液时，在阴极上析出该金属的量与电极面积、通电时间、金属离子的浓度、电极间距离、溶液温度等因素是否有关？为什么？（设电流效率为 100%）

答： 根据法拉第定律，析出金属的物质的量为 $n = \frac{Q}{ZF} = \frac{It}{ZF}$。所以，在电流强度一定的情况下，阴极上析出金属的量与电极面积、离子浓度、电极间距和温度无关，仅与通电时间有关。

9-3　将总面积为 $0.1m^2$ 的铁片插入锌盐溶液中作阴极。若平均电流密度为 $250A \cdot m^{-2}$，通电 25min 以后，锌层厚度可达到多少？已知锌的密度是 $7150kg \cdot m^{-3}$。

解： 根据法拉第定律，电极上沉积出 Zn 的物质的量及质量分别为

$$n_{Zn} = \frac{Q}{ZF} = \frac{It}{ZF} = \frac{250A \cdot m^{-2} \times 0.1m^2 \times 25 \times 60s}{2 \times 96485C \cdot mol^{-1}} = 0.194mol$$

$$m_{Zn} = nM = 0.194mol \times 65g \cdot mol^{-1} = 12.6g$$

锌层的厚度则为

$$l = \frac{m}{\rho s} = \frac{12.6\mathrm{g}}{7.15 \times 10^{6}\mathrm{g} \cdot \mathrm{m}^{-3} \times 0.1\mathrm{m}^{2}} \approx 18 \times 10^{-6}\mathrm{m} = 18\mu\mathrm{m}$$

9-4 为什么电解精炼铜时，电解液中除 $CuSO_4$外还要加入H_2SO_4？

答： 电解精炼铜时，粗铜作阳极，溶解的铜在阴极上沉积，获得纯度更高的铜。电解质中加入 $CuSO_4$是为了降低 Cu^{2+}的析出过电位，在不影响电极反应的前提下，加入 H_2SO_4可提高电解质的电导率。因为在所有阳离子中 H^+的导电能力最强。

9-5 试比较浓度对电导率和摩尔电导率的影响，并说明为什么要引入摩尔电导率的概念。

答： 电导率是指电极面积为 $1\mathrm{m}^2$，相距 1m 的两个电极之间电解质溶液的电导。当电解质的浓度改变时，电导率随着浓度的增加先增大，达到极大值后又减少，使 κ-c 曲线上存在极大值。摩尔电导率是含有 1mol 电解质时电解质的电导，电解质浓度改变时，不影响导电离子数目，但离子间距离随之改变，故摩尔电导率与电解质浓度有关。引入摩尔电导率使不同电解质导电能力有一个共同的比较基础。

9-6 在 20℃时，将某电导池充满 $0.02\mathrm{mol \cdot L^{-1}}$ KCl 溶液，测得其电阻为 457.3Ω，若代之以 $CaCl_2$溶液（浓度为 $0.555\mathrm{g \cdot L^{-1}}$）时，测得其电阻为 1050Ω，计算该溶液的 $\Lambda_{\mathrm{m}}\left(\frac{1}{2}CaCl_2\right)$。已知 20℃时，$0.02\mathrm{mol \cdot L^{-1}}$ KCl 溶液的电导率为 $0.25\Omega^{-1} \cdot \mathrm{m}^{-1}$。

解： 根据电导率定义，从 $0.02\mathrm{mol \cdot L^{-1}}$ KCl 溶液的电阻值，计算该电导池常数为

$$\frac{l}{A} = \kappa_1 R = 0.25\Omega^{-1} \cdot \mathrm{m}^{-1} \times 457.3\Omega = 114.3\mathrm{m}^{-1}$$

$CaCl_2$溶液的电导率为

$$\kappa_2 = \frac{1}{R_2} \cdot \frac{l}{A} = \frac{1}{1050\Omega} \times 114.3\mathrm{m}^{-1} = 0.109\Omega^{-1} \cdot \mathrm{m}^{-1}$$

$CaCl_2$的物质的量浓度为

$$c_2 = \frac{0.555\mathrm{g \cdot L^{-1}}}{111\mathrm{g \cdot mol^{-1}}} = 5 \times 10^{-3}\mathrm{mol \cdot L^{-1}} = 5\mathrm{mol \cdot m^{-3}}$$

$CaCl_2$的摩尔电导率为

$$\Lambda_{\mathrm{m}}(CaCl_2) = \frac{\kappa_2}{c_2} = \frac{0.109\Omega^{-1} \cdot \mathrm{m}^{-1}}{5\mathrm{mol \cdot m^{-3}}}$$

$$= 0.0218\Omega^{-1} \cdot \mathrm{m}^{2} \cdot \mathrm{mol}^{-1}$$

$$\Lambda_m(\frac{1}{2}CaCl_2) = \frac{1}{2} \times 0.0218\Omega^{-1} \cdot m^2 \cdot mol^{-1}$$
$$= 0.0109\Omega^{-1} \cdot m^2 \cdot mol^{-1}$$
$$= 109 \times 10^{-4}\Omega^{-1} \cdot m^2 \cdot mol^{-1}$$

9-7 25℃时，$SrSO_4$的饱和水溶液电导率为$1.482 \times 10^{-2}\Omega^{-1} \cdot m^{-1}$。同一温度下纯水的电导率为$1.5 \times 10^{-4}\Omega^{-1} \cdot m^{-1}$。若已知25℃时$\Lambda_m^\infty\left(\frac{1}{2}Sr^{2+}\right) = 59.46 \times 10^{-4}$ $\Omega^{-1} \cdot m^2 \cdot mol^{-1}$，$\Lambda_m^\infty\left(\frac{1}{2}SO_4^{2-}\right) = 79.8 \times 10^{-4}\Omega^{-1} \cdot m^2 \cdot mol^{-1}$，计算此时$SrSO_4$在水中的溶解度。

解：根据离子独立运动定律

$$\Lambda_m^\infty(SrSO_4) = 2\Lambda_m^\infty\left(\frac{1}{2}SrSO_4\right) = 2\left[\Lambda_m^\infty\left(\frac{1}{2}Sr^{2+}\right) + \Lambda_m^\infty\left(\frac{1}{2}SO_4^{2-}\right)\right]$$
$$= 2 \times (59.46 \times 10^{-4}\Omega^{-1} \cdot m^2 \cdot mol^{-1} + 79.8 \times 10^{-4}\Omega^{-1} \cdot m^2 \cdot mol^{-1})$$
$$= 2.785 \times 10^{-2}\Omega^{-1} \cdot m^2 \cdot mol^{-1}$$

溶液电导率是$SrSO_4$电导率和纯水电导率之和，所以

$$\kappa(SrSO_4) = \kappa(\text{溶液}) - \kappa(\text{水})$$
$$= 1.482 \times 10^{-2}\Omega^{-1} \cdot m^{-1} - 1.5 \times 10^{-4}\Omega^{-1} \cdot m^{-1}$$
$$= 1.467 \times 10^{-2}\Omega^{-1} \cdot m^{-1}$$

根据摩尔电导率的定义得$SrSO_4$的溶解度为

$$c = \frac{\kappa(SrSO_4)}{\Lambda_m^\infty(SrSO_4)} = \frac{1.467 \times 10^{-2}\Omega^{-1} \cdot m^{-1}}{2.785 \times 10^{-2}\Omega^{-1} \cdot m^2 \cdot mol^{-1}}$$
$$= 5.27 \times 10^{-4} mol \cdot L^{-1}$$
$$= 9.68 \times 10^{-3} g/100gH_2O$$

9-8 25℃时，$0.00128mol \cdot L^{-1}$ HAc 的$\Lambda_m(HAc) = 48.15 \times 10^{-4}\Omega^{-1} \cdot m^2 \cdot mol^{-1}$，$\Lambda_m^\infty(HAc) = 390.7 \times 10^{-4}\Omega^{-1} \cdot m^2 \cdot mol^{-1}$，求 HAc 的电离度和电离常数。

解：设 HAc 的电离度为α，电离反应为

	$HAc \rightleftharpoons$	$H^+ +$	Ac^-
电离前	c	0	0
电离平衡时	$c(1-\alpha)$	$c\alpha$	$c\alpha$

根据定义，电离度为

$$\alpha = \frac{\Lambda_m(\text{HAc})}{\Lambda_m^\infty(\text{HAc})}$$

$$= \frac{48.15 \times 10^{-4}\Omega^{-1} \cdot \text{m}^2 \cdot \text{mol}^{-1}}{390.7 \times 10^{-4}\Omega^{-1} \cdot \text{m}^2 \cdot \text{mol}^{-1}} = 0.123$$

$$K^\ominus = \frac{c^2(\alpha/c^\ominus)^2}{c(1-\alpha)/c^\ominus}$$

电离平衡常数 $= \dfrac{\alpha^2}{1-\alpha} \cdot \dfrac{c}{c^\ominus} = \dfrac{0.123^2}{1-0.123} \times \dfrac{0.00128\text{mol} \cdot \text{L}^{-1}}{1\text{mol} \cdot \text{L}^{-1}} = 2.21 \times 10^{-5}$

9-9 对可溶性阳极，设溶液中电解质 $u_+ = 3u_-$，当通过电量为4F时，仿照教材中图9-4作出阳极区、中间区和阴极区电解质物质的量变化示意图。

解： 电解池通电过程阳极区、阴极区和中间区物质的量变化示意如图9-1所示。

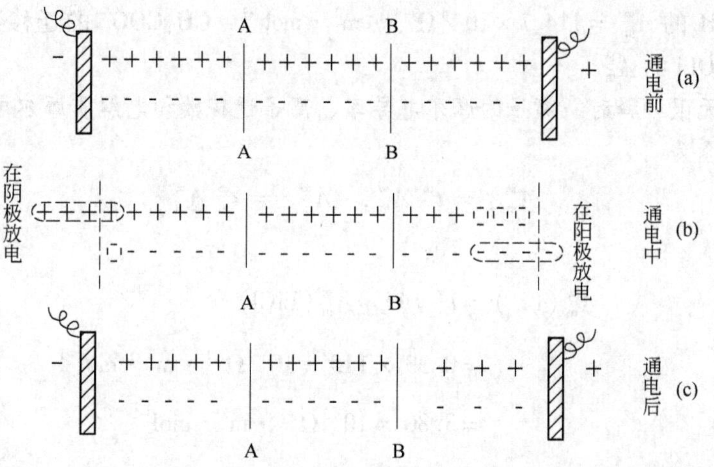

图9-1 题9-9

结果阳极区净减少电量3F，中间区电量没有变化，阴极区净减少了1F。阳极区减少的电量与阳离子的迁移速度成正比，阴极区减少的电量与阴离子迁移速度成正比。

9-10 在 $CuSO_4$ 溶液中，插入两个铜电极，电解后，阴极析出0.300g铜，在阳极区溶液中含有1.415g铜。电解前，同质量的阳极区溶剂中含有1.214g铜。求 Cu^{2+} 和 SO_4^{2-} 的迁移数。

解： 电解后，同质量的阳极区溶剂中含铜量为1.415g，高于电解前的1.214g，说明电解过程中铜发生了阳极溶解。从阳极上溶解下来的铜的量与在阴极上沉积铜的量相同，即 0.300g。

设 $n_{迁}$ 代表电解后迁出阳极区铜的物质的量，则

$$n_{后} = n_{原来} + n_{溶解} - n_{迁}$$

$$n_{迁} = n_{原来} + n_{溶解} - n_{后}$$

Cu^{2+} 的迁移数

$$t_{Cu^{2+}} = \frac{n_{迁}}{阴极上沉积的铜的量}$$

$$= \frac{1.214g + 0.300g - 1.415g}{0.300g} = 0.33$$

$$t_{Cu^{2+}} + t_{SO_4^{2-}} = 1$$

所以

$$t_{SO_4^{2-}} = 1 - t_{Cu^{2+}} = 1 - 0.33 = 0.67$$

9-11 25℃时 LiCl 的 $\Lambda_m^\infty = 115 \times 10^{-4}\Omega^{-1} \cdot m^2 \cdot mol^{-1}$，$Li^+$ 的迁移数为 0.33，CH_3COONH_4 的 $\Lambda_m^\infty = 114.7 \times 10^{-4}\Omega^{-1} \cdot m^2 \cdot mol^{-1}$，$CH_3COO^-$ 的迁移数为 0.36，求 CH_3COOLi 的 Λ_m^∞。

解：无限稀释时，离子的摩尔电导率、离子迁移数和电解质摩尔电导率三者之间的关系为

$$\Lambda_{m,+}^\infty = t_+^\infty \Lambda_m^\infty, \quad \Lambda_{m,-}^\infty = t_-^\infty \Lambda_m^\infty$$

所以

$$\Lambda_m^\infty(Li^+) = t_+^\infty(Li^+)\Lambda_m^\infty(LiCl)$$

$$= 0.33 \times 115 \times 10^{-4}\Omega^{-1} \cdot m^2 \cdot mol^{-1}$$

$$= 3.80 \times 10^{-3}\Omega^{-1} \cdot m^2 \cdot mol^{-1}$$

$$\Lambda_m^\infty(CH_3COO^-) = t_-^\infty(CH_3COO^-)\Lambda_m^\infty(CH_3COONH_4)$$

$$= 0.36 \times 114.7 \times 10^{-4}\Omega^{-1} \cdot m^2 \cdot mol^{-1}$$

$$= 4.13 \times 10^{-3}\Omega^{-1} \cdot m^2 \cdot mol^{-1}$$

根据离子独立运动定律，求得 CH_3COOLi 的无限稀释摩尔电导率为

$$\Lambda_m^\infty(CH_3COOLi) = \Lambda_m^\infty(Li^+) + \Lambda_m^\infty(CH_3COO^-)$$

$$= 3.80 \times 10^{-3}\Omega^{-1} \cdot m^2 \cdot mol^{-1} + 4.13 \times 10^{-3}\Omega^{-1} \cdot m^2 \cdot mol^{-1}$$

$$= 7.93 \times 10^{-3}\Omega^{-1} \cdot m^2 \cdot mol^{-1}$$

9-12 计算下列各溶液中离子的平均质量摩尔浓度、离子平均活度和电解质活度。

	$m/\text{mol}\cdot\text{kg}^{-1}$	$\gamma_\pm$
$K_3Fe(CN)_6$	0.01	0.571
$CdCl_2$	0.1	0.219
H_2SO_4	0.05	0.397

解： 根据下列公式计算电解的平均浓度、平均活度及活度

$$m_\pm = (\nu_+^{\nu_+}\nu_-^{\nu_-})^{\frac{1}{\nu_++\nu_-}} m$$

$$a_\pm = \gamma_\pm \frac{m_\pm}{m^\ominus}$$

$$a = a_\pm^\nu$$

其中

$$\nu = \nu_+ + \nu_-$$

$K_3Fe(CN)_6$

$$m_\pm = (3^3 \times 1^1)^{\frac{1}{3+1}} \times 0.01\text{mol}\cdot\text{kg}^{-1} = 0.0228\text{mol}\cdot\text{kg}^{-1}$$

$$a_\pm = 0.571 \times \left(\frac{0.0228\text{mol}\cdot\text{kg}^{-1}}{1\text{mol}\cdot\text{kg}^{-1}}\right) = 0.013$$

$$a = (0.013)^4 = 2.86 \times 10^{-8}$$

$CdCl_2$

$$m_\pm = (1^1 \times 2^2)^{\frac{1}{2+1}} \times 0.1\text{mol}\cdot\text{kg}^{-1} = 0.1587\text{mol}\cdot\text{kg}^{-1}$$

$$a_\pm = 0.219 \times \left(\frac{0.1587\text{mol}\cdot\text{kg}^{-1}}{1\text{mol}\cdot\text{kg}^{-1}}\right) = 0.0348$$

$$a = (0.0348)^3 = 4.21 \times 10^{-5}$$

H_2SO_4

$$m_\pm = (1^1 \times 2^2)^{\frac{1}{2+1}} \times 0.05\text{mol}\cdot\text{kg}^{-1} = 0.0794\text{mol}\cdot\text{kg}^{-1}$$

$$a_\pm = 0.397 \times \left(\frac{0.0794\text{mol}\cdot\text{kg}^{-1}}{1\text{mol}\cdot\text{kg}^{-1}}\right) = 0.0315$$

$$a = (0.0315)^3 = 3.13 \times 10^{-5}$$

9-13 写出下列电池的电极反应和电池反应。

（1）$Cu|CuSO_4||AgNO_3|Ag$；

（2）$Pt, H_2|HCl|Cl_2, Pt$；

（3）$Ag, AgCl(s)|KCl|Hg_2Cl_2(s), Hg$；

（4）$Pt, H_2|NaOH|HgO(s), Hg$。

解： 电池的阳极、阴极和电池反应如下：

（1）阳极：　$Cu - 2e^- = Cu^{2+}$

阴极：　$2Ag^+ + 2e^- = 2Ag$

电池反应：　$Cu + 2Ag^+ = Cu^{2+} + 2Ag$

（2）阳极：　$H_2 - 2e^- = 2H^+$

阴极：　$Cl_2 + 2e^- = 2Cl^-$

电池反应：　$H_2 + Cl_2 = 2H^+ + 2Cl^-$

（3）阳极：　$2Ag + 2Cl^- - 2e^- = 2AgCl$

阴极：　$Hg_2Cl_2 + 2e^- = 2Hg + 2Cl^-$

电池反应：　$2Ag + Hg_2Cl_2 = 2AgCl + 2Hg$

（4）阳极：　$H_2 + 2OH^- - 2e^- = 2H_2O$

阴极：　$HgO + 2e^- + H_2O = Hg + 2OH^-$

电池反应：　$H_2 + HgO = Hg + H_2O$

9-14　根据下列反应写出电池的构造：

（1）$Mg + Zn^{2+} \longrightarrow Mg^{2+} + Zn$；

（2）$Zn + Hg_2SO_4(s) \longrightarrow ZnSO_4 + 2Hg$；

（3）$Pb + 2HCl \longrightarrow PbCl_2(g) + H_2$；

（4）$H_2 + \frac{1}{2}O_2 \longrightarrow H_2O(l)$。

解： 设计电池如下：

（1）$Mg|MgSO_4||ZnSO_4|Zn$；

（2）$Zn|ZnSO_4|Hg_2SO_4(s),Hg$；

（3）$Pb,PbCl_2(s)|HCl|H_2,Pt$；

（4）$Pt,H_2|H_2O(H_2SO_4)|O_2,Pt$。

9-15　电池电动势与活度的关系式中的 Z 代表什么？同一电池反应，如化学计量数都乘2，则电动势是否改变？电池反应的 $\Delta_r G_m$ 是否改变？

答： Z 表示电池反应转移电子数，对于同一电池反应，如系数乘2，电动势不变，而电池反应的 $\Delta_r G_m$ 是容量性质，与电池反应的计量系数有关。

9-16　在恒温25℃时，把一撮盐（Na_2SO_4）加到下列电池的电解质溶液中，其电动势 E 是否改变？$E^\ominus$是否改变？为什么？

（1）$Cu|CuSO_4(1.00mol \cdot kg^{-1})|Hg_2SO_4(s)|Hg(l)$；

（2）$Hg\text{-}Zn(a_1)|ZnSO_4(a_2)|Hg\text{-}Zn(a_3)$。

答： 由电池标准电动势与标准平衡常数的关系 $K^\ominus = \exp\left(\frac{ZFE^\ominus}{RT}\right)$，因 $K^\ominus$只与温度有关，不受溶液浓度影响，所以 $E^\ominus$也不随电解质浓度改变。

下面讨论浓度对电池电动势 E 的影响：

（1）电池反应

$$Cu + Hg_2SO_4 \longequal CuSO_4 + 2Hg$$

$$E = E^{\ominus} - \frac{RT}{ZF}\ln\frac{a_{CuSO_4}a_{Hg}^2}{a_{Hg_2SO_4}a_{Cu}}$$

加入 Na_2SO_4，会影响 a_{CuSO_4}，所以 E 将改变。

（2）电池反应

$$Hg\text{-}Zn(a_1) \longequal Hg\text{-}Zn(a_3)$$

$$E = E^{\ominus} - \frac{RT}{ZF}\ln\frac{a_3}{a_1}$$

a_3 与 a_1 是电极上物质的活度，与电解质浓度无关，所以加入 Na_2SO_4 不影响 a_1、a_3，所以 E 值不变。

9-17 求下列电池的电动势（25℃）。

（1）$Cd|CdSO_4(a_\pm=0.1)\|CuSO_4(a_\pm=1)|Cu$；

（2）$Pt,H_2(p=100kPa)|HCl(a_\pm=0.1)|Cl_2(p=100kPa),Pt$；

（3）$Pt,H_2(p=100kPa)|HCl(a_\pm=0.1)|KCl$(饱和)$|Hg_2Cl_2(s),Hg$；

（4）$Zn|Zn^{2+}(a_1=0.01)\|Zn^{2+}(a_2=0.1)|Zn$。

解：（1）电池反应 $Cd+CuSO_4(a_\pm=1)=CdSO_4(a_\pm=0.1)+Cu$

$$E^{\ominus} = \varphi^{\ominus}_{Cu^{2+}|Cu} - \varphi^{\ominus}_{Cd^{2+}|Cd}$$

$$= 0.34V-(-0.403V) = 0.743V$$

$$E = E^{\ominus} - \frac{RT}{ZF}\ln\frac{a_{CdSO_4}}{a_{CuSO_4}}$$

$$= 0.743V - \frac{0.0591V}{2}\lg(0.1)^2 = 0.802V$$

（2）电池反应 $H_2(100kPa)+Cl_2(100kPa)=2HCl(a_\pm=0.1)$

$$E^{\ominus} = \varphi^{\ominus}_{Cl_2|Cl^-} - \varphi^{\ominus}_{H^+|H_2} = 1.358V$$

$$E = E^{\ominus} - \frac{RT}{ZF}\ln\frac{a_{HCl}^2}{\left(\frac{p_{H_2}}{p^{\ominus}}\right)\left(\frac{p_{Cl_2}}{p^{\ominus}}\right)}$$

$$= 1.358V - \frac{0.0591V}{2}\lg(0.1)^4 = 1.476V$$

（3）电池反应 $H_2(100kPa)+Hg_2Cl_2(s)=2HCl(a_\pm=0.1)+2Hg$

$$E^{\ominus} = \varphi^{\ominus}_{Hg_2Cl_2|Hg} - \varphi^{\ominus}_{H^+|H_2} = 0.2412V$$

$$E = E^{\ominus} - \frac{RT}{ZF}\ln \frac{a_{HCl}^2}{\left(\frac{p_{H_2}}{p^{\ominus}}\right)}$$

$$= 0.2412V - \frac{0.0591V}{2}\lg(0.1)^4 = 0.359V$$

（4）电池反应 $Zn^{2+}(a_2) = Zn^{2+}(a_1)$

$$E^{\ominus} = \varphi_{Zn^{2+}|Zn}^{\ominus} - \varphi_{Zn^{2+}|Zn}^{\ominus} = 0V$$

$$E = E^{\ominus} - \frac{RT}{ZF}\ln \frac{a_1}{a_2}$$

$$= 0V - \frac{0.0591V}{2}\lg \frac{0.01}{0.1} = 0.0296V$$

9-18　已知 $\varphi_{Ti^+|Ti}^{\ominus} = -0.34V$，$\varphi_{Ti^{3+}|Ti}^{\ominus} = 0.72V$，试求 $\varphi_{Ti^{3+}|Ti^+}^{\ominus}$。

解：下列电极反应标准吉布斯自由能与标准电极电势之间的关系如下：

$$Ti^+ + e^- = Ti \qquad \Delta_r G_{m,1}^{\ominus} = -F\varphi_{Ti^+|Ti}^{\ominus} \tag{1}$$

$$Ti^{3+} + 3e^- = Ti \qquad \Delta_r G_{m,2}^{\ominus} = -3F\varphi_{Ti^{3+}|Ti}^{\ominus} \tag{2}$$

$$Ti^{3+} + 2e^- = Ti^+ \qquad \Delta_r G_{m,3}^{\ominus} = -2F\varphi_{Ti^{3+}|Ti^+}^{\ominus} \tag{3}$$

由式(3) = (2) − (1)，$\Delta_r G_{m,3}^{\ominus} = \Delta_r G_{m,2}^{\ominus} - \Delta_r G_{m,1}^{\ominus}$

得　$$\varphi_{Ti^{3+}|Ti^+}^{\ominus} = \frac{3\varphi_{Ti^{3+}|Ti}^{\ominus} - \varphi_{Ti^+|Ti}^{\ominus}}{2} = \frac{3 \times 0.72V + 0.34V}{2} = 1.25V$$

9-19　（1）电池 $Pt, H_2(p = 100kPa) | HCl(a_{\pm} = 1) | Cl_2(p = 100kPa), Pt$。已知25℃时 $\varphi_{Cl_2|Cl^-}^{\ominus} = 1.359V$。写出电池反应，求25℃时电池反应的摩尔吉布斯函数。此反应是否是自发反应？

（2）已知25℃时 $7mol \cdot kg^{-1}$ HCl 中，离子的平均活度系数 $\gamma_{\pm} = 4.66$，溶液上 HCl(g)的平衡分压为0.0464kPa。利用（1）的数据及计算结果，求25℃时反应：$H_2(g) + Cl_2(g) \rightarrow 2HCl(g)$ 的 $\Delta_r G_m^{\ominus}$。

解：（1）电池反应

$$H_2(100kPa) + Cl_2(100kPa) = 2HCl \quad (a_{\pm} = 1) \tag{1}$$

$$\Delta_r G_m = \Delta_r G_m^{\ominus} + RT\ln J_a$$

$$= -ZFE^{\ominus} + RT\ln \frac{a_{HCl}^2}{\frac{p_{H_2}}{p^{\ominus}}\frac{p_{Cl_2}}{p^{\ominus}}}$$

$$= -ZFE^{\ominus} = -2 \times 96485C \cdot mol^{-1} \times 1.359V$$

$$= -262246J \cdot mol^{-1} < 0$$

表明该反应可以自发进行。

(2) 由上面计算可知反应 (1) $H_2(100kPa)+Cl_2(100kPa)=2HCl(a_{\pm}=1)$

由25℃时，$2HCl(aq, 7mol\cdot kg^{-1})$与$2HCl(g)$平衡

$$2HCl(aq,\ 7mol\cdot kg^{-1})\Longleftrightarrow 2HCl(g) \qquad (2)$$

计算反应 (2) 的 $\Delta_r G^{\ominus}_{m,2}$ 为

$$\Delta_r G^{\ominus}_{m,2}=-RT\ln K^{\ominus}=-RT\ln\frac{\left(\dfrac{p_{HCl}}{p^{\ominus}}\right)^2}{a^2_{HCl}}$$

$$=-8.314J\cdot mol^{-1}\cdot K^{-1}\times 298K\times\ln\frac{\left(\dfrac{0.0464kPa}{100kPa}\right)^2}{(4.66\times 7)^4}$$

$$=72570J\cdot mol^{-1}$$

反应(1)+(2)得(3)

$$H_2(100kPa)+Cl_2(100kPa)=\!=\!=2HCl(g) \qquad (3)$$

$$\Delta_r G^{\ominus}_{m,3}=\Delta_r G^{\ominus}_{m,1}+\Delta_r G^{\ominus}_{m,2}$$

$$=-262246J\cdot mol^{-1}+72570J\cdot mol^{-1}$$

$$=-189676J\cdot mol^{-1}$$

9-20 25℃时，电极 $Ag,Ag_2O|OH^-$ 的 $\varphi^{\ominus}_{Ag,Ag_2O|OH^-}=0.34V$；电极 $Pt,O_2|OH^-$ 的 $\varphi^{\ominus}_{O_2|OH^-}=0.401V$，又知 Ag_2O 的 $\Delta_f H^{\ominus}_m=-30.56kJ\cdot mol^{-1}$（设 $\Delta C_p=0$），求 Ag_2O 在空气中的分解温度。

解：已知电极反应及标准电极电势如下：

$$Ag_2O+2e^-+H_2O=\!=\!=2Ag+2OH^-$$

$$\varphi^{\ominus}_1=\varphi_{Ag,Ag_2O|OH^-}=0.34V \qquad (1)$$

$$\frac{1}{2}O_2+2e^-+H_2O=\!=\!=2OH^-$$

$$\varphi^{\ominus}_2=\varphi_{O_2|OH^-}=0.401V \qquad (2)$$

两电极反应相减得反应

$$Ag_2O=\!=\!=\frac{1}{2}O_2+2Ag$$

$$E^{\ominus}=\varphi^{\ominus}_1-\varphi^{\ominus}_2=-0.061V \qquad (3)$$

$$\Delta_r G^{\ominus}_m(298K)=-ZFE^{\ominus}$$

$$=-2\times 96485C\cdot mol^{-1}\times(-0.061V)$$

$$=11771J\cdot mol^{-1}$$

又已知反应(3)的 $\Delta_r H_m^{\ominus} = -\Delta_f H_m^{\ominus}(Ag_2O) = -30.56\text{kJ}\cdot\text{mol}^{-1}$

Ag_2O 在空气中分解时，应满足

$$\Delta_r G_m = \Delta_r G_m^{\ominus} + RT\ln J_p \leqslant 0$$

所以

$$\Delta_r G_m^{\ominus} \leqslant -RT\ln J_p = -RT\ln\left(\frac{p_{O_2}}{p^{\ominus}}\right)$$

$$= -8.314\text{J}\cdot\text{mol}^{-1}\cdot\text{K}^{-1}\times T\times\ln 0.21$$

$$= 12.98T\text{J}\cdot\text{mol}^{-1}$$

根据吉布斯-亥姆霍兹方程

$$\frac{\text{d}(\Delta_r G_m^{\ominus}/T)}{\text{d}T} = -\frac{\Delta_r H_m^{\ominus}}{T^2}$$

对等式两边取积分，在 $\Delta C_p \approx 0$ 时，$\Delta_r H_m^{\ominus}$ 是常数，所以

$$\int_{T_1}^{T_2}\text{d}\left(\frac{\Delta_r G_m^{\ominus}}{T}\right) = -\int_{T_1}^{T_2}\frac{\Delta_r H_m^{\ominus}}{T^2}\text{d}T$$

$$\frac{\Delta_r G_{m,1}^{\ominus}}{T_1} - \frac{\Delta_r G_{m,2}^{\ominus}}{T_2} = \Delta_r H_m^{\ominus}\left(\frac{1}{T_1} - \frac{1}{T_2}\right)$$

$$\frac{11771\text{J}\cdot\text{mol}^{-1}}{298\text{K}} - \frac{12.98T\text{J}\cdot\text{mol}^{-1}}{T} = 30560\text{J}\cdot\text{mol}^{-1}\left(\frac{1}{298\text{K}} - \frac{1}{T}\right)$$

解得 $T = 402\text{K}$。

9-21 已知电极 (1) Ag(s),AgI(s)|I^- 和 (2) I_2(s)|I^- 在25℃下的标准还原电极电势 $\varphi_1^{\ominus} < \varphi_2^{\ominus}$，又知25℃，100kPa 下，上面两个电极组成电池的电动势温度系数为 $1.00\times10^{-4}\text{V}\cdot\text{K}^{-1}$，试回答下列问题：

(1) 写出电池符号，电极反应和电池反应。

(2) 在25℃，100kPa 下测得该电池短路放电289500C 时，放热为190.26kJ，求该电池在25℃下的标准电动势。

(3) 若在25℃，100kPa 下，此电池的实际工作电压是其电动势的80%，试求通过1F 电量时，电池放热多少?

解：(1) 电池符号 Ag(s),AgI(s)|I^-|I_2(s)

阳极：　$Ag(s) - e^- + I^- \!=\!=\!= AgI(s)$

阴极：　$\frac{1}{2}I_2(s) + e^- \!=\!=\!= I^-$

电池反应：　$Ag(s) + \frac{1}{2}I_2(s) \!=\!=\!= AgI(s)$

(2) 该电池上的物质均处于相应的标准态，因此电池的标准电动势也即为电动势，即 $E = E^{\ominus}$，其他性质也同样。

短路放电过程是在恒压条件下进行的，系统不做非体积功，因此，298K 时

$$\Delta_r H = Q_R = -190.26\text{kJ}\cdot\text{mol}^{-1}$$

由法拉第定律得

$$n = \frac{Q}{ZF} = \frac{289500\text{C}}{96500\text{C}\cdot\text{mol}^{-1}} = 3\text{mol}$$

所以 $$\Delta_r H_m^{\ominus} = \frac{\Delta_r H}{3} = -63.42\text{kJ}\cdot\text{mol}^{-1}$$

由 $$\Delta_r H_m^{\ominus} = -ZFE^{\ominus} + T\Delta_r S_m^{\ominus}$$

及 $$\Delta_r S_m^{\ominus} = ZF\left(\frac{\partial E}{\partial T}\right)_p$$

得 $$\Delta_r H_m^{\ominus} = -ZFE^{\ominus} + TZF\left(\frac{\partial E}{\partial T}\right)_p$$

即 $-63.42\text{kJ}\cdot\text{mol}^{-1} = -96500\text{C}\cdot\text{mol}^{-1}E^{\ominus} + 298\text{K}\times 96500\text{C}\times 1.00\times 10^{-4}\text{V}\cdot\text{K}^{-1}$

解得： $E^{\ominus} = 0.687\text{V}$

(3) $\Delta_r H_m^{\ominus} = -ZFE' + T\Delta_r S_m^{\ominus} = -ZFE' + Q_R$

代入数据得

$$\begin{aligned} Q_R &= \Delta_r H + ZFE' \\ &= -190.26\times 10^3\text{J}\cdot\text{mol}^{-1} + 96485\text{C}\cdot\text{mol}^{-1}\times 0.687\times 80\% \\ &= -137.2\text{kJ}\cdot\text{mol}^{-1} \end{aligned}$$

9-22 下面的浓差电池具有液体接界电势

$$\text{Ag,AgCl(s)}\,|\,\text{NaCl}(0.1\text{mol}\cdot\text{kg}^{-1})\,|\,\text{NaCl}(0.01\text{mol}\cdot\text{kg}^{-1})\,|\,\text{AgCl(s),Ag}$$

已知25℃时，Na^+ 的平均迁移数为 0.389。

(1) 写出在电极上和溶液接界处发生的电化学变化。

(2) 假设 NaCl 的离子平均活度系数在两溶液中都是相同的，计算此电池在25℃时的电动势。

(3) 如果在 25℃ 时，NaCl 在 $0.1\text{mol}\cdot\text{kg}^{-1}$ 溶液内的 $\gamma_{\pm}$ 是 0.778，而在 $0.01\text{mol}\cdot\text{kg}^{-1}$ 溶液中是 0.903，计算电池的电动势。

解：(1) 这是溶液浓差电池

阳极反应：

$$\text{Ag} - e^- + \text{Cl}^-(0.1\text{mol}\cdot\text{kg}^{-1}) = \text{AgCl(s)}$$

阴极反应：

$$AgCl(s) + e^- = Ag + Cl^-(0.01mol \cdot kg^{-1})$$

电池反应：

$$Cl^-(0.1mol \cdot kg^{-1}) = Cl^-(0.01mol \cdot kg^{-1}) \quad (1)$$

在两溶液接界处发生的迁移过程为

$$t_-Cl^-(0.01mol \cdot kg^{-1}) = t_-Cl^-(0.1mol \cdot kg^{-1})$$

$$t_+Na^+(0.1mol \cdot kg^{-1}) = t_+Na^+(0.01mol \cdot kg^{-1})$$

总迁移反应：

$$t_-Cl^-(0.01mol \cdot kg^{-1}) + t_+Na^+(0.1mol \cdot kg^{-1}) = t_-Cl^-(0.1mol \cdot kg^{-1}) + t_+Na^+(0.01mol \cdot kg^{-1})$$

整理得：

$$t_+Na^+(0.1mol \cdot kg^{-1}) - t_-Cl^-(0.1mol \cdot kg^{-1}) = t_+Na^+(0.01mol \cdot kg^{-1}) - t_-Cl^-(0.01mol \cdot kg^{-1})$$

将 $t_- = 1 - t_+$ 代入上式得

$$t_+Na^+(0.1mol \cdot kg^{-1}) - Cl^-(0.1mol \cdot kg^{-1}) + t_+Cl^-(0.1mol \cdot kg^{-1})$$

$$= t_+Na^+(0.01mol \cdot kg^{-1}) - Cl^-(0.01mol \cdot kg^{-1}) + t_+Cl^-(0.01mol \cdot kg^{-1})$$

整理得：

$$t_+NaCl(0.1mol \cdot kg^{-1}) + Cl^-(0.01mol \cdot kg^{-1})$$

$$= t_+NaCl(0.01mol \cdot kg^{-1}) + Cl^-(0.1mol \cdot kg^{-1}) \quad (2)$$

反应(1) + (2)得电池总反应：

$$t_+NaCl(0.1mol \cdot kg^{-1}) = t_+NaCl(0.01mol \cdot kg^{-1})$$

(2)

$$E = E^\ominus - \frac{RT}{F}\ln\frac{a(NaCl, 0.01mol \cdot kg^{-1})^{t_+}}{a(NaCl, 0.1mol \cdot kg^{-1})^{t_+}}$$

$$= -\frac{t_+RT}{F}\ln\frac{(0.01)^2}{(0.1)^2}$$

$$= -\frac{0.389 \times 8.314J \cdot mol^{-1} \cdot K^{-1} \times 298K}{96485C \cdot mol^{-1}}\ln\frac{(0.01)^2}{(0.1)^2}$$

$$= 0.046V = 46mV$$

(3)

$$E = \frac{t_+RT}{F}\ln\frac{a_2}{a_1}$$

$$= \frac{0.389 \times 8.314\text{J}\cdot\text{mol}^{-1}\cdot\text{K}^{-1} \times 298\text{K}}{96485\text{C}\cdot\text{mol}^{-1}} \times \ln \frac{\left(\frac{0.1\text{mol}\cdot\text{kg}^{-1}}{1\text{mol}\cdot\text{kg}^{-1}} \times 0.778\right)^2}{\left(\frac{0.01\text{mol}\cdot\text{kg}^{-1}}{1\text{mol}\cdot\text{kg}^{-1}} \times 0.903\right)^2}$$

$$= 0.043\text{V} = 43\text{mV}$$

9-23 把氢电极插入某溶液中，并与饱和甘汞电极组成下列电池

$$\text{Pt}, \text{H}_2(p = 100\text{kPa}) | \text{H}^+ | \text{饱和甘汞电极}$$

25℃时测得其电动势为0.829V，求溶液的pH值。

解： 电池电动势为

$$E = \varphi_{\text{甘汞}} - \varphi_{\text{H}^+|\text{H}_2} = \varphi_{\text{甘汞}} - 0.0591\text{V}\cdot\lg a_{\text{H}^+}$$

$$= \varphi_{\text{甘汞}} + 0.0591\text{V}\cdot\text{pH}$$

所以 $\text{pH} = \frac{E - \varphi_{\text{甘汞}}}{0.0591} = \frac{0.829\text{V} - 0.242\text{V}}{0.0591\text{V}} = 9.93$

9-24 计算AgCl在纯水中的溶解度。已知下列电池

$$\text{Ag}, \text{AgCl(s)} | \text{KCl}(0.1\text{mol}\cdot\text{L}^{-1}) \| \text{AgNO}_3(0.1\text{mol}\cdot\text{L}^{-1}) | \text{Ag}$$

在25℃时的电动势为0.45V，电池中 $\gamma_{\text{Cl}^-} = 0.85, \gamma_{\text{Ag}^+} = 0.82$。

解： AgCl溶解反应为

$$\text{AgCl(s)} \xlongequal{} \text{Ag} + \text{Cl}^-$$

溶度积 $K_{sp} = a_{\text{Ag}^+} a_{\text{Cl}^-}$

AgCl的溶解度很低，可以认为形成稀溶液，即 $a \approx c$，

所以 $c_{\text{Ag}^+} = c_{\text{Cl}^-}, c = \sqrt{K_{sp}}$

已知电池反应为

$$\text{Ag}^+(0.1\text{mol}\cdot\text{L}^{-1}) + \text{Cl}^-(0.1\text{mol}\cdot\text{L}^{-1}) \xlongequal{} \text{AgCl(s)}$$

$$E = E^{\ominus} - \frac{RT}{F}\ln\frac{1}{a_{\text{Ag}^+} a_{\text{Cl}^-}}$$

式中，$a_{\text{Ag}^+} = \gamma_{\text{Ag}^+}\left(\frac{c_{\text{Ag}^+}}{c^{\ominus}}\right), a_{\text{Cl}^-} = \gamma_{\text{Cl}^-}\left(\frac{c_{\text{Cl}^-}}{c^{\ominus}}\right)$，

代入数据得

$$E^{\ominus} = E + \frac{RT}{F}\ln\frac{1}{a_{\text{Ag}^+} a_{\text{Cl}^-}}$$

$$= 0.45\text{V} + \frac{8.314\text{J}\cdot\text{mol}^{-1}\cdot\text{K}^{-1} \times 298\text{K}}{96485\text{C}\cdot\text{mol}^{-1}} \times$$

$$\ln \frac{1}{0.82 \times \frac{0.1\text{mol} \cdot \text{L}^{-1}}{1\text{mol} \cdot \text{L}^{-1}} \times 0.85 \times \frac{0.1\text{mol} \cdot \text{L}^{-1}}{1\text{mol} \cdot \text{L}^{-1}}}$$

$$= 0.5775\text{V}$$

由 $E^{\ominus}$ 求 AgCl 的溶度积

$$E^{\ominus} = \frac{RT}{F}\ln K'$$

其中 $$K' = \frac{1}{a_{\text{Ag}^+} a_{\text{Cl}^-}} \approx \frac{1}{c^2}$$

所以 $$0.5775\text{V} = \frac{RT}{F}\ln K' = \frac{8.314\text{J} \cdot \text{mol}^{-1} \cdot \text{K}^{-1} \times 298\text{K}}{96485\text{C} \cdot \text{mol}^{-1}}\ln K'$$

解得 $K' = 0.585 \times 10^{10}\text{L}^2 \cdot \text{mol}^{-2}$

所以

$$K_{\text{sp}} = \frac{1}{K'} = 1.709 \times 10^{-10}\text{mol}^2 \cdot \text{L}^{-2}$$

AgCl 的溶解度 $c = \sqrt{K_{\text{sp}}} = \sqrt{\frac{1}{K'}} = 1.31 \times 10^{-5}\text{mol} \cdot \text{L}^{-1}$

9-25 电池 Pb | $PbCl_2$(纯熔盐) | Cl_2(p = 100kPa),石墨，在700℃时的电动势为1.168V。又测得电池 Pb | $PbCl_2(x_1)$,$NaCl(x_2)$ | Cl_2(p = 100kPa)，石墨，在700℃时的电动势与浓度的关系如下：

x	0.90	0.75	0.60	0.50
E/V	1.1728	1.1826	1.1945	1.2025

求各相应浓度下 $PbCl_2$ 的活度。

解： 电池反应 $Pb + Cl_2(100\text{kPa}) \xlongequal{} PbCl_2(a)$

$$E = E^{\ominus} - \frac{RT}{ZF}\ln \frac{a_{\text{PbCl}_2}}{\frac{p_{\text{Cl}_2}}{p^{\ominus}}}$$

所以 $\ln a_{\text{PbCl}_2} = \dfrac{(E^{\ominus} - E) \times 2F}{RT}$，其中 $E^{\ominus} = 1.168\text{V}$

分别代入 E 值得

x	0.90	0.75	0.60	0.50
a_{PbCl_2}	0.89	0.71	0.53	0.44

9-26 已知 25℃时，下列电池

$$\text{Pt}, \text{H}_2(100\text{kPa}) \mid \text{HCl}(0.1\text{mol} \cdot \text{kg}^{-1}) \mid \text{AgCl(s)}, \text{Ag} \quad (1)$$

$$Pt, H_2(100kPa) | HCl(0.1mol \cdot kg^{-1}) | Cl_2(100kPa), Pt \qquad (2)$$

的 $E_1^\ominus = 0.222V, E_2^\ominus = 1.358V$。溶液的 $\gamma_\pm = 0.798$。

(1) 写出电池 (1) 和 (2) 的电池反应;

(2) 求两电池的电动势 E_1 和 E_2;

(3) 求 25℃时 AgCl(s) 的标准摩尔生成吉布斯函数 $\Delta_f G_m^\ominus(AgCl)$。

解: (1) 电池反应

$$H_2(100kPa) + 2AgCl(s) \xlongequal{\quad} 2Ag + 2HCl(0.1mol \cdot kg^{-1}) \qquad (1)$$

$$H_2(100kPa) + Cl_2(100kPa) \xlongequal{\quad} 2HCl(0.1mol \cdot kg^{-1}) \qquad (2)$$

(2)

$$E_1 = E^\ominus - \frac{RT}{ZF}\ln\frac{a_{HCl}^2}{\frac{p_{H_2}}{p^\ominus}}$$

$$= 0.222V - \frac{0.0591V}{2}\lg\left(\frac{0.1mol \cdot kg^{-1} \times 0.798}{1mol \cdot kg^{-1}}\right)^4$$

$$= 0.352V$$

$$E_2 = E^\ominus - \frac{RT}{ZF}\ln\frac{a_{HCl}^2}{\frac{p_{H_2}}{p^\ominus}\frac{p_{Cl_2}}{p^\ominus}}$$

$$= 1.358V - \frac{0.0591V}{2}\lg\left(\frac{0.1mol \cdot kg^{-1} \times 0.798}{1mol \cdot kg^{-1}}\right)^4$$

$$= 1.488V$$

(3) 由式(2) - 式(1)得 $2Ag + Cl_2(100kPa) = 2AgCl(s)$ (3)

$$\Delta_r G_{m,3}^\ominus = \Delta_r G_{m,2}^\ominus - \Delta_r G_{m,1}^\ominus = -Z_2FE_2^\ominus - (-Z_1FE_1^\ominus)$$

又

$$\Delta_f G_{m,3}^\ominus = \frac{1}{2}\Delta_r G_{m,3}^\ominus = \frac{1}{2}(-Z_2FE_2^\ominus + Z_1FE_1^\ominus) = -109607J \cdot mol^{-1}$$

9-27 已知下列 $ZrO_2(+CaO)$ 是固体电解质电池,其在 700℃时,电动势为 0.99V

$$Pt, CO, CO_2 | ZrO_2(+CaO) | \text{空气}, Pt$$

又知下列反应 700℃时的标准摩尔反应吉布斯函数为

$$C + O_2 \xlongequal{\quad} CO_2, \quad \Delta_r G_m^\ominus = -395000J \cdot mol^{-1} \qquad (1)$$

$$2C + O_2 \xlongequal{\quad} 2CO, \quad \Delta_r G_m^\ominus = -395700\text{J} \cdot \text{mol}^{-1} \tag{2}$$

（1）写出电极反应和电池反应。

（2）求混合气体中 p_{CO_2}/p_{CO}的值。

解：（1）负极反应

$$O^{2-} + 2e^- \xlongequal{\quad} \frac{1}{2}O_2$$

$$\frac{1}{2}O_2 + CO \xlongequal{\quad} CO_2$$

正极反应
$$\frac{1}{2}O_2 - 2e^- \xlongequal{\quad} O^{2-}$$

电池反应
$$\frac{1}{2}O_2 + CO \xlongequal{\quad} CO_2 \tag{3}$$

（2）由反应（1）和反应（2）得反应（3）的 $\Delta_r G_{m,3}^\ominus$ 及标准电池电动势 $E^\ominus$ 为

$$\Delta_r G_{m,3}^\ominus = \frac{1}{2}(2\Delta_r G_{m,1}^\ominus - \Delta_r G_{m,2}^\ominus)$$

$$= \frac{1}{2}[2 \times (-395000) + 395700]\text{J} \cdot \text{mol}^{-1}$$

$$= -197150\text{J} \cdot \text{mol}^{-1}$$

$$E^\ominus = -\frac{\Delta_r G_{m,3}^\ominus}{ZF} = \frac{197150\text{J} \cdot \text{mol}^{-1}}{2 \times 96485\text{C} \cdot \text{mol}^{-1}} = 1.022\text{V}$$

电池电动势

$$E = E^\ominus - \frac{RT}{ZF}\ln \frac{\dfrac{p_{CO_2}}{p^\ominus}}{\left(\dfrac{p_{O_2}}{p^\ominus}\right)^{\frac{1}{2}} \dfrac{p_{CO}}{p^\ominus}}$$

所以

$$\lg \frac{p_{CO_2}}{p_{CO}} = \frac{(E^\ominus - E) \times 2F}{RT \times 2.303} + \lg(0.21)^{\frac{1}{2}}$$

$$= \frac{(1.022\text{V} - 0.99\text{V}) \times 2 \times 96485\text{C} \cdot \text{mol}^{-1}}{8.314\text{J} \cdot \text{mol}^{-1} \cdot \text{K}^{-1} \times 973\text{K} \times 2.303} + \lg(0.21)^{\frac{1}{2}} = -0.0074$$

所以
$$\frac{p_{CO_2}}{p_{CO}} = 0.983$$

9-28 在1000℃时下列两个电池

（1）Ni, NiO(s) | ZrO_2(+CaO) | PbO(l), Pb(l)

（2）Ni, NiO(s) | ZrO_2(+CaO) | SiO_2-PbO, Pb(l)

的电动势 $E_1 = 157.44\text{mV}$，$E_2 = 151.46\text{mV}$，求电池（2）正极中 PbO 的活度 a_{PbO}。

解： 电池反应 $PbO(l) + Ni(s) = Pb(l) + NiO(s)$

电池电动势

$$E = E^{\ominus} - \frac{RT}{ZF}\ln\frac{1}{a_{PbO}}$$

所以

$$\ln a_{PbO} = \frac{(E_2 - E_1) \times ZF}{RT}$$

$$= \frac{(0.15146\text{V} - 0.15744\text{V}) \times 2 \times 96485\text{C} \cdot \text{mol}^{-1}}{8.314\text{J} \cdot \text{mol}^{-1} \cdot \text{K}^{-1} \times 1273\text{K}}$$

$$= -0.1090$$

$$a_{PbO} = 0.897$$

9-29 电极极化后，其电势比平衡电势为正还是为负，为什么？电解池与原电池有电流通过时，端电压是增大还是减小？

答： 阳极极化后，电极电势向正方向移动，高于平衡电势；阴极极化后，电极电势向负方向移动，电极电势低于平衡电势。产生极化有两种：电化学极化和浓差极化。当电流通过电解池和原电池时，电流将先后经过导线→电极反应→电解质溶液，而电流在导线中的传导速度远远大于电极反应，使电荷在电极材料上滞留。发生阴极过程时，负电荷在阴极附近积累，使电位负移；发生阳极过程时，负电荷在阳极附近产生空缺，使电位正移。由于浓差极化，当有电流通过时，电极表面发生的物质浓度小于其在溶液中的浓度，也使电极电势产生移动，其方向与电化学一致。

电解池和原电池极化的方向不同，有电流通过电解池时，端电压增大，原电池端电压减小。

9-30 用铂电极电解含有 Ag^+（$a_{Ag^+} = 0.005$），Cu^{2+}（$a_{Cu^{2+}} = 0.001$），Cd^{2+}（$a_{Cd^{2+}} = 0.01$），Zn^{2+}（$a_{Zn^{2+}} = 1$），H^+（$a_{H^+} = 10^{-5}$）的某溶液。已知氢在 Pt、Ag、Cu、Cd、Zn 上的气泡超电势分别为 0V、0.15V、0.23V、0.48V、0.70V。指出外电压从零逐渐增大时，浸在溶液中的阴极上析出各物质的先后顺序。

解： 各物质的析出电势分别为

$$\varphi_{Ag^+|Ag} = \varphi^{\ominus}_{Ag^+|Ag} + 0.0591\lg a_{Ag^+} = 0.664\text{V}$$

$$\varphi_{Cu^{2+}|Cu} = \varphi^{\ominus}_{Cu^{2+}|Cu} + 0.0296\lg a_{Cu^{2+}} = 0.251\text{V}$$

$$\varphi_{Cd^{2+}|Cd} = \varphi^{\ominus}_{Cd^{2+}|Cd} + 0.0296\lg a_{Cd^{2+}} = -0.462\text{V}$$

$$\varphi_{Zn^{2+}|Zn} = \varphi^{\ominus}_{Zn^{2+}|Zn} + 0.0296\lg a_{Zn^{2+}} = -0.763\text{V}$$

$$\varphi_{H^+|H_2} = 0.0591\lg a_{H^+} = -0.296\text{V}$$

如果不存在超电势，则析出顺序为 Ag →Cu →H_2→Cd →Zn。由于在各金属上析出存在超电势，则氢气在各金属上的析出电位分别为

Pt	Ag	Cu	Cd	Zn
-0.296V	-0.446V	-0.526V	-0.776V	-0.996V

考虑H_2的析出超电势和 Pt 电极逐步被沉积金属替代后，H^+在各种金属上的析出电位不同，得到析出顺序为 Ag →Cu →Cd →Zn →H_2。

9-31 在25℃，100kPa 条件下，用 Pt 电极电解 H_2SO_4水溶液，并不断加以搅拌，两个电极面积各为1cm^2，电流强度为1mA，两极用多孔膜隔开，电解质的电阻为100Ω，H_2与 O_2的超电势与电流密度（$A \cdot cm^{-2}$）的关系分别为 $\eta_{H_2} = (0.472 + 0.118\lg i)V$，$\eta_{O_2} = (1.062 + 0.118\lg i)V$，试计算槽电压。

解： 槽电压为 $E_{槽} = E_{理} + E_R + \eta$

电解产物形成原电池

$$Pt, H_2(100kPa) | H_2O(H_2SO_4) | O_2(100kPa), Pt$$

电池反应：
$$H_2(100kPa) + \frac{1}{2}O_2(100kPa) = H_2O(l)$$

$$\Delta_r G_m^{\ominus} = \Delta_f G_m^{\ominus}(H_2O) = -237.25kJ \cdot mol^{-1}$$

从原电池反应的 $\Delta_r G_m^{\ominus}$ 计算理论分解电压为

$$E_{理} = \frac{-\Delta_r G_m^{\ominus}}{ZF} = \frac{237250J \cdot mol^{-1}}{2 \times 96485C \cdot mol^{-1}} = 1.229V$$

溶液的电压降为 $E_R = IR = 10^{-3}A \times 100\Omega = 0.1V$

阴极和阳极的过电势为：

$$\eta_{H_2} = 0.472 + 0.118\lg 0.001 = 0.118V$$

$$\eta_{O_2} = 1.062 + 0.118\lg 0.001 = 0.708V$$

$$\eta = \eta_{H_2} + \eta_{O_2} = 0.118V + 0.708V = 0.826V$$

所以

$$E_{槽} = E_{理} + E_R + \eta$$
$$= 1.229V + 0.1V + 0.826V = 2.16V$$

9.3 补充习题

9-1 $CaCl_2$的摩尔电导率与其离子的摩尔电导率的关系是（ ）。

A $\Lambda_m^{\infty}(CaCl_2) = \Lambda_m^{\infty}(Ca^{2+}) + \Lambda_m^{\infty}(Cl^-)$

B $\Lambda_m^{\infty}(CaCl_2) = \frac{1}{2}\Lambda_m^{\infty}(Ca^{2+}) + \Lambda_m^{\infty}(Cl^-)$

C $\Lambda_m^{\infty}(CaCl_2) = \Lambda_m^{\infty}(Ca^{2+}) + 2\Lambda_m^{\infty}(Cl^-)$

D $\Lambda_m^\infty(CaCl_2) = 2[\Lambda_m^\infty(Ca^{2+}) + \Lambda_m^\infty(Cl^-)]$

答：C。

9-2 下列电解质中，离子平均活度系数最小的是（设质量摩尔浓度都为 $0.01mol \cdot kg^{-1}$）（ ）。

A $ZnSO_4$ B $CaCl_2$ C KCl D $LaCl_3$

答：D。因为 I 越小，$\gamma_\pm$ 越小。

9-3 将 $AgNO_3$、$CuCl_2$、$FeCl_3$ 三种溶液用适当装置串联，通一定电量后，各阴极上析出的金属的（ ）。

A 质量相同 B 物质的量相同

C 还原的离子个数相同 D 都不相同

答：D。由法拉第定律 $n = \dfrac{Q}{ZF}$，三种溶液的 Q 相同，但 Z 不同，所以 n 不同，质量也不同。

9-4 某电池反应可以写成如下两种形式：

(1) $\frac{1}{2}H_2(p^\ominus) + AgI(s) \longrightarrow Ag(s) + HI(a)$

(2) $H_2(p^\ominus) + 2AgI(s) \longrightarrow 2Ag(s) + 2HI(a)$

则（ ）。

A $E_1 = E_2$，$K_1 = K_2$ B $E_1 \neq E_2$，$K_1 = K_2$

C $E_1 = E_2$，$K_1 \neq K_2$ D $E_1 \neq E_2$，$K_1 \neq K_2$

答：C。

9-5 标准氢电极是（ ）。

A $Pt, H_2(p^\ominus) | OH^-(a_{OH^-} = 1)$

B $Pt, H_2(p^\ominus) | OH^-(a_{OH^-} = 10^{-7})$

C $Pt, H_2(p^\ominus) | H^+(a_{H^+} = 10^{-7})$

D $Pt, H_2(p^\ominus) | H^+(a_{H^+} = 1)$

答：D。

9-6 25℃时，要使电池 $Na(Hg)(a_1) | Na^+(aq) | Na(Hg)(a_2)$ 成为自发电池，则必须让两个活度的关系为（ ）。

A $a_1 < a_2$ B $a_1 = a_2$

C $a_1 > a_2$ D a_1 和 a_2 可任意取

答：A。

9-7 在标准还原电势表上，还原电极电势大者为____极，还原电势小者为____极。

答：正；负。

9-8 如果规定标准氢电极的电势为1V，则可逆电池的$E^{\ominus}$值____，可逆电极电势的φ值____。

答：不变；增加1V。

9-9 无限稀释时，HCl、KCl、NaCl三种溶液在相同温度、相同浓度、相同电位梯度下，三种溶液中Cl^-的运动速度是否相同，三种溶液的Cl^-迁移数是否相同？

答：Cl^-的速度都相同，但迁移数不同，因为阳离子的迁移速度不同。

9-10 在电化学中，根据什么原则来命名阴、阳极和正、负极？

答：在电化学中，电极的命名方法有两种。一是根据氧化还原反应命名阴、阳极。无论是原电池还是电解池，凡是进行氧化反应的电极皆称为阳极，凡是进行还原反应的电极皆称为阴极。另一种方法是根据电势的高低来命名正负极。电势高的电极称为正极，电势低的电极称为负极。

在电解池中，阳极即为正极，阴极即为负极。原电池中，阴极为正极，阳极为负极。

9-11 因为电导率$\kappa = \frac{l}{A}\cdot\frac{1}{R}$，所以电导率$\kappa$与电导池常数$\frac{l}{A}$成正比关系，这种说法对吗，为什么？

答：不对。κ与$\frac{l}{A}$无关，与R有关。

9-12 工业上，习惯把经过离子交换剂处理过的水称为“去离子水”，常用水的电导率来鉴别水的纯度。25℃时，纯水电导率的理论值为多少？

答：由25℃时水的离子积$K = 1.008\times10^{-14}$（$c^{\ominus} = 1\text{mol}\cdot\text{L}^{-1}$），计算纯水中电离那一部分水的浓度：

$$\begin{aligned}c &= c_{H^+} = c_{OH^-}\\ &= (1.008\times10^{-14})^{\frac{1}{2}}\times10^{3}\text{mol}\cdot\text{m}^{-3}\\ &= 1.004\times10^{-4}\text{mol}\cdot\text{m}^{-3}\end{aligned}$$

纯水中离子的浓度可视为无限稀释，故

$$\begin{aligned}\Lambda_m(H_2O) &= \Lambda_m^{\infty}(H^+) + \Lambda_m^{\infty}(OH^-)\\ &= (349.82\times10^{-4} + 198.0\times10^{-4})\text{S}\cdot\text{m}^2\cdot\text{mol}^{-1}\\ &= 547.82\times10^{-4}\text{S}\cdot\text{m}^2\cdot\text{mol}^{-1}\end{aligned}$$

25℃纯水的理论电导率：

$$\begin{aligned}\kappa_{H_2O} &= \Lambda_m^{\infty}(H_2O)\cdot c\\ &= 547.82\times10^{-4}\text{S}\cdot\text{m}^2\cdot\text{mol}^{-1}\times1.004\times10^{-4}\text{mol}\cdot\text{m}^{-3}\\ &= 5.5\times10^{-6}\text{S}\cdot\text{m}^{-1}\end{aligned}$$

经蒸馏或离子交换处理过的水，其电导率越接近此值，表明水的纯度越高。一般达到10^{-6}数量级时，即为高纯度的水。

10 化学反应动力学

10.1 主要公式

（1）反应速率：任意化学反应 $aA + bB = dD$

$$v = \frac{1}{V}\frac{d\xi}{dt} = -\frac{1}{a}\frac{dc_A}{dt} = -\frac{1}{b}\frac{dc_B}{dt} = \frac{1}{d}\frac{dc_D}{dt} \tag{10-1}$$

v 为恒容时的化学反应速率，它等于物质浓度对时间的变化率。

（2）质量作用定律 $aA + bB \rightarrow dD$（基元反应）

$$v = kc_A^a c_B^b \tag{10-2}$$

式(10-2)只适用于基元反应。

（3）反应级数是正整数的反应：

1）零级反应（$n=0$）

$$c_{A0} - c_A = k_A t \tag{10-3}$$

零级反应的反应物浓度与时间呈线性关系。速率系数 k_A 的单位为浓度·时间$^{-1}$，当浓度单位为 $mol \cdot m^{-3}$，时间的单位为 s 时，反应速率系数的单位为 $mol \cdot m^{-3} \cdot s^{-1}$。

半衰期
$$t_{1/2} = \frac{c_{A0}}{2k_A} \tag{10-4}$$

零级反应的半衰期与初始反应物浓度成正比，与速率系数成反比。

2）一级反应（$n=1$）

$$\ln c_{A0} - \ln c_A = k_A t \quad 或 \quad c_A = c_{A0}e^{-k_A t} \tag{10-5}$$

一级反应速率系数的单位是时间的倒数。

半衰期
$$t_{1/2} = \frac{\ln 2}{k_A} \tag{10-6}$$

一级反应的半衰期与初始反应物的浓度无关。

3）二级反应（$n=2$）

$$\frac{1}{c_A} - \frac{1}{c_{A0}} = k_A t \tag{10-7}$$

二级反应速率系数的单位是（浓度·时间）$^{-1}$。

半衰期
$$t_{1/2} = \frac{1}{c_{A0}k_A} \tag{10-8}$$

二级反应的半衰期与初始反应物的浓度成反比。

4）n 级反应

$$\frac{1}{n-1}\left(\frac{1}{c_A^{n-1}} - \frac{1}{c_{A0}^{n-1}}\right) = k_A t \quad (n \neq 1) \tag{10-9}$$

n 级反应速率系数的单位是(浓度)$^{1-n}$·(时间)$^{-1}$。

(4) 阿仑尼乌斯公式：

微分式
$$\frac{\mathrm{d}\ln k}{\mathrm{d}T} = \frac{E_a}{RT^2} \tag{10-10}$$

不定积分式
$$\ln k = -\frac{E_a}{RT} + B \tag{10-11}$$

定积分式
$$\ln\frac{k_2}{k_1} = \frac{E_a}{R}\left(\frac{1}{T_1} - \frac{1}{T_2}\right) \tag{10-12}$$

指数式
$$k = A\mathrm{e}^{-E_a/RT} \tag{10-13}$$

式中，k 为化学反应的速率系数；A 为指前因子；E_a 为活化能，是常数，J·mol^{-1}。

(5) 双分子气相反应速率方程及速率常数：

$$-\frac{\mathrm{d}c_A}{\mathrm{d}t} = N_A(r_A + r_B)^2\left[\frac{8\pi kT(m_A + m_B)}{m_A m_B}\right]^{\frac{1}{2}}\mathrm{e}^{-\frac{\varepsilon}{kT}}c_A c_B \tag{10-14}$$

$$k = N_A(r_A + r_B)^2\left[\frac{8\pi kT(m_A + m_B)}{m_A m_B}\right]^{\frac{1}{2}}\mathrm{e}^{-\frac{\varepsilon}{kT}} \tag{10-15}$$

式中，k 为玻耳兹曼常数；ε 为阈能；$\frac{m_A + m_B}{m_A m_B}$ 为 A 分子和 B 分子的折合质量；N_A为阿伏加德罗常数。式(10-15)表明，速率常数与分子 A 和 B 的半径、质量、温度、阈能有关。

(6) 过渡态理论的速率常数：

$$k_B = \frac{kT}{h}\mathrm{e}^{\frac{\Delta_r S_m^{\neq}}{R}}\mathrm{e}^{-\frac{\Delta_r H_m^{\neq}}{RT}} = \frac{kT}{h}\mathrm{e}^{\frac{\Delta_r S_m^{\neq}}{R}}\mathrm{e}^{-\frac{E_a}{RT}} \tag{10-16}$$

(7) 菲克扩散定律：

$$\frac{\mathrm{d}n}{\mathrm{d}t} = -DA\frac{\mathrm{d}c}{\mathrm{d}x} \tag{10-17}$$

式中，$\frac{dn}{dt}$为物质的扩散速率；$\frac{dc}{dx}$为扩散物质的浓度梯度；D，A 分别为扩散物质的扩散系数和截面的面积。

（8）量子效率：

$$\Phi = \frac{\text{起反应的分子数}}{\text{吸收的光子数}} \tag{10-18}$$

10.2 教材习题解答

10-1 气体反应 $SO_2Cl_2 = SO_2 + Cl_2$ 为一级反应。在 593K 时的速率系数 $k = 2.20 \times 10^{-5} s^{-1}$。求反应的半衰期和反应 2h 后分解 SO_2Cl_2 的分解百分比。

解： 一级反应半衰期

$$t_{1/2} = \frac{\ln 2}{k} = 31507\text{s}$$

由一级反应的积分式

$$\ln \frac{c_0}{c} = kt$$

得 $$\ln \frac{c_0}{c} = 2.20 \times 10^{-5} s^{-1} \times 2 \times 3600\text{s} = 0.1584$$

设 $2h$ 有 $x(\text{mol} \cdot L^{-1})SO_2Cl_2$ 发生分解，即

$$\frac{c_0}{c} = \frac{c_0}{c_0 - x} = \exp(0.1584) = 1.1716$$

整理得 $$1 - \frac{x}{c_0} = \frac{1}{1.1716}$$

所以 $$\frac{x}{c_0} \times 100\% = 14.6\%$$

10-2 镭原子蜕变成一个 Rn 和一个 α 粒子。它的半衰期是 1622a，反应是一级。问 1g 无水溴化镭 $RaBr_2$ 在 10a 内能放出多少 Rn？Rn 的量用 0℃，标准压力下的体积（cm^3）来表示。

解： 由一级反应半衰期

$$t_{1/2} = \frac{\ln 2}{k}$$

得 $$k = \frac{\ln 2}{t_{1/2}} = \frac{\ln 2}{1622\text{a}} = 0.0004273\text{a}^{-1}$$

开始时 $RaBr_2$ 的物质的量为

$$n_0 = \frac{1\text{g}}{385.8\text{g} \cdot \text{mol}^{-1}} = 0.002592\text{mol}$$

设 10a 内放出 x(mol) Rn

由一级反应速率方程的积分形式

$$t = \frac{1}{k}\ln\frac{n_0}{n} = \frac{1}{k}\ln\frac{n_0}{n_0 - x}$$

所以

$$\ln\frac{n_0}{n_0 - x} = kt$$

即

$$\ln\frac{0.002592\text{mol}}{0.002592\text{mol} - x\text{mol}} = 0.0004273\text{a}^{-1} \times 10\text{a}$$

解得:

$$x = 0.0000111\text{mol}$$

$$V = 22.4 \times 10^3\text{cm}^3 \cdot \text{mol}^{-1} \times 0.0000111\text{mol} = 0.249\text{cm}^3$$

10-3 在 25℃时混合乙酸乙酯和氢氧化钠两溶液进行反应。混合后，乙酸乙酯的起始浓度是 $5 \times 10^{-3}\text{mol} \cdot \text{L}^{-1}$，氢氧化钠的起始浓度是 $8 \times 10^{-3}\text{mol} \cdot \text{L}^{-1}$。经 400s 后，取出 25cm^3 的溶液，以 $5 \times 10^{-3}\text{mol} \cdot \text{L}^{-1}$ 的盐酸溶液中和滴定，消耗 33.3cm^3 盐酸溶液。反应为二级。(1) 求速率系数；(2) 如取出 25cm^3 溶液，滴定时只消耗 20cm^3 盐酸，求反应时间 t。

解：(1) 乙酸乙酯与氢氧化钠两种反应物的化学计量数相等，由速率方程积分式

$$k_A t = \frac{1}{c_{A0} - c_{B0}}\ln\frac{c_{B0}(c_{A0} - x)}{c_{A0}(c_{B0} - x)}$$

其中 $c_{A0} = 5 \times 10^{-3}\text{mol} \cdot \text{L}^{-1}$，$c_{B0} = 8 \times 10^{-3}\text{mol} \cdot \text{L}^{-1}$，$t = 400\text{s}$

所以

$$x = 0.008\text{mol} \cdot \text{L}^{-1} - \frac{0.005\text{mol} \cdot \text{L}^{-1} \times 33.3\text{cm}^3}{25\text{cm}^3} = 0.00134\text{mol} \cdot \text{L}^{-1}$$

代入积分式，得

$$k = \frac{-1}{0.003\text{mol} \cdot \text{L}^{-1} \times 400\text{s}}\ln\frac{0.008\text{mol} \cdot \text{L}^{-1} \times 0.00366\text{mol} \cdot \text{L}^{-1}}{0.005\text{mol} \cdot \text{L}^{-1} \times 0.00666\text{mol} \cdot \text{L}^{-1}} = 0.1072\text{L} \cdot \text{mol}^{-1} \cdot \text{s}^{-1}$$

(2)

$$x_2 = 0.008\text{mol} \cdot \text{L}^{-1} - \frac{0.005\text{mol} \cdot \text{L}^{-1} \times 20\text{cm}^3}{25\text{cm}^3}$$

$$= 0.004\text{mol} \cdot \text{L}^{-1}$$

$$t = \frac{-1}{0.003\text{mol} \cdot \text{L}^{-1} \times 0.1072\text{L} \cdot \text{mol}^{-1} \cdot \text{s}^{-1}} \times \ln \frac{0.008\text{mol} \cdot \text{L}^{-1} \times 0.001\text{mol} \cdot \text{L}^{-1}}{0.005\text{mol} \cdot \text{L}^{-1} \times 0.004\text{mol} \cdot \text{L}^{-1}}$$

$$= 2849\text{s}$$

10-4 某二级反应经过 500s 后，原始物作用了 20%，问原始物作用了 60%时需经过多少时间？

解：由二级反应速率方程有：

$$k = \frac{1}{t} \times \frac{x}{c_0(c_0 - x)}$$

$$= \frac{1}{500\text{s}} \times \frac{0.2\text{mol} \cdot \text{L}^{-1}}{1\text{mol} \cdot \text{L}^{-1}(1\text{mol} \cdot \text{L}^{-1} - 0.2\text{mol} \cdot \text{L}^{-1})}$$

$$= 0.0005\text{L} \cdot \text{mol}^{-1} \cdot \text{s}^{-1}$$

$$t = \frac{1}{k} \times \frac{x}{c_0(c_0 - x)} = \frac{1}{0.0005\text{L} \cdot \text{mol}^{-1} \cdot \text{s}^{-1}} \times \frac{0.6\text{mol} \cdot \text{L}^{-1}}{1\text{mol} \cdot \text{L}^{-1}(1\text{mol} \cdot \text{L}^{-1} - 0.6\text{mol} \cdot \text{L}^{-1})}$$

$$= 3000\text{s}$$

10-5 证明一级反应完成 99.9% 所需时间是半衰期的 10 倍。

解：根据一级反应速率方程的积分式

$$t = \frac{1}{k}\ln \frac{c_0}{c_0 - x}$$

及一级反应的半衰期

$$t_{1/2} = \frac{\ln 2}{k}$$

得

$$t = \frac{t_{1/2}}{\ln 2}\ln \frac{c_0}{c_0 - x} = \frac{t_{1/2}}{\ln 2}\ln \frac{1\text{mol} \cdot \text{L}^{-1}}{0.001\text{mol} \cdot \text{L}^{-1}}$$

$$= 9.97t_{1/2} \approx 10t_{1/2}$$

10-6 把一定量 PH_3 在 956K 时很快引入含有压力为 29.86kPa 的惰性气体容器内。在不同的时间测得容器中压力如下：

t/s	0	58	108
p/kPa	35.00	36.34	36.68

反应 $4PH_3(g) \rightarrow P_4(g) + 6H_2(g)$ 为对 PH_3 的一级反应，求速率常数。

解： $t=0$ 时，总压力为 35.00kPa，惰性气体压力为 29.86kPa，所以引入的 PH_3 的压力为 35.00kPa − 29.86kPa = 5.14kPa。

由一级反应速率方程

$$k = \frac{1}{t}\ln\frac{p_0}{p} = \frac{1}{t}\ln\frac{5.14}{p}$$

	$4PH_3$	$\longrightarrow$	P_4	+	$6H_2$	
$t=0$	5.14kPa		0		0	
$t=t$	$(5.14-4x)$kPa		xkPa		$6x$kPa	$p_{总}=(5.14+3x)$kPa

$t=58$s 时，总压力为 36.34kPa − 29.86kPa = 6.48kPa，$p_{PH_3}=3.35$kPa

$t=108$s 时，总压力为 36.68kPa − 29.86kPa = 6.82kPa，$p_{PH_3}=2.9$kPa

分别代入速率方程得 $k_1=0.0074s^{-1}$，$k_2=0.0053s^{-1}$

$$\bar{k} = \frac{0.0074s^{-1}+0.0053s^{-1}}{2} = 0.0063s^{-1}$$

10-7 在 760℃ 加热分解 N_2O。当 N_2O 起始压力 $p_0=38.66$kPa 时，反应的半衰期为 255s，当 $p_0=46.66$kPa 时，反应的半衰期为 212s，求反应级数和 $p_0=101.3$kPa 时反应的半衰期。

解： 根据半衰期法，将两个初始分压下的两个半衰期代入公式，得

$$n = 1 + \frac{\lg\left(\frac{t'_{1/2}}{t''_{1/2}}\right)}{\lg\left(\frac{p''_{A0}}{p'_{A0}}\right)} = 1 + \frac{\lg\left(\frac{255s}{212s}\right)}{\lg\left(\frac{46.66kPa}{38.66kPa}\right)} = 1.982 \approx 2$$

即反应级数为 2，则半衰期为 $t_{1/2} = \frac{1}{p_0 k_A}$

所以

$$t_{1/2} = t'_{1/2}\left(\frac{p'_0}{p_0}\right) = 255s \times \left(\frac{38.66kPa}{101.3kPa}\right) = 97.3s$$

$$t_{1/2} = t''_{1/2}\left(\frac{p''_0}{p_0}\right) = 212s \times \left(\frac{46.66kPa}{101.3kPa}\right) = 97.65s$$

平均值 $\bar{t}_{1/2} = 97.5s$

10-8 过氧化氢的稀溶液在催化剂 KI 的存在下按下式分解：

$$H_2O_2 \xrightarrow{KI} H_2O + \frac{1}{2}O_2(g)$$

25℃，101.3kPa 下，测得不同时间内产生氧气的体积如下：

t/min	0	5	10	20	32	54	74	84
V_{O_2}/cm^3	0	24	40.6	62.4	74.2	83.1	85.9	85.9

（1）试证明此反应为一级反应；

（2）求该反应在25℃时的半衰期和速率常数。

解：由题意，当 $t>74min$ 后，$V_{O_2}=85.9cm^3$ 保持不变，可知 $V_\infty=85.9cm^3$。将各数据分别代入一级反应速率方程中，有

$$k_1=\frac{1}{5min}\ln\frac{85.9cm^3}{61.9cm^3}=0.06553min^{-1}$$

$$k_2=\frac{1}{10min}\ln\frac{85.9cm^3}{45.3cm^3}=0.06400min^{-1}$$

$$k_3=\frac{1}{20min}\ln\frac{85.9cm^3}{23.5cm^3}=0.06481min^{-1}$$

$$k_4=\frac{1}{32min}\ln\frac{85.9cm^3}{11.7cm^3}=0.06230min^{-1}$$

$$k_5=\frac{1}{54min}\ln\frac{85.9cm^3}{2.8cm^3}=0.06340min^{-1}$$

k 基本上保持不变，故反应为一级。

平均值 $\overline{k}=0.06401min^{-1}$

$$t_{1/2}=\frac{\ln 2}{\overline{k}}=10.83min$$

10-9 反应 A + B →C 在一定温度下的反应速率数据如下：

第一次实验（$p_{0,A}=100kPa$，$p_{0,B}=0.4kPa$）：

t/min	0	34.5	69	138	∞
p_C/kPa	0	0.20	0.30	0.375	0.40

第二次实验（$p_{0,A}=400kPa$，$p_{0,B}=0.4kPa$）：

t/min	0	34.5	69	∞
p_C/kPa	0	0.30	0.375	0.40

求：（1）此反应的速率方程 $dp_C/dt=kp_A^\alpha p_B^\beta$ 中的 α 和 β 的值；

（2）反应的速率系数 k。

解：（1）因为初始反应分压 $p_{0,A}$ 比 $p_{0,B}$ 大得多，设用 x 代表 p_C，则反应过程中

$$p_A=p_{0,A}-x\approx p_{0,A},\ p_B=p_{0,B}-x$$

则反应速率方程为

$$\frac{dp_C}{dt}=kp_A^\alpha p_B^\beta=k(p_{0,A}-x)^\alpha(p_{0,B}-x)^\beta$$

$$=k(100\text{kPa}-x)^{\alpha}(0.4\text{kPa}-x)^{\beta}$$
$$\approx k\times 100^{\alpha}\times p_{\text{B}}^{\beta}=k'p_{\text{B}}^{\beta}$$

其中，$k'=k\times 100^{\alpha}$。

从第一次实验的数据可以看出，每隔34.5min，B就消耗掉一半，即半衰期与初始浓度无关。故对B是一级反应，即$\beta=1$，求出反应速率系数k'为

$$k'=\frac{\ln 2}{t_{1/2}}=\frac{\ln 2}{34.5\text{min}}=0.0201\text{min}^{-1}$$

(2) 利用第二组实验数据得

$$\frac{\mathrm{d}p_{\text{C}}}{\mathrm{d}t}=k(400\text{kPa}-x)^{\alpha}(0.4\text{kPa}-x)^{\beta}\approx k\times 400^{\alpha}\times p_{\text{B}}=k''p_{\text{B}}$$

其中，$k''=k\times 400^{\alpha}$。

将两组数据代入速率方程中，得

$$k_1''=\frac{1}{t}\ln\frac{p_{0,\text{B}}}{p_{\text{B}}}=\frac{1}{34.5\text{min}}\ln\frac{0.4\text{kPa}}{(0.4-0.3)\text{kPa}}=0.0402\text{min}^{-1}$$

$$k_2''=\frac{1}{69\text{min}}\ln\frac{0.4\text{kPa}}{(0.4-0.375)\text{kPa}}=0.0402\text{min}^{-1}$$

平均值 $k''=0.0402\text{min}^{-1}$

从计算结果可以看出，$k''=2k'$

即

$$\frac{k'}{k''}=\frac{100^{\alpha}k}{400^{\alpha}k}=\frac{0.0201\text{min}^{-1}}{0.0402\text{min}^{-1}}=\frac{1}{2}$$

得
$$\alpha=\frac{1}{2}$$

将 $k''=0.0402\text{min}^{-1}$，$\alpha=\frac{1}{2}$代入关系式 $k''=k\times 400^{\alpha}$中，得

速率系数 $k=0.002\text{min}^{-1}\cdot\text{kPa}^{-1/2}$。

10-10 在700℃恒容时，测得下面反应的动力学数据：

$$2\text{NO(g)}+2\text{H}_2\text{(g)}=\!=\!=\text{N}_2\text{(g)}+2\text{H}_2\text{O(g)}$$

p_0/kPa	NO	50.6	50.6	25.3
	H_2	20.2	10.1	20.2
$\frac{-\mathrm{d}p_{总}}{\mathrm{d}t}$/kPa · min^{-1}		0.488	0.244	0.122

求 $\mathrm{d}p_{\text{N}_2}/\mathrm{d}t=kp_{\text{NO}}^{\alpha}\,p_{\text{H}_2}^{\beta}$中的$\alpha$，$\beta$和$k$。

解：化学反应速率定义为 $v=\frac{1}{\nu_B}\frac{\mathrm{d}c_B}{\mathrm{d}t}$

可以用分压直接表示反应速率，即

$$-\frac{\mathrm{d}p_{总}}{\mathrm{d}t}=\frac{\mathrm{d}p_{N_2}}{\mathrm{d}t}=kp_{NO}^{\alpha}p_{H_2}^{\beta}$$

将三组数据代入速率方程中有：

$$0.488\mathrm{kPa}\cdot\mathrm{min}^{-1}=k\times(50.6\mathrm{kPa})^{\alpha}\times(20.2\mathrm{kPa})^{\beta} \quad (1)$$

$$0.244\mathrm{kPa}\cdot\mathrm{min}^{-1}=k\times(50.6\mathrm{kPa})^{\alpha}\times(10.1\mathrm{kPa})^{\beta} \quad (2)$$

$$0.122\mathrm{kPa}\cdot\mathrm{min}^{-1}=k\times(25.3\mathrm{kPa})^{\alpha}\times(20.2\mathrm{kPa})^{\beta} \quad (3)$$

式（1）除式（2）得 $2=2^{\beta}$，$\beta=1$

式（1）除式（3）得 $4=2^{\alpha}$，$\alpha=2$

即对 NO 是二级反应，对 H_2 是一级反应，总级数是 3。

将 $\alpha=2$，$\beta=1$ 代入式（1）中

$$0.488\mathrm{kPa}\cdot\mathrm{min}^{-1}=k\times(50.6\mathrm{kPa})^{2}\times 20.2\mathrm{kPa}$$

得速率系数 $k=9.44\times10^{-6}\mathrm{kPa}^{-2}\cdot\mathrm{min}^{-1}$

10-11 反应 A + B →C 分以下两步进行：

$$2\mathrm{A} \rightleftharpoons \mathrm{D}$$

$$\mathrm{D}+\mathrm{B} \longrightarrow \mathrm{A}+\mathrm{C}$$

第一步速率很快，可达到平衡，平衡常数为 K_C。求以 $\mathrm{d}p_C/\mathrm{d}t$ 表示的速率方程。

解： 步骤 2A ⇌D 是快平衡

平衡常数 $K_C=\dfrac{c_D}{c_A^2}$，即 $c_D=K_Cc_A^2$

用步骤 $\mathrm{D}+\mathrm{B}\xrightarrow{k}\mathrm{A}+\mathrm{C}$ 中的产物 C 的分压表示反应速率，得

$$\frac{\mathrm{d}p_C}{\mathrm{d}t}=kc_Dc_B=kK_Cc_A^2c_B$$

10-12 氧乙烯的热分解反应为一级反应：

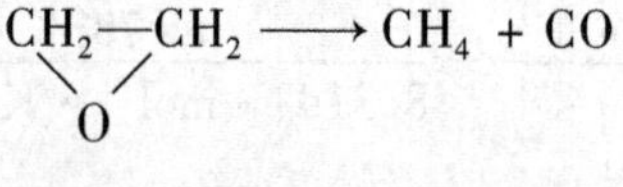

在 378.5℃时反应的半衰期为 363min。求 378.5℃和 450℃氧乙烯分解 75%所需的时间。已知该反应的活化能为 217600J · mol⁻¹。

解： 一级反应是半衰期 $t_{1/2}=\dfrac{\ln2}{k}$

378.5℃时的速率系数为 $k_1=\dfrac{\ln2}{t_{1/2}}=\dfrac{\ln2}{363\mathrm{min}}=1.91\times10^{-3}\mathrm{min}^{-1}$

378.5℃时，当氧乙烯分解 75%时，根据速率方程求得所用时间为

$$t_1=\frac{1}{k_1}\ln\frac{c_0}{c}=\frac{1}{k_1}\ln\frac{c_0}{0.25c_0}=\frac{1}{1.91\times10^{-3}\mathrm{min}^{-1}}\ln\frac{1}{0.25}=726\mathrm{min}$$

根据阿仑尼乌斯方程 $\ln\frac{k_2}{k_1}=\frac{E(T_2-T_1)}{RT_2T_1}$，计算450℃时反应的速率系数为

$$\ln\frac{k_2}{1.91\times10^{-3}\text{min}^{-1}}=\frac{217600\text{J}\cdot\text{mol}^{-1}(723\text{K}-651.5\text{K})}{8.314\text{J}\cdot\text{mol}^{-1}\cdot\text{K}^{-1}\times723\text{K}\times651.5\text{K}}=3.973$$

所以 $k_2=0.1015\text{min}^{-1}$

从而求得450℃时，分解75%所用的时间为

$$t_2=\frac{1}{k_2}\ln\frac{c_0}{c}=\frac{1}{k_2}\ln\frac{c_0}{0.25c_0}=\frac{1}{0.1015\text{min}^{-1}}\ln\frac{1}{0.25}=13.7\text{min}$$

10-13　气态乙醛 CH_3CHO 分解反应是二级反应。设最初浓度为 $c_0=0.005\text{mol}\cdot\text{L}^{-1}$。500℃反应300s后有27.6%的原始物分解。510℃经300s后，有35.8%的原始物分解。求活化能和490℃时的反应速率系数。

解： 二级反应速率方程为 $\frac{1}{c}-\frac{1}{c_0}=kt$

设 x 代表反应过程中消耗的乙醛量，则速率常数 k 与 x 的关系为

$$k=\frac{1}{t}\times\frac{x}{c_0(1-x)}$$

500℃时，$k_1=\frac{1}{300\text{s}}\times\frac{0.276}{0.005\text{mol}\cdot\text{L}^{-1}\times0.724}=0.2541\text{L}\cdot\text{mol}^{-1}\cdot\text{s}^{-1}$

510℃时，$k_2=\frac{1}{300\text{s}}\times\frac{0.358}{0.005\text{mol}\cdot\text{L}^{-1}\times0.642}=0.3718\text{L}\cdot\text{mol}^{-1}\cdot\text{s}^{-1}$

根据阿仑尼乌斯方程

$$\ln\frac{k_2}{k_1}=\frac{E(T_2-T_1)}{RT_2T_1}$$

求得反应的活化能

$$\ln\frac{0.3718\text{L}\cdot\text{mol}^{-1}\cdot\text{s}^{-1}}{0.2541\text{L}\cdot\text{mol}^{-1}\cdot\text{s}^{-1}}=\frac{E(783\text{K}-773\text{K})}{8.314\text{J}\cdot\text{mol}^{-1}\cdot\text{K}^{-1}\times783\text{K}\times773\text{K}}$$

解得 $E=191537\text{J}\cdot\text{mol}^{-1}$

490℃时的速率系数

$$\ln\frac{0.2541\text{L}\cdot\text{mol}^{-1}\cdot\text{s}^{-1}}{k_3}=\frac{191537\text{J}\cdot\text{mol}^{-1}(773\text{K}-763\text{K})}{8.314\text{J}\cdot\text{mol}^{-1}\cdot\text{K}^{-1}\times773\text{K}\times763\text{K}}$$

解得 $k_3=0.172\text{L}\cdot\text{mol}^{-1}\cdot\text{s}^{-1}$

10-14　反应 $H_2+I_2=2HI$ 在不同温度下速率系数如下：

T/K	556	576	629	666	700	781
$k/\text{mol}^{-1}\cdot\text{L}\cdot\text{s}^{-1}$	4.45×10^{-5}	1.32×10^{-4}	2.52×10^{-3}	1.41×10^{-2}	6.43×10^{-2}	1.34

(1) 试用作图法求活化能。

（2）求频率因子 A。

（3）求442℃时的速率常数。

解：（1）由已知数据得

$\frac{1}{T}\times10^3$	1.80	1.74	1.59	1.50	1.43	1.28
$\ln k$	−10.02	−8.93	−5.98	−4.26	−2.74	0.293

以 $\frac{1}{T}\times10^3$ 为横坐标，$\ln k$ 为纵坐标作图，如图10-1所示，由图的斜率求得 $E/R=19856$，得 $E=165083\ \mathrm{J\cdot mol^{-1}}$。

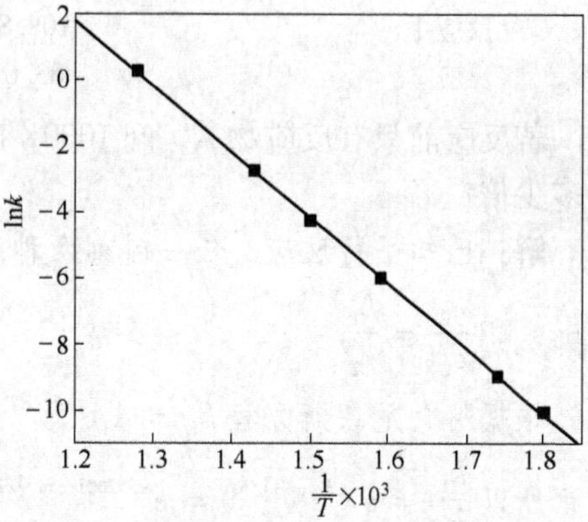

图10-1 题10-14

（2）将阿仑尼乌斯方程 $k=A\mathrm{e}^{-E/RT}$ 取对数，即

$$\ln k=-\frac{E}{RT}+\ln A$$

以 $\frac{1}{T}=0.0015$，$\ln k=-4.26$ 代入求得频率因子

$$A=1.22\times10^{11}\mathrm{L\cdot mol^{-1}\cdot s^{-1}}$$

（3）当 $T=715\mathrm{K}$ 时，

$$\ln k=-\frac{165083\mathrm{J\cdot mol^{-1}}}{8.314\mathrm{J\cdot mol^{-1}\cdot K^{-1}}\times715\mathrm{K}}+\ln1.22\times10^{11}$$

解得 $k=0.106\mathrm{L\cdot mol^{-1}\cdot s^{-1}}$

10-15 对任意有简单级数的反应，设在 T_1 和 T_2 两个温度下的速率常数分别为 k_1 和 k_2。由相同的初始浓度开始，进行到相同的转化率所需时间分别为 t_1 和 t_2。

求证：$$\frac{t_1}{t_2}=\frac{k_2}{k_1}$$

解：设反应级数为 n，T_1 和 T_2 温度下反应的速率方程分别为

$$-\frac{\mathrm{d}c}{\mathrm{d}t}=k_1c^n,\quad -\frac{\mathrm{d}c}{\mathrm{d}t}=k_2c^n$$

由相同初始浓度开始，到相同平衡浓度 c 时，分别积分得速率方程为

$$\frac{1}{n-1}\left(\frac{1}{c^{n-1}}-c_0^{n-1}\right)=k_1t_1,\quad \frac{1}{n-1}\left(\frac{1}{c^{n-1}}-c_0^{n-1}\right)=k_2t_2$$

两式相比，可得 $\frac{t_1}{t_2}=\frac{k_2}{k_1}$

10-16　设平行反应

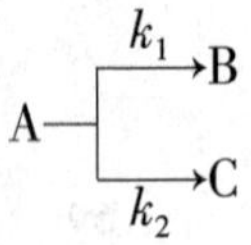

有下列动力学数据：

反应	活化能/$kJ \cdot mol^{-1}$	频率因子/s^{-1}
反应 1	108.8	10^{13}
反应 2	83.6	10^{13}

若反应前只有反应物 A，问 1000K 时，反应物 B 和 C 的浓度比值是 300K 时的多少倍?

解：已知平行反应，任一时刻两种产物浓度之比都等于两个反应的速率系数之比，即 $\dfrac{c_B}{c_C} = \dfrac{k_1}{k_2}$

根据阿仑尼乌斯方程 $k_1 = A_1 e^{-E_1/RT}$，$k_2 = A_2 e^{-E_2/RT}$

所以 $\dfrac{k_1}{k_2} = e^{-(E_1-E_2)/RT} = e^{-25200J \cdot mol^{-1}/RT}$

1000K 时，$\dfrac{k_1}{k_2} = 0.04826$

300K 时，$\dfrac{k_1}{k_2} = 4.094 \times 10^{-5}$

从而求得两温度下，两种产物浓度的比值为

$$0.04826/4.094 \times 10^{-5} = 1179$$

10-17　两个具有相同频率因子的二级反应为

$$2A \longrightarrow B \qquad (1)$$

$$2C \longrightarrow D \qquad (2)$$

反应（1）的活化能比反应（2）的活化能大 $10.46kJ \cdot mol^{-1}$。100℃时，反应（1）从初始浓度 $0.1mol \cdot L^{-1}$ 开始，反应 30% 需 60min。问相同温度下，反应（2）从初始浓度 $0.05mol \cdot L^{-1}$ 开始，反应 70% 需多少时间?

解：根据阿仑尼乌斯方程 $k_1 = A_1 e^{-E_1/RT}$，$k_2 = A_2 e^{-E_2/RT}$

所以
$$\frac{k_1}{k_2} = e^{-(E_1-E_2)/RT} = e^{-10460J \cdot mol^{-1}/RT}$$

由二级反应速率方程得
$$\frac{1}{c_0} - \frac{1}{c} = -kt$$

对于反应(1)，已知 $c_0 = 0.1mol \cdot L^{-1}$，$c = 70\% c_0 = 0.07mol \cdot L^{-1}$，$t = 60min$，得速率系数为

$$k_1 = \frac{1}{t}\left(\frac{1}{c} - \frac{1}{c_0}\right) = \frac{1}{60\text{min}}\left(\frac{1}{0.07\text{mol}\cdot\text{L}^{-1}} - \frac{1}{0.1\text{mol}\cdot\text{L}^{-1}}\right)$$

$$= 0.071\text{L}\cdot\text{mol}^{-1}\cdot\text{min}^{-1}$$

反应（2）的速率系数

$$k_2 = k_1 e^{10460/RT}$$

$$= 0.071\text{L}\cdot\text{mol}^{-1}\cdot\text{min}^{-1}\cdot e^{10460\text{J}\cdot\text{mol}^{-1}/8.314\text{J}\cdot\text{mol}^{-1}\cdot\text{K}^{-1}\times 373\text{K}}$$

$$= 2.07\text{L}\cdot\text{mol}^{-1}\cdot\text{min}^{-1}$$

消耗 70% 所用的时间

$$t = \frac{1}{k_2}\left(\frac{1}{c} - \frac{1}{c_0}\right)$$

$$= \frac{1}{2.07\text{L}\cdot\text{mol}^{-1}\cdot\text{min}^{-1}}\left(\frac{1}{30\% c_0} - \frac{1}{c_0}\right)$$

$$= \frac{1}{2.07\text{L}\cdot\text{mol}^{-1}\cdot\text{min}^{-1}\times 0.05\text{mol}\cdot\text{L}^{-1}}\left(\frac{10}{3} - 1\right)$$

$$= 22.5\text{min}$$

10-18 有一平行反应

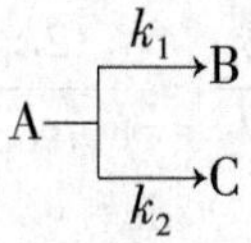

在 916℃时，两个反应的速率系数分别为 $k_1 = 4.65\text{s}^{-1}$，$k_2 = 3.74\text{s}^{-1}$。

（1）求 A 转化 90% 所需时间；

（2）证明对 A 消耗的反应，活化能 $E = \dfrac{k_1 E_1 + k_2 E_2}{k_1 + k_2}$；

（3）已知反应的活化能 $E_1 = 20\text{kJ}\cdot\text{mol}^{-1}$，$E_2 = 26\text{kJ}\cdot\text{mol}^{-1}$，求总反应的表观活化能。

解：（1）根据平行反应的速率方程 $\ln\dfrac{c_0}{c} = (k_1 + k_2)t$

得反应物 A 转化率 90% 所用的时间为

$$\ln\frac{c_0}{10\% c_0} = (4.65\text{s}^{-1} + 3.74\text{s}^{-1})t$$

解得 $$t = 0.274\text{s}$$

（2） $$k = k_1 + k_2$$

求增量 $$\text{d}k = \text{d}k_1 + \text{d}k_2$$

变换形式 $$\frac{k\text{d}k}{k} = \frac{k_1\text{d}k_1}{k_1} + \frac{k_2\text{d}k_2}{k_2}$$

同除 dT　　$$\frac{k\mathrm{d}\ln k}{\mathrm{d}T}=\frac{k_1\mathrm{d}\ln k_1}{\mathrm{d}T}+\frac{k_2\mathrm{d}\ln k_2}{\mathrm{d}T}$$

根据阿仑尼乌斯方程　　$$\frac{\mathrm{d}\ln k}{\mathrm{d}T}=\frac{E_a}{RT^2}$$

得　　$$\frac{kE_a}{RT^2}=\frac{k_1E_{a1}}{RT^2}+\frac{k_2E_{a2}}{RT^2}$$

整理得　　$$E_a=\frac{k_1E_{a1}+k_2E_{a2}}{k}=\frac{k_1E_{a1}+k_2E_{a2}}{k_1+k_2}$$

(3) 代入数据得

$$E_a=\frac{4.65\mathrm{s}^{-1}\times 20\mathrm{kJ\cdot mol^{-1}}+3.74\mathrm{s}^{-1}\times 26\mathrm{kJ\cdot mol^{-1}}}{4.65\mathrm{s}^{-1}+3.74\mathrm{s}^{-1}}$$

$$=22.7\mathrm{kJ\cdot mol^{-1}}$$

10-19　臭氧分解反应 $2O_3\rightarrow 3O_2$ 可能的反应机理如下:

$$O_3 \underset{k_{-1}}{\overset{k_1}{\rightleftharpoons}} O_2+O \qquad 快 \qquad (1)$$

$$O+O_3\xrightarrow{k_2}2O_2 \qquad 慢 \qquad (2)$$

(1) 试用稳态近似法导出 $-\frac{\mathrm{d}c_{O_3}}{\mathrm{d}t}=\frac{2k_1k_2c_{O_3}^2}{k_{-1}c_{O_2}+k_2c_{O_3}}$;

(2) 当 c_{O_2} 较大时，由上式导出 $-\frac{\mathrm{d}c_{O_3}}{\mathrm{d}t}=kc_{O_3}^2c_{O_2}^{-1}$，式中，$k=\frac{2k_1k_2}{k_{-1}}$。

(3) 已知臭氧分解反应的表观活化能为 119.2kJ · mol^{-1}，O_3 和 O 的标准摩尔生成焓分别为 142.3kJ · mol^{-1} 和 247.4kJ · mol^{-1}，且不随温度变化。求速控步骤 (2) 的活化能 E_2。假设 $\Delta_f H_m\approx\Delta_f U_m$。

解: (1) 由于反应 (1) 快速平衡，而反应 (2) 反应速度很慢，所以中间产物 O 的浓度在一定时间内可认为基本不变，反应处于稳态，即

$$\frac{\mathrm{d}c_O}{\mathrm{d}t}=k_1c_{O_3}-k_{-1}c_Oc_{O_2}-k_2c_Oc_{O_3}=0$$

所以　　$$c_O=\frac{k_1c_{O_3}}{k_{-1}c_{O_2}+k_2c_{O_3}}$$

用 O_3 浓度对时间的变化率表示速率，则

$$-\frac{\mathrm{d}c_{O_3}}{\mathrm{d}t}=k_1c_{O_3}-k_{-1}c_Oc_{O_2}+k_2c_Oc_{O_3}$$

$$=k_1c_{O_3}-c_O(k_{-1}c_{O_2}-k_2c_{O_3})$$

$$= k_1 c_{O_3} - \frac{k_1 c_{O_3}}{k_{-1} c_{O_2} + k_2 c_{O_3}}(k_{-1} c_{O_2} - k_2 c_{O_3})$$

$$= \frac{2k_1 k_2 c_{O_3}^2}{k_{-1} c_{O_2} + k_2 c_{O_3}}$$

(2) 当 c_{O_2} 较大时，分母中 $c_{O_3} \approx 0$，则

$$-\frac{dc_{O_3}}{dt} = \frac{2k_1 k_2 c_{O_3}^2}{k_{-1} c_{O_2}} = \frac{2k_1 k_2}{k_{-1}} c_{O_3}^2 c_{O_2}^{-1} = k c_{O_3}^2 c_{O_2}^{-1}$$

其中 $k = \dfrac{2k_1 k_2}{k_{-1}}$

(3) $k = \dfrac{2k_1 k_2}{k_{-1}}$

两边取对数得 $\ln k = \ln 2 + \ln k_1 + \ln k_2 - \ln k_{-1}$

对温度取微分 $\dfrac{d\ln k}{dT} = \dfrac{d\ln k_1}{dT} + \dfrac{d\ln k_2}{dT} - \dfrac{d\ln k_{-1}}{dT}$

根据阿仑尼乌斯方程 $\dfrac{d\ln k}{dT} = \dfrac{E_a}{RT^2}$ 得

$$\frac{E_a}{RT^2} = \frac{E_{a1}}{RT^2} + \frac{E_{a2}}{RT^2} - \frac{E_{a-1}}{RT^2}$$

即 $$E_a = E_{a1} + E_{a2} - E_{a-1}$$

其中 $E_a - E_{a-1} = \Delta_r U_m^{\ominus}$ 为第一步反应的标准内能变化，根据题意得

$$E_{a2} = E_a - \Delta_f U_m$$
$$= 119.2 kJ \cdot mol^{-1} - 105.1 kJ \cdot mol^{-1}$$
$$= 14.1 kJ \cdot mol^{-1}$$

10-20 乙烯在汞蒸气存在下的氢化反应为

$$C_2H_4 + H_2 \longrightarrow C_2H_6$$

此反应的一个可能的机理是

$$Hg + H_2 \xrightarrow{k_1} Hg + 2H^*$$

$$H^* + C_2H_4 \xrightarrow{k_2} C_2H_5$$

$$C_2H_5 + H_2 \xrightarrow{k_3} C_2H_6 + H^*$$

$$H^* + H^* \xrightarrow{k_4} H_2$$

C_2H_5 和 H^* 可按稳态法处理。试证明反应的速率方程为

$$\frac{dc_{C_2H_6}}{dt} = k c_{Hg}^{1/2} c_{H_2}^{1/2} c_{C_2H_4}$$

解：对活泼质点 C_2H_5 和 H^* 按稳态法处理，即 C_2H_5 和 H^* 的浓度不随时间变化，则有

$$\frac{dc_{H^*}}{dt} = 2k_1 c_{Hg} c_{H_2} - k_2 c_{H^*} c_{C_2H_4} + k_3 c_{C_2H_5} c_{H_2} - 2k_4 c_{H^*}^2 = 0 \quad (1)$$

$$\frac{dc_{C_2H_5}}{dt} = k_2 c_{H^*} c_{C_2H_4} - k_3 c_{C_2H_5} c_{H_2} = 0 \quad (2)$$

以 C_2H_6 浓度对时间的变化率表示的反应速率为

$$\frac{dc_{C_2H_6}}{dt} = k_3 c_{C_2H_5} c_{H_2} \quad (3)$$

由式（2）得 $k_2 c_{H^*} c_{C_2H_4} = k_3 c_{C_2H_5} c_{H_2}$ （4）

式(1)＋式(2)得

$$2k_1 c_{Hg} c_{H_2} - 2k_4 c_{H^*}^2 = 0$$

所以

$$c_{H^*} = \sqrt{\frac{k_1}{k_4} c_{Hg} c_{H_2}} \quad (5)$$

将式（4）、(5)代入式(3)得

$$\frac{dc_{C_2H_6}}{dt} = k_2 \sqrt{\frac{k_1}{k_4} c_{Hg} c_{H_2}} \times c_{C_2H_4} = k c_{Hg}^{1/2} c_{H_2}^{1/2} c_{C_2H_4}$$

10-21 试根据下列 H_2 和 Cl_2 反应机理，推导生成 HCl 的速率方程：

$$Cl_2 \xrightarrow{k_1} 2Cl^*$$

$$Cl^* + H_2 \xrightarrow{k_2} HCl + H^*$$

$$Cl_2 + H^* \xrightarrow{k_3} HCl + Cl^*$$

$$Cl^* + Cl^* + M \xrightarrow{k_4} Cl_2 + M$$

对活泼质点 Cl^* 和 H^* 可按稳态法处理。

解：对活泼质点 Cl^* 和 H^* 按稳态法处理，即 Cl^* 和 H^* 的浓度不随时间变化，则

$$\frac{dc_{Cl^*}}{dt} = 2k_1 c_{Cl_2} - k_2 c_{H_2} c_{Cl^*} + k_3 c_{Cl_2} c_{H^*} - 2k_4 c_{Cl^*}^2 = 0 \quad (1)$$

$$\frac{dc_{H^*}}{dt} = k_2 c_{H_2} c_{Cl^*} - k_3 c_{Cl_2} c_{H^*} = 0 \quad (2)$$

以 HCl 浓度对时间的变化率表示的反应速率为

$$\frac{dc_{HCl}}{dt} = k_2 c_{H_2} c_{Cl^*} + k_3 c_{Cl_2} c_{H^*} \quad (3)$$

式(1)+式(2)得 $2k_4c_{Cl*}^2=2k_1c_{Cl_2}$

$$c_{Cl*}=\sqrt{\frac{k_1}{k_4}c_{Cl_2}} \tag{4}$$

由式(2)和式(4)得

$$c_{H*}=\frac{k_2}{k_3}\cdot\frac{c_{Cl*}c_{H_2}}{c_{Cl_2}}=\frac{k_2}{k_3}\sqrt{\frac{k_1}{k_4}\frac{1}{c_{H_2}c_{Cl_2}}} \tag{5}$$

将式(4)和式(5)代入式(3)得

$$\begin{aligned}\frac{dc_{HCl}}{dt}&=k_2\sqrt{\frac{k_1}{k_4}c_{Cl_2}}\cdot c_{H_2}+k_2\sqrt{\frac{k_1}{k_4}c_{Cl_2}c_{H_2}}\\&=2k_2\sqrt{\frac{k_1}{k_4}c_{Cl_2}}\cdot c_{H_2}\\&=kc_{Cl_2}^{1/2}c_{H_2}\end{aligned}$$

10-22 在$(UO_2)SO_4$存在下，水溶液中草酸$(COOH)_2$的光分解反应的机理为

$$UO_2^{2+}+h\nu\longrightarrow(UO_2^{2+})^*$$

$$(UO_2^{2+})^*+(COOH)_2\longrightarrow UO_2^{2+}+H_2O+CO_2+CO$$

反应的量子效率φ为0.53。设水溶液中含5.232g草酸。经光照5min后，用0.212mol·L^{-1}的$KMnO_4$溶液滴定，用去17.0cm^3 $KMnO_4$溶液。求每秒入射光的光子数。

解： 滴定反应：

$$5C_2O_4^{2-}+2MnO_4^-+16H^+\longrightarrow 2Mn^{2+}+8H_2O+10CO_2$$

$$n(C_2O_4^{2-})=\frac{5}{2}\times 0.212\text{mol}\cdot\text{L}^{-1}\times 17\times 10^{-3}\text{L}=0.009\text{mol}$$

溶液中原始草酸的量为 $n_0=\dfrac{5.232\text{g}}{90.0138\text{g}\cdot\text{mol}^{-1}}=0.058\text{mol}$

反应掉的草酸的量为0.058mol−0.009mol=0.049mol

$$\begin{aligned}\text{吸收的光子数}=\text{反应分子数}/\text{量子效率}&=\frac{0.049\text{mol}\times N_0}{0.53}\\&=\frac{0.049\text{mol}\times 6.02\times 10^{23}\text{mol}^{-1}}{0.53}=5.57\times 10^{22}\end{aligned}$$

入射光每秒的光子数 $=\dfrac{5.57\times 10^{22}}{5\times 60\text{s}}=1.86\times 10^{20}\text{s}^{-1}$

10-23 从气-固相反应的吸附平衡解释零级反应的物理意义。试推导零级反应的半衰期公式。

解：固体吸附气体的吸附速率 $v = k\theta = \dfrac{kbp}{1 + bp}$，在强吸附时，$\theta$ 很大，近似为1，则 $v = k$，表明反应速率是常数，即压力的改变对吸附量已经没有影响。

零级反应半衰期的推导如下，设零级反应 A→B，反应速率方程 $-\dfrac{dc_A}{dt} = k$。在 0 ~ t 时间内，浓度区间 c_{A0}→c_A 范围内，对上式积分，即

$$-\int_{c_{A0}}^{c_A} dc_A = \int_0^t k dt$$

得 $c_{A0} - c_A = kt$

当 $c_A = \dfrac{1}{2}c_{A0}$ 时，得反应的半衰期为

$$t_{1/2} = \frac{\frac{1}{2}c_{A0}}{k} = \frac{c_{A0}}{2k}$$

10-24 NH_3在炽热的钨丝表面分解为 H_2和 N_2，在钨丝温度为1100℃时，获得如下数据：

p_{0,NH_3}/kPa	35.3	17.3	7.8
$t_{1/2}$/min	7.6	3.7	1.7

证明反应近似为零级，并求反应速率系数 k。

解：用分压代替浓度时，零级反应速率方程为

$$-\frac{dp}{dt} = k$$

积分后得 $$p_0 - p = kt$$

反应速率系数为 $$k = \frac{p_0 - p}{t}$$

当 $p = \dfrac{1}{2}p_0$ 时，半衰期 $t = t_{1/2}$

则半衰期与反应物初始分压的关系为

$$k = \frac{p_0}{2t_{1/2}}$$

代入三组数据得

$$k_1 = \frac{35.3\text{kPa}}{2 \times 7.6\text{min}} = 2.322\text{kPa} \cdot \text{min}^{-1}$$

$$k_2 = \frac{17.3\text{kPa}}{2 \times 3.7\text{min}} = 2.338\text{kPa} \cdot \text{min}^{-1}$$

$$k_3 = \frac{7.8\text{kPa}}{2 \times 1.7\text{min}} = 2.294\text{kPa} \cdot \text{min}^{-1}$$

从计算结果看，k 基本上保持不变，故证明为零级反应，速率常数为

$$k = 2.32\text{kPa}\cdot\text{min}^{-1}$$

10.3 补充习题

10-1 某化学反应的速率常数为 $2.0\text{mol}\cdot\text{L}^{-1}\cdot\text{s}^{-1}$，该化学反应的级数为（ ）。

A 1　　B 2　　C 0　　D −1

答： C。可根据速率常数的单位来确定反应级数。

10-2 某反应在一定条件下平衡转化率为25%，当有催化剂存在时，其转化率应当（ ）25%。

A 大于　　B 小于　　C 等于　　D 大于或小于

答： C。催化剂不改变平衡性质。

10-3 对峙反应 $A \underset{k_{-1}}{\overset{k_1}{\rightleftharpoons}} B$，$k_1 = 0.06\text{min}^{-1}$，$k_{-1} = 0.002\text{min}^{-1}$，反应开始为纯A，则达到A和B的浓度相等所需要的时间为（ ）。

A 11.7min　　B 500min　　C 200min　　D 137min

答： A。$\ln\dfrac{k_1 a}{k_1 a-(k_1+k_{-1})x}=(k_1+k_{-1})t$，$t=\dfrac{1}{k_1+k_{-1}}\ln\dfrac{2k_1}{k_1-k_{-1}}=11.7\text{min}$。

10-4 对恒容反应 $aA+bB\rightarrow eE+fF$，其反应速率可用其中任一种物质的浓度随时间的变化率表示，它们之间的关系为（ ）。

A $-a\dfrac{dc_A}{dt}=-b\dfrac{dc_B}{dt}=e\dfrac{dc_E}{dt}=f\dfrac{dc_F}{dt}$

B $\dfrac{1}{a}\dfrac{dc_A}{dt}=\dfrac{1}{b}\dfrac{dc_B}{dt}=-\dfrac{1}{e}\dfrac{dc_E}{dt}=-\dfrac{1}{f}\dfrac{dc_F}{dt}$

C $-\dfrac{1}{a}\dfrac{dc_A}{dt}=-\dfrac{1}{b}\dfrac{dc_B}{dt}=\dfrac{1}{e}\dfrac{dc_E}{dt}=\dfrac{1}{f}\dfrac{dc_F}{dt}$

D $\dfrac{dc_A}{dt}=\dfrac{b}{a}\dfrac{dc_B}{dt}=\dfrac{e}{a}\dfrac{dc_E}{dt}=\dfrac{f}{a}\dfrac{dc_F}{dt}$

答： C。

10-5 H_2和O_2反应引起爆炸的原因是（ ）。

A 大量引发剂引发反应　　B 直链传递的速率增加

C 自由基被消除　　D 生成双自由基，形成支链

答： D。

10-6 气体反应碰撞理论的要点是（ ），全体分子可看作是钢球。

A 一经碰撞便起反应

B　在一定方向上发生了碰撞，才能引起反应

C　分子迎面碰撞，便能反应

D　一对分子具有足够能量的碰撞，才能起反应

答： D。

10-7　破坏臭氧的反应机理为：

$NO + O_3 \rightarrow NO_2 + O_2$，$NO_2 + O \rightarrow NO + O_2$，其中 NO 是（　）。

A　总反应的反应物　　B　催化剂

C　反应中间体　　D　总反应的产物

答： B。

10-8　反应 $2O_3 \rightarrow 3O_2$ 的速率方程为 $-\frac{dc_{O_3}}{dt} = kc_{O_3}^2 \cdot c_{O_2}^{-1}$ 或 $\frac{dc_{O_2}}{dt} = k'c_{O_3}^2 \cdot c_{O_2}^{-1}$，速率常数 k 与 k' 的关系是（　）。

A　$2k = 3k'$　　B　$k = k'$　　C　$3k = 2k'$　　D　$-\frac{k}{2} = \frac{k'}{3}$

答： C。

10-9　对于反应 A → Y，如果反应物 A 的浓度减少一半，A 的半衰期也缩短一半，则该反应的级数为____。

答： 零级。

10-10　光化学反应的初级反应速率一般只与______有关，与__________无关，所以光化学反应是__________反应。

答： 入射光强度；反应物浓度；零级。

10-11　反应 $Pb(C_2H_5)_4 \rightarrow Pb + 4C_2H_5$ 是否可能为基元反应，为什么？

答： 不可能，因为对于任意反应，在微观上都是可逆的，而该反应的逆反应有 5 个分子，不可能是基元反应，所以整个反应不可能是基元反应。

10-12　化学动力学和化学热力学所解决的问题有何不同？

答： 化学热力学解决某一反应在一定条件下能否自发进行，进行到什么程度为止（化学平衡态）；而动力学则是要解决反应进行的快慢与反应机理，计算某一反应在一定温度下经过一段时间转化率为多少。热力学解决可能性，动力学解决现实性。

11 分散系统

11.1 主要公式

（1）平板式双电层电势：

$$\zeta = \frac{4\pi\rho\delta}{D} \tag{11-1}$$

式中，ρ 为表面电荷密度；δ 为双电层厚度；D 为液体介电常数。

（2）动电电势：

$$\zeta = \frac{k\eta v}{\varepsilon E} \tag{11-2}$$

式中，k 为与胶粒形状及尺寸有关的常数；v 为胶粒的电泳速率；E 为电场强度；ε 和 η 为分散介质的介电常数和黏度。

（3）沉降方向上任意两点胶粒的数密度随高度变化：

$$\frac{c_2}{c_1} = \exp\left[-\frac{4}{3kT}\pi r^3(\rho - \rho_0)g(h_2 - h_1)\right] \tag{11-3}$$

式中，c_2，c_1是高度 h_2，h_1处胶粒浓度或数密度；r，ρ，ρ_0，k，T，g 分别是胶粒半径和密度、介质密度、玻耳兹曼常数、热力学温度和重力加速度。

（4）瑞利公式：

$$I = I_0 \frac{9\pi^2\rho V^2}{2\lambda^4 l^2}\left(\frac{n_2^2 - n_1^2}{n_2^2 + 2n_1^2}\right)(1 + \cos^2\theta) \tag{11-4}$$

式中，I_0 为入射光的强度；λ 为入射光的波长；ρ，V 分别为胶粒的数密度和单个粒子的体积；n_1 和 n_2 分别为分散介质和胶粒的折射率；l 和 θ 分别为观察点到散射中心的距离及散射角。

（5）牛顿定律：

$$\tau = \eta\frac{\mathrm{d}v}{\mathrm{d}z} \tag{11-5}$$

式中，$\frac{dv}{dz}$为流速梯度，也称剪切速率；η为液体黏度，是单位剪切速率时的剪切应力，Pa · s。

11.2 教材习题解答

11-1 为什么说溶胶是一个动力稳定又是一个聚结不稳定的系统?

答: 由于胶体粒子做无规则的不停顿的布朗运动，它能反抗重力，不会沉降到容器底部。在这个意义上讲，我们说溶胶具有动力稳定性。但另一方面，溶胶是一个具有巨大界面自由能的系统，按照热力学第二定律，胶粒会自动结合为大粒子，以致溶胶转变为悬浮体，导致界面自由能减少。从这个意义上来讲，溶胶是热力学不稳定系统或称聚结不稳定系统。动力稳定性和聚结不稳定性是从不同角度来衡量溶胶的稳定性。

11-2 举出两种简单易行的区别真溶液和溶胶的方法。

答: (1) 胶体丁达尔效应明显，真溶液没有丁达尔效应。

(2) 向溶胶中加入任何电解质溶液，只要浓度足够大，都可使溶胶发生聚沉。向真溶液中加入电解质，一般不会产生沉淀，除非在个别情况下发生产生沉淀的复分解反应。

11-3 试对热力学电势和动电电势作一比较。

答: (1) 固体表面与溶液本体内部的电位差称为热力学电势或表面电势。滑动面与溶液本体内部的电位差称为动电电势或ζ电势。

(2) 热力学电势可通过电位计在平衡态下测定，而动电电势则必须在固相与液相发生相对移动时，通过电泳、电渗速度等方法测定。

(3) 热力学电势一般不随电解质的加入而改变（忽略电解质的加入对离子活度的影响），而动电电势则随电解质的加入而改变，有时甚至可使动电电势的正负性改变。

11-4 将12mL浓度为0.02mol · L^{-1}的KCl溶液和100mL浓度为0.005mol · L^{-1}的$AgNO_3$溶液混合，制备AgCl溶胶，试写出该胶团的结构式。

解: KCl和$AgNO_3$发生反应 $KCl + AgNO_3 = AgCl(溶胶) + KNO_3$

KCl的物质的量 $n(KCl) = 0.012L \times 0.02mol \cdot L^{-1} = 2.4 \times 10^{-4}mol$

$AgNO_3$的物质的量 $n(AgNO_3) = 0.1L \times 0.005mol \cdot L^{-1} = 5 \times 10^{-4}mol$

$n(AgNO_3) > n(KCl)$，所以$AgNO_3$过量。

故AgCl溶胶吸附Ag^+而带正电。

胶团结构:

$$\underbrace{\{\underbrace{\underbrace{(AgCl)_m \cdot nAg^+}_{\text{胶核}} \cdot (n-x)\ NO_3^-}_{\text{胶粒}}\}^{x+} \cdot xNO_3^-}_{\text{胶团}}$$

11-5 在3个烧杯中分盛20mL氢氧化铁溶胶，分别加入NaCl、Na_2SO_4和Na_3PO_4溶液使其聚沉，加入的最小电解质量为

（1）浓度为$1mol \cdot L^{-1}$的NaCl溶液21mL；

（2）浓度为$0.005mol \cdot L^{-1}$的Na_2SO_4溶液125mL；

（3）浓度为$0.01mol \cdot L^{-1}$的$1/3Na_3PO_4$溶液7.4mL。

试计算各电解质溶液的聚沉值、聚沉能力之比，并指出溶胶带电性质。

解：（1）NaCl的聚沉值 $c_{NaCl}=\dfrac{1mol \cdot L^{-1}\times 21mL}{20mL+21mL}=0.512mol \cdot L^{-1}=512mmol \cdot L^{-1}$

（2）Na_2SO_4的聚沉值 $c_{Na_2SO_4}=\dfrac{0.005mol \cdot L^{-1}\times 125mL}{20mL+125mL}=0.0043mol \cdot L^{-1}=4.3mmol \cdot L^{-1}$

（3）Na_3PO_4的聚沉值 $c_{Na_3PO_4}=\dfrac{\dfrac{0.01}{3}mol \cdot L^{-1}\times 7.4mL}{20mL+7.4mL}=0.0009mol \cdot L^{-1}=0.9mmol \cdot L^{-1}$

聚沉值之比 $c_{NaCl} : c_{Na_2SO_4} : c_{Na_3PO_4}=512:4.3:0.9=1:0.0084:0.00176$

聚沉能力与聚沉值成反比，故聚沉能力为

$$\frac{1}{1}:\frac{1}{0.0084}:\frac{1}{0.00176}=1:119:568$$

此溶胶胶粒带正电荷。

11-6 混合等体积的浓度为$0.08mol \cdot L^{-1}$的KI溶液和浓度为$0.01mol \cdot L^{-1}$的$AgNO_3$溶液所得溶胶，下述电解质何者的聚沉能力最强？

（1）$CaCl_2$；（2）NaCN；（3）Na_2SO_4；（4）$MgSO_4$。

解： $KI+AgNO_3 \longrightarrow AgI(溶胶)+KNO_3$

$c_{KI}>c_{AgNO_3}$，两者体积相等，$n_{KI}>n_{AgNO_3}$，所以KI过量。

AgI胶粒带负电，因而聚沉能力顺序为(3)>(4)>(2)>(1)。

11-7 用某种矿粉做电渗实验时，测得电流强度为20mA时，1min内液体从阳极向阴极流出的体积为0.48mL，又测得该溶液的电导率为$0.15\Omega^{-1} \cdot m^{-1}$。求该矿物的$\zeta$电势。已知20℃时溶液的黏度为$0.001Pa \cdot s$，介电常数为80。

解： 由电渗法测定矿物粒子的ζ电势为

$$\zeta = -\frac{4\pi\eta\kappa\nu}{i\varepsilon} \times 9 \times 10^9$$

$$= -\frac{4 \times 3.14 \times 0.001\text{Pa} \cdot \text{s} \times 0.15\Omega^{-1} \cdot \text{m}^{-1} \times \frac{0.48 \times 10^{-6}\text{m}^3}{60\text{s}}}{0.02\text{A} \times 80} \times 9 \times 10^9$$

$$= -0.0848\text{V}$$

11-8 一长柱型粒子溶胶，在电势梯度为 $210\text{V} \cdot \text{m}^{-1}$ 的电场下发生电泳，向阴极移动，60min 后移动距离为 3.82cm。试计算电泳的绝对速率和胶粒的 ζ 电势。已知 20℃时溶胶的黏度为 0.001Pa · s，介电常数为 80。

解： 绝对速率

$$u_0 = \frac{u}{h} = \frac{3.82 \times 10^{-2}\text{m}}{60 \times 60\text{s} \times 210\text{V} \cdot \text{m}^{-1}} = 5.05 \times 10^{-8}\text{m}^2 \cdot \text{s}^{-1} \cdot \text{V}^{-1}$$

$$\zeta = \frac{4\pi\eta u_0}{\varepsilon} \times 9 \times 10^9$$

$$= \frac{4 \times 3.14 \times 0.001\text{Pa} \cdot \text{s} \times 5.05 \times 10^{-8}\text{m}^2 \cdot \text{s}^{-1} \cdot \text{V}^{-1}}{80} \times 9 \times 10^9$$

$$= 0.0714\text{V}$$

11-9 回答下列问题。

(1) $Fe(OH)_3$ 溶胶可由在沸水中徐徐滴入 $FeCl_3$ 溶液而制得。为什么要在沸水中进行？

(2) 该溶胶的稳定剂是什么？

(3) 25℃下，用电泳法测定 $Fe(OH)_3$ 溶胶的 ζ 电势时，两电极间的距离为 30cm，在外加电压为 120V 下，经 10min 后界面向阴极移动 1.14cm，求 $Fe(OH)_3$ 溶胶的 ζ 电势。已知 25℃时水的黏度为 0.000894Pa · s，介电常数为 80。

(4) 已知 KCl 对 $Fe(OH)_3$ 溶胶的聚沉值为 $9\text{mmol} \cdot \text{L}^{-1}$，试估计 K_2SO_4 的聚沉值。

解： (1) $FeCl_3 + 3H_2O \xlongequal{\triangle} Fe(OH)_3(\text{溶胶}) + 3HCl\uparrow$

加热作用：1) 促使水解加快；2) 促使 HCl 挥发，减少溶胶中的电解质以保持 $Fe(OH)_3$ 溶胶的稳定性。

(2) 该溶胶的稳定剂是 FeOCl。

(3) 电位梯度：

$$h = \frac{E}{l} = \frac{120\text{V}}{30 \times 10^{-2}\text{m}} = 400\text{V} \cdot \text{m}^{-1}$$

电泳的绝对速度

$$u_0 = \frac{u}{h} = \frac{1.14 \times 10^{-2}\text{m}}{10 \times 60\text{s} \times 400\text{V} \cdot \text{m}^{-1}} = 4.75 \times 10^{-8}\text{m}^2 \cdot \text{s}^{-1} \cdot \text{V}^{-1}$$

ζ 电势

$$\zeta=\frac{4\pi\eta u_0}{D}\times9\times10^9$$
$$=\frac{4\times3.14\times0.000894\text{Pa}\cdot\text{s}\times4.75\times10^{-8}\text{m}^2\cdot\text{s}^{-1}\cdot\text{V}^{-1}}{80}\times9\times10^9$$
$$=0.06\text{V}$$

（4）按照叔尔兹-哈迪规则，聚沉值之比为

$$c_{一价}:c_{二价}:c_{三价}=729:64:1$$

故 K_2SO_4 的聚沉值 $\approx 9\text{mmol}\cdot\text{L}^{-1}\times\frac{64}{729}=0.088\text{mmol}\cdot\text{L}^{-1}$

11.3 补充习题

11-1 对一带正电的溶胶，使用下列电解质聚沉时，聚沉值最小的是（ ）。

A KCl　B KNO_3　C $K_2C_2O_4$　D $K_3[Fe(CN)_6]$

答： D。

11-2 可利用胶体化学手段来研究高分子溶液的主要原因是（ ）。

A 高分子溶液为热力学稳定系统

B 高分子溶液中的溶质分子与胶体中的分散相粒子大小相当

C 高分子溶液中的溶质分子与胶体中的分散相粒子的扩散速率都比较慢

D 高分子溶液中溶质的相对分子质量与溶胶中分散相粒子的相对粒子质量不均一

答： B。

11-3 用半透膜分离溶胶与胶体溶液的方法叫做（ ）。

A 过滤　B 电泳　C 渗析　D 沉降

答： C。

11-4 观察胶体粒子的大小和形状要用（ ）。

A 普通显微镜　B 超显微镜　C 电子显微镜　D B和C

答： C。

11-5 液体 A 能在与之不互溶的液体 B 上铺展开的条件是（ ）。

A $\sigma_B>\sigma_A+\sigma_{A-B}$　B $\sigma_B<\sigma_A+\sigma_{A-B}$

C $\sigma_A>\sigma_B+\sigma_{A-B}$　D $\sigma_A<\sigma_B+\sigma_{A-B}$

答： A。

附　　录

模拟试卷（一）

一、解释下列概念

1. 系统与环境；2. 状态函数；3. 可逆过程；4. 化学势；5. 理想溶液；6. 表面张力；7. 接触角；8. 活化能；9. 反应级数；10. 电导、电导率和摩尔电导率

二、简答题

1. 为什么气泡、液滴、肥皂泡等都呈圆形？玻璃管口加热后会变得光滑并缩小，这些现象的本质是什么？
2. 说明有几种热力学判据及各判据的适用条件。

三、计算题

1mol 理想气体从 300K，100kPa 下等压加热到 600K，求此过程的 Q，W，U，H，S，G 变化。已知此理想气体 300K 时的 $S_m = 150.0\text{J}\cdot\text{K}^{-1}\cdot\text{mol}^{-1}$，$C_{p,m} = 30.00\ \text{J}\cdot\text{K}^{-1}\cdot\text{mol}^{-1}$。

四、计算题

1mol 某理想气体，$C_{p,m} = 29.36\text{J}\cdot\text{K}^{-1}\cdot\text{mol}^{-1}$，在绝热条件下，由 273K，100kPa 膨胀到 203K，10kPa，求该过程 Q，W，ΔH，ΔS。

五、计算题

某一级反应 600K 时半衰期为 370min，活化能为 $2.77\times10^5\text{J}\cdot\text{mol}^{-1}$，求该反应在 650K 时的速率常数和反应物消耗 75% 所需的时间。

六、图形题

（1）标明各区域存在的相；
（2）画出 Q 点（组成为 $w_B = 0.4$）的物系的步冷曲线；

（3）写出 E 点的相数、自由度数。

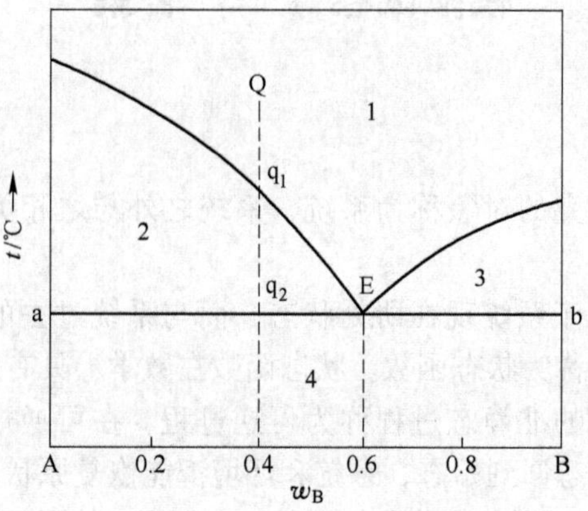

七、计算题

60℃时，甲醇的饱和蒸气压是 83.4kPa，乙醇的饱和蒸气压是 47.0kPa，二者可形成理想液态混合物。若有甲醇-乙醇的气液平衡混合物，60℃时气相中甲醇的摩尔分数 $y_{甲醇}=0.300$，求气体的总压及液相的组成。

模拟试卷（一）答案

一、解释下列概念

1. 物理化学中将所研究的对象称为系统，系统之外与之相关联的那部分物质和空间称为环境。
2. 系统的性质仅决定于系统现在所处状态，而与系统过去的历史无关，各种性质均为状态的函数称为状态函数。状态函数在数学上具有全微分性质。
3. 无摩擦力、无耗散的准静态过程称为可逆过程。在可逆过程中，系统从始态变到终态，再从终态回到始态，系统和环境都能恢复原状。
4. 化学势的狭义定义是指偏摩尔吉布斯函数。即等温、等压下，保持除 B 物质以外的其他物质组成不变时，B 物质的量改变 1mol 时所引起吉布斯函数的改变。
5. 溶液中任意组分在全部浓度范围内都服从拉乌尔定律的溶液称为理想溶液，又称为理想液态混合物。
6. 表面层分子垂直作用在单位长度的线段或边界上且与表面平行或相切的收缩力称为表面张力。
7. 在气、液、固三相交界处，气-液界面与液-固界面之间的夹角称为接触角。
8. 对于基元反应，活化能有明确的物理意义，它是指活化分子的平均能量与反应物分子平均能量的差值。
9. 速率方程中各浓度项指数的代数和，称为反应级数。它可以是正数，也可以是负数或零；它可以是整数，也可以是分数。
10. 电导是电阻的倒数，单位为 Ω^{-1} 或 S。电导率是电阻率的倒数，电导率相当于单位长度、单位截面积导体的电导，单位是 $S \cdot m^{-1}$。在相距为单位距离的两个平行电导电极之间，放置含有 1mol 电解质的溶液，这时溶液所具有的电导称为摩尔电导率，单位为 $\Omega^{-1} \cdot m^2 \cdot mol^{-1}$。

二、简答题

1. **答：** 这些现象的本质是表面层分子总是受到本体内部分子的拉力，有进入本体内部的趋势，即总是使表面积缩小到最小的趋势，因为相同体积的球形表面积最小，所以都成球形，而玻璃管口加热后变为圆口也是减小曲率半径缩小表面积。
2. **答：** 有三种热力学判据：

   （1）熵判据 $dS_{iso} \geqslant 0$。表示孤立系统中自发变化总是向熵增加的方向进行。

   （2）亥姆霍兹函数判据 $dA_{T,V,\delta W'=0} \leqslant 0$。在等温、等容、不做其他功的条件下，自发变化总是朝向亥姆霍兹函数减小的方向进行。

（3）吉布斯函数判据 $\mathrm{d}G_{T,p,\delta W'=0}\leqslant 0$。在等温、等压、不做其他功的条件下，自发变化总是朝向吉布斯函数减小的方向进行。

三、解：$W=-p\Delta V=-p(V_2-V_1)=-pV_2+pV_1=-nRT_2+nRT_1=nR(T_1-T_2)$

$=1\mathrm{mol}\times 8.314\mathrm{J\cdot K^{-1}\cdot mol^{-1}}\times(300\mathrm{K}-600\mathrm{K})=-2494\mathrm{J}$

$\Delta U=nc_{V,\mathrm{m}}(T_2-T_1)=1\mathrm{mol}\times(30.00-8.314)\mathrm{J\cdot K^{-1}\cdot mol^{-1}}\times(600\mathrm{K}-300\mathrm{K})=6506\mathrm{J}$

$\Delta H=n\,c_{p,\mathrm{m}}(T_2-T_1)=1\mathrm{mol}\times 30.00\mathrm{J\cdot K^{-1}\cdot mol^{-1}}\times(600\mathrm{K}-300\mathrm{K})=9000\mathrm{J}$

$Q_p=\Delta H=9000\mathrm{J}$

$\Delta S=n\,c_{p,\mathrm{m}}\ln(T_2/T_1)=1\mathrm{mol}\times 30.00\mathrm{J\cdot K^{-1}\cdot mol^{-1}}\times\ln(600\mathrm{K}/300\mathrm{K})$

$=20.79\mathrm{J\cdot K^{-1}\cdot mol^{-1}}$

由 $\Delta S_\mathrm{m}(600\mathrm{K})=S_\mathrm{m}(300\mathrm{K})+\Delta S=(150.0+20.79)\mathrm{J\cdot K^{-1}\cdot mol^{-1}}$

$=170.79\mathrm{J\cdot K^{-1}\cdot mol^{-1}}$

$\Delta TS=n(T_2S_2-T_1S_1)$

$=1\mathrm{mol}\times(600\mathrm{K}\times 170.79\mathrm{J\cdot K^{-1}\cdot mol^{-1}}-300\mathrm{K}\times 150.0\mathrm{J\cdot K^{-1}\cdot mol^{-1}})$

$=57474\mathrm{J}$

$\Delta G=\Delta H-\Delta TS=9000\mathrm{J}-57474\mathrm{J}=-48474\mathrm{J}$。

四、解：理想气体绝热过程 $Q=0$，因此

$$\Delta U=\int_{T_1}^{T_2}nC_{V,\mathrm{m}}\mathrm{d}T=\int_{T_1}^{T_2}n(C_{p,\mathrm{m}}-R)\mathrm{d}T$$

$$=1\times(29.36-8.314)\times(203-273)=-1473.22\mathrm{J}$$

$$\Delta H=\int_{T_1}^{T_2}nC_{p,\mathrm{m}}\mathrm{d}T=1\times 29.36\times(203-273)=-2055.2\mathrm{J}$$

$$W=\Delta U=-1473.22\mathrm{J}$$

为了求 ΔS 需将该过程设计成（1）定温可逆过程和（2）定压可逆过程。

过程(1)：

$$\Delta S_1=\int\frac{\mathrm{d}U+p\mathrm{d}V}{T}=\int\frac{p}{T}\mathrm{d}V=\int\frac{nR}{V}\mathrm{d}V=nR\ln\frac{V_2}{V_1}=nR\ln\frac{p_1}{p_2}$$

$$=1\times 8.314\times\ln\frac{100}{10}$$

$$=19.14\mathrm{J\cdot K^{-1}}$$

过程(2)：

$$\Delta S_2=\int\frac{\mathrm{d}U+p\mathrm{d}V}{T}=\int\frac{\mathrm{d}H}{T}\mathrm{d}T=\int\frac{nC_{p,\mathrm{m}}}{T}\mathrm{d}T=nC_{p,\mathrm{m}}\ln\frac{T_2}{T_1}$$

$$=1\times 29.36\times\ln\frac{203}{273}=-8.69\mathrm{J\cdot K^{-1}}$$

因此，$\Delta S=\Delta S_1+\Delta S_2=19.14-8.69=10.45\mathrm{J\cdot K^{-1}}$

五、解：由一级反应的动力学特征 $t_{1/2}=\dfrac{\ln 2}{k_1}$

$$k_1(600\text{K})=\ln 2/t_{1/2}=1.87\times 10^{-3}\text{min}^{-1}$$

由阿仑尼乌斯公式 $\ln\dfrac{k_1(650\text{K})}{k_1(600\text{K})}=\dfrac{E}{R}\left(\dfrac{1}{600}-\dfrac{1}{650}\right)$

$$\ln\frac{k_1(650\text{K})}{1.87\times 10^{-3}}=\frac{2.77\times 10^5}{8.314}\left(\frac{1}{600}-\frac{1}{650}\right)$$

$$k_1(650\text{K})=0.1302\text{min}^{-1}$$

由一级反应速率方程式

$$\ln\frac{a}{a-x}=k_1(650\text{K})t$$

$$\ln\frac{1}{0.25}=0.1302t$$

所以反应物消耗75%所需时间 $t=10.65\text{min}$。

六、解：

(1) 1区：液相单相；2区：液相和固体A；3区：液相和固体B；4区：固体A和固体B。

(2)

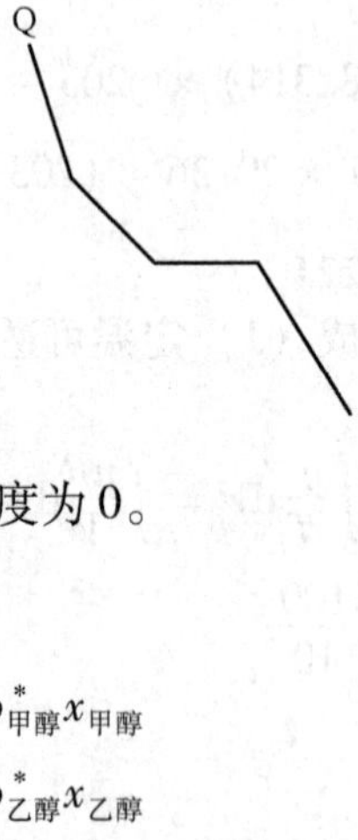

(3) E点的相数为3，自由度为0。

七、解：

$$p_{甲醇}=py_{甲醇}=p^*_{甲醇}x_{甲醇}$$

$$p_{乙醇}=py_{乙醇}=p^*_{乙醇}x_{乙醇}$$

所以　$0.3p=83.4x_{甲醇}$

$$0.7p=47.0x_{乙醇}=47.0\times(1-x_{甲醇})$$

解得 $241.6x_{甲醇}=47$

所以　$x_{甲醇}=0.195, x_{乙醇}=1-0.195=0.805, p=54.21\text{kPa}$

模拟试卷（二）

一、选择题

1. 质量作用定律适用于下列（　）反应。

A. 零级反应　　B. 加成反应

C. 单分子反应　　D. 非基元反应

2. 二级反应的速率方程为（　）。

A. $c_{A0}-c_A=kt$　　B. $\frac{1}{c_{A0}}\times\frac{x_A}{1-x_A}$

C. $c_A=c_{A0}e^{-kt}$　　D. $\ln\frac{1}{1-x_A}=kt$

3. 反应 $2NO+O_2=2NO_2$ 的 $\Delta_r H_m<0$，当此反应达平衡后，若要使平衡向产物方向移动，可以（　）。

A. 降温升压　　B. 降温降压

C. 升温升压　　D. 升温降压

4. 零级反应半衰期为（　）。

A. $c_{A0}/2k$　　B. $1/kc_{A0}$

C. $\ln2/k$　　D. $1/2kc_{A0}$

5. 某电池的电池反应可写为两种形式：

(a) $H_2(g)+(1/2)O_2(g)\rightarrow H_2O(l)$；

(b) $2H_2(g)+O_2(g)\rightarrow 2H_2O(l)$

两种写法的电动势和平衡常数的关系是（　）。

A. $E(a)=E(b)$，$K(a)\neq K(b)$　　B. $E(a)\neq E(b)$，$K(a)=K(b)$

C. $E(a)=E(b)$，$K(a)=K(b)$　　D. $E(a)\neq E(b)$，$K(a)\neq K(b)$

6. 绝热密闭钢瓶中所发生的化学反应的 ΔU（　）。

A. 大于零　　B. 小于零

C. 等于零　　D. 不确定

7. α、β 两相平衡，两相中皆含 A、B 两种物质，则（　）。

A. $\mu_A(\alpha)=\mu_B(\beta)$　　B. $\mu_B(\beta)=\mu_B(\alpha)$

C. $\mu_A(\beta)=\mu_B(\beta)$　　D. A、B、C 皆不对

8. 催化剂最重要的作用是（　）。

A. 提高产物的平衡产率　　B. 改变目的产物

C. 改变系统中各物质的性质　　D. 改变活化能，改变反应速率

9. 下列各量中，化学势定义式为（　）。

A. $\left(\frac{\partial H}{\partial n_B}\right)_{T,p,n_C}$　B. $\left(\frac{\partial G}{\partial V}\right)_{T,p,n_B}$　C. $\left(\frac{\partial G}{\partial n_B}\right)_{T,p,n_C}$　D. $\left(\frac{\partial S}{\partial n_B}\right)_{T,V,n_C}$

10. 下列各量中，是偏摩尔量的为（　）。

A. $\left(\frac{\partial H}{\partial n_B}\right)_{T,p,n_C}$　B. $\left(\frac{\partial G}{\partial V}\right)_{T,p,n_B}$　C. $\left(\frac{\partial G}{\partial n_B}\right)_{T,p,n_B}$　D. $\left(\frac{\partial S}{\partial n_B}\right)_{T,V,n_C}$

11. $Q_p = \Delta H$ 的应用条件是（　）。

A. 恒容，非体积功为零　B. 恒压，非体积功为零

C. 非体积功为零　D. 恒温，非体积功为零

12. T，P 恒定下，由纯液体 A，B 混合形成理想液态混合物时，下列正确的是(　)。

A. $\Delta_{mix}V = 0$　B. $\Delta_{mix}V > 0$

C. $\Delta_{mix}V < 0$　D. $\Delta_{mix}H > 0$

13. 一定条件下，一定量的纯铝与铝合金相比，其熵值（　）。

A. $S_{纯铝} > S_{铝合金}$　B. $S_{纯铝} < S_{铝合金}$

C. $S_{纯铝} = S_{铝合金}$　D. 不确定

14. 将固体 $NH_4Cl(s)$ 放入真空容器中，恒温到 400K，$NH_4Cl(s)$ 按下式分解并达到平衡：$NH_4Cl(s) = NH_3(g) + HCl(g)$ 系统的组分数 C 和自由度数 f 为（　）。

A. $C=1$，$f=0$　B. $C=2$，$f=2$

C. $C=2$，$f=0$　D. $C=1$，$f=1$

二、判断题

1. 拉乌尔定律适用于理想液态混合物的溶剂。(　)
2. 以 Λ_m 对 $\sqrt{c}$ 作图，用外推法可以求得弱电解质的无限稀释摩尔电导率。(　)
3. 通常接触角小于 90°称为润湿。(　)
4. 正负离子的迁移数之和小于 1。(　)
5. 渗透压不是理想稀溶液的特征。(　)
6. 空气中的肥皂泡产生的附加压力为 $2\gamma/r$。(　)

三、填空题

1. 历史上曾提出过两类永动机，第一类永动机指的是__________。因为它违反了__________，所以造不出来。第二类永动机指的是__________就能做功的机器，它并不违反__________，但它违反了__________，故也造不出来。

2. 在毛细管内，某液体若能__________管壁，管内液体将呈__________液面，蒸汽对平面液体尚未__________，但是对于它来说已经__________，这

时蒸汽在毛细管内将凝结为液体，这种现象称为＿＿＿＿＿＿＿＿＿。

四、计算题

1. 将温度均为300K，压力均为100kPa的100dm^3的$H_2(g)$与50dm^3的$CH_4(g)$恒温恒压混合，求此过程的ΔS。
2. 某双原子理想气体1mol从始态350K，200kPa，经过如下两个不同过程达到各自的平衡态，求各过程的功W。
   （1）恒温可逆膨胀到50kPa。
   （2）绝热反抗50kPa恒外压不可逆膨胀。
3. 求反应$4CuO(s) = 2Cu_2O(s) + O_2(g)$ 25℃时的$\Delta_r H_m^\ominus$，$\Delta_r G_m^\ominus$，$\Delta_r S_m^\ominus$。若使CuO在空气中分解为Cu_2O和O_2，至少需要热到多少度？已知空气中含O_2为21%，设反应的$\Delta_r C_{p,m} = 0$。已知25℃时，CuO(s)和$Cu_2O(s)$的$\Delta_f H_m^\ominus$分别为$-157.3kJ\cdot mol^{-1}$及$-168.8kJ\cdot mol^{-1}$，CuO(s)，$Cu_2O(s)$和$O_2(g)$的$S_m^\ominus$分别为$42.63J\cdot mol^{-1}\cdot K^{-1}$，$93.14J\cdot mol^{-1}\cdot K^{-1}$，$205.14J\cdot mol^{-1}\cdot K^{-1}$。
4. 电池$Zn(s)|Zn^{2+}(a=0.1)||Cu^{2+}(a=0.1)|Cu(s)$。已知298K时，标准电极电势为：$\varphi^\ominus(Cu^{2+}/Cu) = 0.337V$，$\varphi^\ominus(Zn^{2+}/Zn) = -0.763V$，写出电极及电池反应，计算（1）电池的标准电动势；（2）电池反应的标准吉布斯函数变化；（3）电池反应的平衡常数。
5. 下图为两组分凝聚系统的温度组成图。请标明8个区分别存在的物质和状态，并画出a，b两点的步冷曲线。

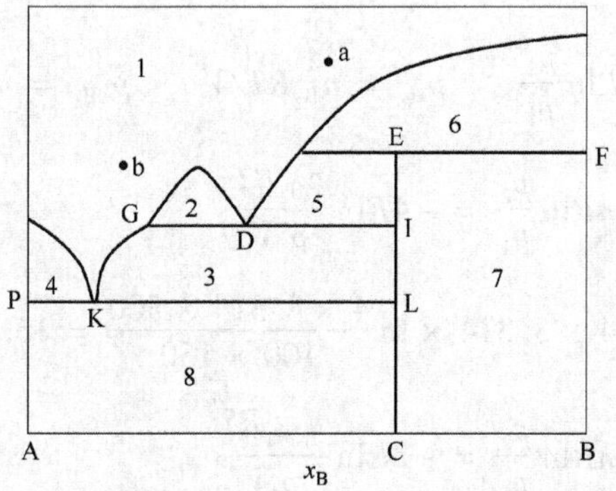

6. 氧乙烯的热分解反应为一级反应：

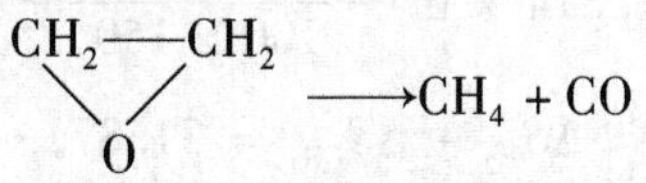

在378.5℃时的半衰期为363min。求378.5℃和450℃分解75%所需的时间。已知该反应的活化能为$217600J\cdot mol^{-1}$。

模拟试卷（二）答案

一、选择题

1. C　2. B　3. A　4. A　5. A　6. C　7. B
8. D　9. C　10. A　11. B　12. A　13. B　14. A

二、判断题

1. 错　2. 错　3. 对　4. 错　5. 错　6. 错

三、填空题

1. 不需要消耗能量就能源源不断地对外做功的机器，热力学第一定律，从单一热源吸热，热力学第一定律，热力学第二定律
2. 润湿，凹，饱和，过饱和，毛细管凝结

四、计算题

1. 解：

$$n_{H_2} = \frac{pV}{RT} = \frac{100 \times 100}{8.314 \times 300} = 4\text{mol}$$

$$n_{CH_4} = \frac{pV}{RT} = \frac{100 \times 50}{8.314 \times 300} = 2\text{mol}$$

$$\Delta S = -nR\ln\frac{p_2}{p_1} \qquad p_{H_2} = n_{H_2}RT/V \qquad p_{CH_4} = n_{CH_4}RT/V$$

$$\Delta S_{H_2} = -nR\ln\frac{p_2}{p_1} = -4R\ln\frac{n_{H_2}RT}{p_1 V}$$

$$= -4 \times 8.314 \times \ln\frac{4 \times 8.314 \times 300}{100 \times 150} = 13.56\text{J} \cdot \text{K}^{-1}$$

$$\Delta S_{CH_4} = -nR\ln\frac{p_2}{p_1} = -2R\ln\frac{n_{CH_4}RT}{p_1 V}$$

$$= -2 \times 8.314 \times \ln\frac{2 \times 8.314 \times 300}{100 \times 150} = 18.31\text{J} \cdot \text{K}^{-1}$$

$$\Delta S = \Delta S_{H_2} + \Delta S_{CH_4} = 31.87\text{J} \cdot \text{K}^{-1}$$

2. 解：（1）$W = -nRT\ln\frac{p_1}{p_2} = 1 \times 8.314 \times 350 \times \ln\frac{50}{200} = -4.034\text{kJ}$

（2）$Q=0$

$\Delta U = W$

$$nC_{V,m}(T_2 - T_1) = -p_{外}(V_2 - V_1)$$

$$p_{外} = p_2$$

得
$$nC_{V,m}(T_2 - T_1) = -nRT_2 + nRT_1\left(\frac{p_2}{p_1}\right)$$

$$T_2 = \frac{\left[C_{V,m} + \left(\frac{p_2}{p_1}\right)R\right]}{C_{V,m} + R} \times T_1 = \frac{5.5R}{7R}T_1 = 275\text{K}$$

$$W = \Delta U = nC_{V,m}(T_2 - T_1)$$
$$= 1\text{mol} \times \frac{5}{2} \times 8.314\text{J}\cdot\text{mol}^{-1}\cdot\text{K}^{-1} \times (275 - 350)\text{K}$$
$$= -1.559\text{kJ}$$

3. **解**：$\Delta_r H_m^\ominus = 2\Delta_f H_m^\ominus(Cu_2O) - 4\Delta_f H_m^\ominus(CuO) = 291.6\text{kJ}\cdot\text{mol}^{-1}$

$\Delta_r S_m^\ominus = 2S_m^\ominus(Cu_2O) + S_m^\ominus(O_2) - 4S_m^\ominus(CuO) = 220.9\text{J}\cdot\text{mol}^{-1}$

$\Delta_r G_m^\ominus = \Delta_r H_m^\ominus - T\Delta_r S_m^\ominus = 291.6 \times 1000 - 298 \times 220.9 = 225.8\text{kJ}\cdot\text{mol}^{-1}$

$\Delta_r G_m = \Delta_r H_m^\ominus - T\Delta_r S_m^\ominus < 0$, $291600 - T \times 220.9 < 0$

解得 $T > 1320\text{K}$，即 $T > 1047℃$

4. **解**：负极（氧化反应）：$Zn(s) \rightarrow Zn^{2+}(a_{Zn}) + 2e$

正极（还原反应）：$Cu^{2+}(a_{Cu}) + 2e \rightarrow Cu(s)$

电池反应：$Zn(s) + Cu^{2+}(a_{Cu}) \rightarrow Zn^{2+}(a_{Zn}) + Cu(s)$

（1）反应中 $z=2$，$E^\ominus = \varphi^\ominus(Cu^{2+}/Cu) - \varphi^\ominus(Zn^{2+}/Zn)$

$$= 0.337\text{V} - (-0.763\text{V}) = 1.100\text{V}$$

$E = \varphi^\ominus(Cu^{2+}/Cu) - \varphi^\ominus(Zn^{2+}/Zn) = E^\ominus - (RT/ZF)\ln a_{Zn}/a_{Cu} = 1.100\text{V}$

（2）$\Delta_r G_m^\ominus = -zFE = -2 \times 96500\text{C}\cdot\text{mol}^{-1} \times 1.100\text{V} = -212.3\text{kJ}\cdot\text{mol}^{-1}$

（3）$\Delta_r G^\ominus = -RT\ln K^\ominus = -nFE$

$\ln K^\ominus = 2 \times 1.100\text{V} \times 96485\text{C}\cdot\text{mol}^{-1}/(8.314\text{J}\cdot\text{K}^{-1}\cdot\text{mol}^{-1} \times 298\text{K}) = 85.675$

$K^\ominus = 1.62 \times 10^{37}$

5. **解**：

1	2	3	4	5	6	7	8
l	$l_1 + l_2$	l + C(s)	l + A(s)	l + C(s)	l + B(s)	C(s) + B(s)	C(s) + A(s)

a

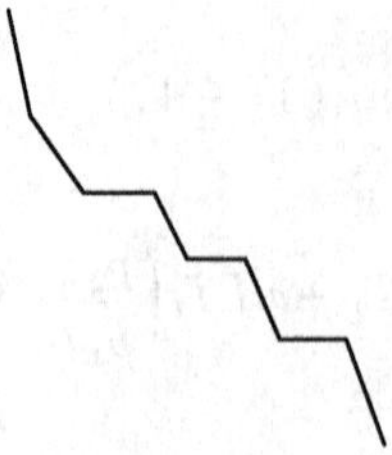

b

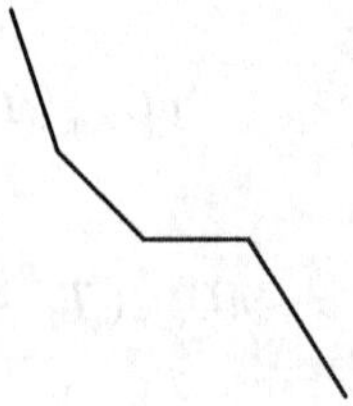

6. **解**：一级反应是半衰期 $t_{1/2} = \dfrac{\ln 2}{k}$

378.5℃时的速率系数为 $k_1 = \dfrac{\ln 2}{t_{1/2}} = \dfrac{\ln 2}{363\text{min}} = 1.91 \times 10^{-3}\ \text{min}^{-1}$

378.5℃时，当氧乙烯分解 75% 时，根据速率方程求得所用时间为

$$t_1 = \frac{1}{k_1}\ln\frac{c_0}{c} = \frac{1}{k_1}\ln\frac{c_0}{0.25c_0} = \frac{1}{1.91 \times 10^{-3}\ \text{min}^{-1}}\ln\frac{1}{0.25} = 726\text{min}$$

根据阿仑尼乌斯方程 $\ln\dfrac{k_2}{k_1} = \dfrac{E(T_2 - T_1)}{RT_2T_1}$，计算 450°C 时反应的速率系数为

$$\ln\frac{k_2}{1.91 \times 10^{-3}\ \text{min}^{-1}} = \frac{217600\text{J} \cdot \text{mol}^{-1}(723\text{K} - 651.5\text{K})}{8.314\text{J} \cdot \text{mol}^{-1} \cdot \text{K}^{-1} \times 723\text{K} \times 651.5\text{K}} = 3.973$$

所以 $k_2 = 0.1015\ \text{min}^{-1}$

从而求得 450℃时，分解 75% 所用的时间为

$$t_2 = \frac{1}{k_2}\ln\frac{c_0}{c} = \frac{1}{k_2}\ln\frac{c_0}{0.25c_0} = \frac{1}{0.1015\ \text{min}^{-1}}\ln\frac{1}{0.25} = 13.7\text{min}$$

模拟试卷（三）

一、选择题

1. 零级反应的速率方程为（　）。

A. $c_{A0}-c_A=kt$　　B. $\frac{1}{c_{A0}}\times\frac{x_A}{1-x_A}$

C. $c_A=c_{A0}e^{-kt}$　　D. $\ln\frac{1}{1-x_A}=kt$

2. 盐碱地中农作物长势不良，主要原因是（　）。

A. 天气太热　　B. 很少下雨

C. 肥料不足　　D. 水分倒流

3. 一级反应半衰期为（　）。

A. $c_{A0}/2k$　　B. $1/kc_{A0}$

C. $\ln2/k$　　D. $1/2kc_{A0}$

4. 光化反应 $M+h\nu\rightarrow A+B$ 的速率（　）。

A. 只与 M 的浓度有关　　B. 只与光的强度有关

C. 与 M 的浓度及光的强度都有关　　D. 与光照时间有关

5. 绝热密闭钢瓶中所发生的化学反应的 ΔH（　）。

A. 大于零　　B. 小于零

C. 等于零　　D. 不确定

6. 化学吸附的特征之一是（　）。

A. 吸附是多分子层的　　B. 吸附无选择性

C. 吸附能近似等于气体凝结热　　D. 吸附是单分子层的

7. $Q_V=\Delta U$ 的应用条件是（　）。

A. 恒容，非体积功为零　　B. 恒压，非体积功为零

C. 非体积功为零　　D. 恒温，非体积功为零

8. 两个烧杯各有 1 kg 水，向 A 杯中加入 0.01mol 蔗糖，向 B 杯中加入 0.01mol NaCl，待两种溶质完全溶解后，两只烧杯按同样的速度冷却降温，则（　）。

A. A 杯先结冰　　B. B 杯先结冰

C. 两杯同时结冰　　D. 不能预测结冰的先后

9. 在一个绝热的刚壁容器中，发生一个化学反应，使系统的温度从 T_1 升高到 T_2，压力从 p_1 升高到 p_2，则（　）。

A. $Q>0$，$W<0$，$\Delta U<0$　　B. $Q=0$，$W=0$，$\Delta U=0$

C. $Q=0$，$W<0$，$\Delta U<0$　　　　D. $Q>0$，$W=0$，$\Delta U>0$

10. 常温下气态 N_2，H_2，NH_3 系统，其组分数，自由度分别为（　）。

A. 2，1　　　　B. 1，2

C. 2，0　　　　D. 3，4

二、判断题

1. 亨利定律适用于理想液态混合物。(　)
2. 隔离系统中不可能进行熵增大的反应。(　)
3. 复杂反应是由若干个基元反应组成的，所以复杂反应的分子数是基元反应分子数之和。(　)
4. 任何一个化学反应都可以用 $\Delta_r G_m^{\ominus}$ 来判断其反应进行的方向。(　)
5. 蒸气压下降是理想稀溶液的特征。(　)
6. 平面液体依然存在附加压力。(　)
7. 组分数就相当于物种数。(　)
8. 在电解池中，阳极极化就是使其电极电势升高。(　)
9. 三分子反应是不可能发生的。(　)
10. 反应级数可能是分数。(　)

三、填空题

1. 催化剂________催化反应，但反应终了时，催化剂的________和______都不变。催化剂只是________达到平衡的时间，不改变__________。
2. 表面活性物质的分子都是由________和________构成。它能够降低溶液的________，因而在溶液表面形成________吸附。表面活性物质的亲水性可以用____________来表示。

四、计算题

4mol 单原子理想气体从始态 750K，150kPa，先恒容冷却使压力降至 50kPa，再恒温可逆压缩到 100kPa，求整个过程的 Q，W，ΔU，ΔH，ΔS。

五、计算题

（1）下列电池

$$\text{Pt}, H_2(p=100\text{kPa})\,|\,HCl(a_{\pm}=1)\,|\,Cl_2(p=100\text{kPa}), \text{Pt} \qquad \varphi^{\ominus}_{Cl_2|Cl^-}=1.359\text{V}$$

写出电池反应，求 25℃ 时电池反应的吉布斯函数变化。此反应是否为自发反应?

（2）25℃时，7mol·kg^{-1} HCl 溶液的离子的平均活度系数 $\gamma_{\pm}=4.66$，液面上 HCl(g)的平衡分压为 0.0464kPa。利用（1）的数据及计算结果求 25℃时反应 $H_2(g)+Cl_2(g)\rightarrow 2HCl(g)$ 的 $\Delta G_m^{\ominus}$。

六、计算题

乙烯在汞蒸气存在下的氢化反应为 $C_2H_4+H_2\rightarrow C_2H_6$，此反应的一个可能的机理是：

$$Hg + H_2 \xrightarrow{k_1} Hg + 2H^*$$

$$H^* + C_2H_4 \xrightarrow{k_2} C_2H_5$$

$$C_2H_5 + H_2 \xrightarrow{k_3} C_2H_6 + H^*$$

$$H^* + H^* \xrightarrow{k_4} H_2$$

对活泼质点 C_2H_5 和 H^* 可按稳态法处理。试证明速率方程是：

$$\frac{dc_{C_2H_6}}{dt}=kc_{Hg}^{1/2}c_{H_2}^{1/2}c_{C_2H_4}$$

模拟试卷（三）答案

一、选择题

1. A　2. D　3. C　4. B　5. D　6. D　7. A　8. A　9. B　10. D

二、判断题

1. 错　2. 错　3. 错 4. 错　5. 对　6. 错　7. 错　8. 对　9 错　10. 对

三、填空题

1. 参与，化学性质，数量，缩短，平衡状态。
2. 极性基团，非极性基团，表面张力，正，HLB 值（或亲水亲油平衡值）

四、解：

$$V_1 = \frac{4 \times 8.314 \times 750}{150 \times 10^3} = 0.166\text{m}^3$$

$$T_2 = \frac{0.166 \times 50 \times 10^3}{4 \times 8.314} = 250\text{K}$$

$$W = nRT\ln\frac{p_2}{p_1} = 4 \times 8.314 \times 250 \times \ln\frac{100}{50} = 5.763\text{kJ}$$

$$\Delta U = nC_{V,\text{m}}(T_2 - T_1) = 4 \times \frac{3}{2}R \times (250 - 750) = -24.94\text{kJ}$$

$$\Delta H = nC_{p,\text{m}}(T_2 - T_1) = 4 \times \frac{5}{2}R \times (250 - 750) = -41.57\text{kJ}$$

$$\Delta S = nC_{p,\text{m}}\ln\frac{T_2}{T_1} - nR\ln\frac{p_2}{p_1} = 4 \times R \times \left(\frac{5}{2}\ln\frac{250}{750} - \ln\frac{100}{150}\right) = -77.86\text{kJ}$$

$$Q = \Delta U - W = -24.94 - 5.763 = -30.7\text{kJ}$$

五、解：（1）电池反应 $H_2(100\text{kPa}) + Cl_2(100\text{kPa}) = 2HCl(a_{\pm} = 1)$

$$\Delta_r G_m = \Delta_r G_m^{\ominus} + RT\ln J_a = -ZFE^{\ominus} + RT\ln\frac{a_{HCl}^2}{\left(\frac{p_{H_2}}{p^{\ominus}}\right)\left(\frac{p_{Cl_2}}{p^{\ominus}}\right)}$$

$$= -ZFE^{\ominus} = -2 \times 96485\text{C}\cdot\text{mol}^{-1} \times 1.359\text{V}$$

$$= -262246\text{J}\cdot\text{mol}^{-1} < 0$$

表明该反应可以自发进行。

（2）由上面计算可知反应(1) $H_2(100\text{kPa}) + Cl_2(100\text{kPa}) = 2HCl(a_{\pm} = 1)$

由25℃时，$2HCl(aq,7mol\cdot kg^{-1})$与$2HCl(g)$平衡

$$2HCl(aq,7mol\cdot kg^{-1}) \rightleftharpoons 2HCl(g) \quad (2)$$

计算反应（2）的$\Delta_r G^{\ominus}_{m,2}$为

$$\Delta_r G^{\ominus}_{m,2} = -RT\ln K^{\ominus} = -RT\ln \frac{\left(\frac{p_{HCl}}{p^{\ominus}}\right)^2}{a^2_{HCl}}$$

$$= -8.314J\cdot mol^{-1}\cdot K^{-1}\times 298K\times \ln \frac{\left(\frac{0.0464kPa}{100kPa}\right)^2}{(4.66\times 7)^4}$$

$$=72570J\cdot mol^{-1}$$

反应(1)+(2)得(3)

$$H_2(100kPa)+Cl_2(100kPa)=2HCl(g)$$

$$\Delta_r G^{\ominus}_{m,3}=\Delta_r G^{\ominus}_{m,1}+\Delta_r G^{\ominus}_{m,2}$$

$$=-262246J\cdot mol^{-1}+72570J\cdot mol^{-1}$$

$$=-189676J\cdot mol^{-1}$$

六、解：

对活泼质点C_2H_5和H^*按稳态法处理，即C_2H_5和H^*的浓度不随时间变化，则有

$$\frac{dc_{H^*}}{dt}=2k_1c_{Hg}c_{H_2}-k_2c_{H^*}c_{C_2H_4}+k_3c_{C_2H_5}c_{H_2}-2k_4c^2_{H^*}=0 \quad (1)$$

$$\frac{dc_{C_2H_5}}{dt}=k_2c_{H^*}c_{C_2H_4}-k_3c_{C_2H_5}c_{H_2}=0 \quad (2)$$

$$k_2c_{H^*}c_{C_2H_4}=k_3c_{C_2H_5}c_{H_2} \quad (3)$$

以C_2H_6浓度对时间的变化率表示的反应速率为

$$\frac{dc_{C_2H_6}}{dt}=k_3c_{C_2H_5}c_{H_2} \quad (4)$$

式(1)+式(2)得

$$2k_1c_{Hg}c_{H_2}-2k_4c^2_{H^*}=0$$

所以 $$c_{H^*}=\sqrt{\frac{k_1}{k_4}c_{Hg}c_{H_2}} \quad (5)$$

将式（4）、式(5)代入式(3)得

$$\frac{dc_{C_2H_6}}{dt}=k_2\sqrt{\frac{k_1}{k_4}c_{Hg}c_{H_2}}\times c_{C_2H_4}=kc^{1/2}_{Hg}c^{1/2}_{H_2}c_{C_2H_4}$$

模拟试卷（四）

一、判断题

1. 流动电势和电渗都是溶胶的电动现象。（　）
2. 恒沸混合物是一种化合物。（　）
3. 乳状液有 W/O 有 O/W 两种类型。（　）
4. 聚沉值越大，聚沉能力越大。（　）
5. 胶体粒子可以通过半透膜。（　）
6. 入射光的波长小于分散相粒子的尺寸时发生散射。（　）
7. 通常接触角小于 90°称为润湿。（　）
8. 表面活性物质的亲水亲油平衡值以 HLB 值表示。（　）
9. 临界胶束浓度是形成一定形状的胶束所需表面活性物质的最低浓度。（　）
10. 正逆反应的活化能之差等于反应的摩尔恒容热。（　）
11. 物理吸附具有选择性。（　）
12. 催化剂改变了反应机理。（　）
13. 量子效率不可能大于 1。（　）
14. 金属电极属于第三类电极。（　）
15. 滑动面即斯特恩面。（　）

二、填空题

1. 表面活性物质可以显著________溶液表面张力。
2. 极性吸附剂易于从________溶剂中吸附 ________溶质。
3. 化学吸附特性：________，________，________，________，________。
4. ζ 电势越大，溶胶系统越________
5. 凹面液体的曲率半径越小，饱和蒸气压越________。
6. 电极极化的结果是，电解池的端电压____，原电池端点的电势差____。

三、计算题

在 291K 和 101.325kPa 压力下，1mol Zn(s)溶于足量稀盐酸中，置换出 1mol H_2并放热 152kJ，若以 Zn 和盐酸为系统，求该反应所做的功及系统热力学能的变化。

四、图形题

下图为 A，B 两组分凝聚系统平衡相图。t_A^*，t_B^* 分别为 A，B 的熔点。

(1) 请根据所给相图列表填写Ⅰ至Ⅵ各相区的相数、相的聚集态及成分、自由度数；(2) 系统点 a_0降温经过 a_1，a_2，a_3，a_4，写出在 a_1，a_2，a_3和 a_4点系统相态发生的变化。

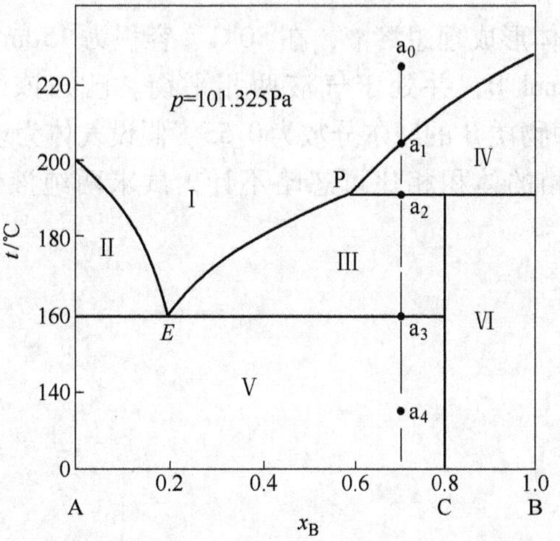

五、计算题

反应 $2NO + O_2 \rightarrow 2NO_2$ 的反应机理及各元反应的活化能为：

$$2NO \longrightarrow N_2O_2 \qquad E_1 = 82kJ \cdot mol^{-1}$$

$$N_2O_2 \longrightarrow 2NO \qquad E_{-1} = 205kJ \cdot mol^{-1}$$

$$N_2O_2 + O_2 \longrightarrow 2NO_2 \qquad E_2 = 82kJ \cdot mol^{-1}$$

设前两个元反应达平衡，试用平衡态处理法建立总反应的动力学方程式，并求表观活化能。

六、计算题

用毛细管上升法测定某液体的表面张力。此液体的密度为 $0.790g \cdot cm^{-3}$，在半径为 0.235mm 的玻璃毛细管中上升的高度为 $2.56 \times 10^{-2}m$，设此液体能很好地润湿玻璃，请计算此溶液的表面张力。

七、计算题

把电导率为 $0.141\Omega^{-1} \cdot m^{-1}$ 的 KCl 溶液置于电导池中，在 25℃ 测得其电阻为 525Ω。若在上述电导池中改装入 $0.1mol \cdot dm^{-3}$ 的 NH_4OH 溶液，在 25℃时测得电阻为 2030Ω。已知：NH_4^+ 的 Λ_m^∞ 为 $73.4 \times 10^{-4}\Omega^{-1} \cdot m^2 \cdot mol^{-1}$；$OH^-$ 的 Λ_m^∞

为 $198.0\times10^{-4}\Omega^{-1}\cdot m^2\cdot mol^{-1}$。试计算 0.1mol·$dm^{-3}$的 NH_4OH 溶液在 25℃时的解离度 α 及解离常数 $K^{\ominus}$。

八、计算题

A，B 两种纯液体形成理想溶液，在 80℃、容积为 $15dm^3$ 的真空容器中，加入 0.3mol A 和 0.5mol B，并处于气液两相平衡。已知该平衡系统的压力为 102.656kPa，液相中物质 B 的摩尔分数为 0.55。假设气体为理想气体，容器中液相所占的体积与气相的体积相比可忽略不计，试求两纯液体在 80℃的饱和蒸气压。

模拟试卷（四）答案

一、判断题

1. 对　2. 错　3. 对　4. 错　5. 错　6. 错　7. 对　8. 对
9. 对　10. 对　11. 错　12. 对　13. 错　14. 错　15. 错

二、填空题

1. 降低　2. 非极性，极性　3. 单分子层，化学键力，选择性，吸附热大，不可逆　4. 稳定　5. 越小　6. 增大，减少

三、解：

$$Zn(s) + 2H^+ \Longrightarrow Zn^{2+} + H_2(g)$$

$$V_{H_2} = \frac{RT}{p} = \frac{8.314 \times 291}{101325} = 0.024 m^3$$

$$W = -p\Delta V = -pV_g = -nRT = -8.314 \times 291 = 2419.4J$$

$$\Delta_r U = Q + W = -152 - 2.42 = -154.42 kJ \cdot mol^{-1}$$

四、解：

(1) Ⅰ区：相数 $P=1$，聚集态及成分分别是：l(A+B)，自由度 $F=C-P+1=2$
Ⅱ区：相数 $P=2$，聚集态及成分分别是：l(A+B)+s(A)，自由度 $F=1$
Ⅲ区：相数 $P=2$，聚集态及成分分别是：l(A+B)+s(C)，自由度 $F=1$
Ⅳ区：相数 $P=2$，聚集态及成分分别是：l(A+B)+s(B)，自由度 $F=1$
Ⅴ区：相数 $P=2$，聚集态及成分分别是：s(A)+s(C)，自由度 $F=1$
Ⅵ区：相数 $P=2$，聚集态及成分分别是：s(B)+s(C)，自由度 $F=1$

(2) a_1点时液相析出 s(B)；a_2点时发生包晶反应 $l + s(B) \rightarrow s(C)$；$a_3$点时发生共晶反应 $l \rightarrow s(A) + s(C)$；$a_4$点时 s(A)，s(C)两固态不发生变化。

五、解：由前两个元反应达平衡，得

$$k_1 (c_{NO})^2 = k_{-1} c_{N_2O_2}$$

所以

$$c_{N_2O_2} = \frac{k_1}{k_{-1}} (c_{NO})^2$$

$$\frac{dc_{NO_2}}{dt}=2k_2c_{N_2O_2}c_{O_2}=2k_2\frac{k_1}{k_{-1}}(c_{NO})^2c_{O_2}$$

$$=\frac{2k_1k_2}{k_{-1}}(c_{NO})^2c_{O_2}=k(c_{NO})^2c_{O_2}$$

$$k=\frac{2k_1k_2}{k_{-1}}$$

然后，对 k 取对数，并对温度 T 求导数

$$\frac{d\ln k}{dT}=\frac{d\ln 2}{dT}+\frac{d\ln k_1}{dT}+\frac{d\ln k_2}{dT}-\frac{d\ln k_{-1}}{dT}$$

再由阿仑尼乌斯公式，得

$$E_a=E_1+E_2-E_{-1}$$

代入数值，得 $E_a=(82+82-205)\,kJ\cdot mol^{-1}=-41\,kJ\cdot mol^{-1}$。

六、解： $h=\dfrac{2\sigma_{gl}\cos\theta}{\rho gR}$

因为此液体能很好地润湿玻璃，所以认为接触角 $\theta\approx0°$

$$\sigma_{gl}=\frac{hR\rho g}{2\cos\theta}=\frac{2.56\times10^{-2}\times0.235\times10^{-3}\times0.790\times10^{6}\times9.8}{2\cos0}=23.3\,N\cdot m^{-1}$$

七、解：

$$\kappa=\frac{1}{R}\frac{l}{A}$$

$$0.141=\frac{1}{525}\times\frac{l}{A}$$

$$\frac{l}{A}=74.03\,m^{-1}$$

NH_4OH 溶液的电导率为 $\kappa=\dfrac{1}{2030}\times74.03=3.65\times10^{-2}\,\Omega^{-1}\cdot m^{-1}$

$$\Lambda_m=\frac{\kappa}{c}=\frac{0.0365}{0.1\times1000}=0.000365\,\Omega^{-1}\cdot m^2\cdot mol^{-1}$$

$$\alpha=\frac{\Lambda_m}{\Lambda_m^{\infty}}=\frac{0.000365}{(73.4+198.0)\times10^{-4}}=0.01345$$

$$NH_4OH \rightleftharpoons NH_4^{+}+OH^{-}$$

解离前： c 0 0

解离平衡时： $c(1-\alpha)$ $c\alpha$ $c\alpha$

$$K^{\ominus}=\frac{(c\alpha/c^{\ominus})^2}{c(1-\alpha)/c^{\ominus}}=\frac{\alpha^2}{1-\alpha}\times\frac{c}{c^{\ominus}}$$

$$K^{\ominus} = \frac{0.01345^2}{1 - 0.01345} \times \frac{0.1}{1} = 1.833 \times 10^{-5}$$

八、解：

$pV = n(\mathrm{g})RT$, $102.656 \times 10^3 \times 15 \times 10^{-3} = n(\mathrm{g}) \times 8.314 \times (273 + 80)$

$n(\mathrm{g}) = 0.524\mathrm{mol}$

$n(\mathrm{l}) = 0.8 - 0.524 = 0.276\mathrm{mol}$

液相中 $x_{\mathrm{B}} = 0.55$, $n(\mathrm{B},\mathrm{l}) = 0.276 \times 0.55 = 0.152\mathrm{mol}$

则 $n(\mathrm{B},\mathrm{g}) = 0.5 - 0.152 = 0.348\mathrm{mol}$

$n(\mathrm{A},\mathrm{l}) = 0.276 \times 0.45 = 0.124\mathrm{mol}$,则 $n(\mathrm{A},\mathrm{g}) = 0.3 - 0.124 = 0.176\mathrm{mol}$

$py_{\mathrm{A}} = p_{\mathrm{A}}^* x_{\mathrm{A}}$, $102.656 \times \dfrac{0.176}{0.176 + 0.348} = p_{\mathrm{A}}^* \times 0.45$, $p_{\mathrm{A}}^* = 76.62\mathrm{kPa}$

$py_{\mathrm{B}} = p_{\mathrm{B}}^* x_{\mathrm{B}}$, $102.656 \times \dfrac{0.348}{0.176 + 0.348} = p_{\mathrm{B}}^* \times 0.55$, $p_{\mathrm{B}}^* = 123.96\mathrm{kPa}$

模拟试卷（五）

一、判断题

1. 正负离子的迁移数之和小于1。（　）
2. 组分数等于物种数减去化学反应数。（　）
3. 溶胶具有动力稳定性。（　）
4. 扩散双电层模型是目前最合理的理论模型。（　）
5. $Fe(OH)_3$溶胶带正电。（　）
6. 布朗运动就是分子的热运动。（　）
7. 表面活性剂的分子模型为，其中○表示非极性基团。（　）
8. 临界胶束浓度以 cmc 表示。（　）
9. HLB 值愈大，表示该表面活性物质的亲水性愈强。（　）
10. 一级反应就是单分子反应。（　）
11. 催化剂改变了反应热。（　）
12. 物理吸附具有可逆性。（　）
13. 光化反应的发生是依靠光活化。（　）
14. 链反应由链的引发和链的传递两步组成。（　）
15. 丹尼尔电池是双液电池。（　）

二、填空题

1. 电流通过电极时，电极电势偏离______________的现象称为电极的极化。
2. 极化分为两种，即______________和______________。
3. 微小液滴的饱和蒸气压______________相应平液面的饱和蒸气压。
4. 亚稳状态举例：______________、______________、______________。
5. 表面活性物质可以显著降低溶液的______________。
6. 非极性吸附剂易于从______________溶剂中吸附______________溶质。

三、图形题

下图为 Mg-Sn 相图，组成为摩尔分数，问要在 600g 的 Mg_2Sn 中加入多少克 Sn，方才能使凝固点降低到 600℃？已知：低共熔点 C 温度为 203.5℃，组成 $x_{Mg}=0.157$；低共熔点 D 温度为 580℃，$x_{Mg}=0.88$；600℃时化合物 $Mg_2Sn(s)$与组成为 $x_{Mg}=0.40$ 的溶液共存。Mg 和 Sn 的摩尔质量分别为 $24.3g \cdot mol^{-1}$ 和 $118.7g \cdot mol^{-1}$。

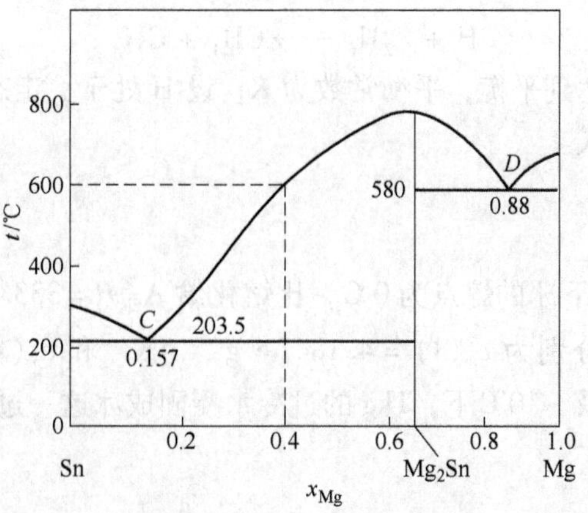

四、计算题

把 0.1mol · dm^{-3} KCl 水溶液置于电导池中，在 25℃ 测得其电阻为 24.36Ω。已知该水溶液的电导率为 1.164$\Omega^{-1} \cdot m^{-1}$，而纯水的电导率为 $7.5 \times 10^{-6}\Omega^{-1} \cdot m^{-1}$，若在上述电导池中改装入 0.01mol · dm^{-3} 的 HOAc，在 25℃时测得电阻为 1982Ω，试计算 0.01mol · dm^{-3} HOAc 的水溶液在 25℃时的摩尔电导 Λ_m。

五、计算题

在 25℃，标准压力条件下，以 Pt 为阴极，石墨为阳极，电解含有 $FeCl_2$（0.01mol · kg^{-1}）和 $CuCl_2$（0.02mol · kg^{-1}）的水溶液。若电解过程不搅拌溶液，并假设超电势均可忽略不计，问：(1) 何种金属离子先析出？(2) 第二种离子析出时，外加电压至少为多少？已知 $E^{\ominus}(Fe^{2+}|Fe) = -0.440V$，$E^{\ominus}(Cu^{2+}|Cu) = 0.337V$，$E^{\ominus}(H^+|O_2|Pt) = 1.229V$。

六、计算题

已知反应 $2HI \rightarrow I_2 + H_2$，在 508℃下，HI 的初始压力为 10132.5Pa 时，半衰期为 135min；而当 HI 的初始压力为 101325Pa 时，半衰期为 13.5min。试证明该反应为二级，并求出反应速率系（常）数（以 $dm^3 \cdot mol^{-1} \cdot s^{-1}$ 及以 $Pa^{-1} \cdot s^{-1}$ 表示）。

七、推导题

$H_2 \rightarrow 2CH_4$ 的反应机理如下：

$$C_2H_6 \longrightarrow 2CH_3$$

$$CH_3 + H_2 \xrightarrow{k_1} CH_4 + H$$

$$H + C_2H_6 \xrightarrow{k_2} CH_4 + CH_3$$

设第一个反应达到平衡，平衡常数为 K；设 H 处于稳定态，试建立 CH_4生成速率的动力学方程式。

八、计算题

已知在 100kPa 下冰的熔点为 0℃，比熔化焓 $\Delta_{fus}H = 333.3 J \cdot g^{-1}$。过冷水和冰的质量定压热容分别为 $c_p(l) = 4.184 J \cdot g^{-1} \cdot K^{-1}$ 和 $c_p(s) = 2.000 J \cdot g^{-1} \cdot K^{-1}$。求在 100kPa 及 -10℃下，1kg 的过冷水凝固成冰这一过程的 Q，ΔS 及隔离系统的 ΔS_{iso}。

模拟试卷（五）答案

一、判断题

1. 错　2. 错　3. 对　4. 错　5. 对　6. 错　7. 对　8. 对
9. 对　10. 错　11. 错　12. 对　13. 对　14. 错　15. 对

二、填空题

1. 平衡电极电势　2. 浓差极化，电化学极化　3. 大于　4. 过饱和蒸气，过冷液体，过热液体，过饱和溶液（任选3）　5. 表面张力（或表面吉布斯自由能）　6. 极性，非极性

三、解： 600g Mg_2Sn 中 Sn 和 Mg 的质量分别为

$$m_{Mg} = 600 \times \frac{2 \times 24.3}{2 \times 24.3 + 118.7} = 174g\ , m_{Sn} = 600 - 174 = 426g$$

$x_{Mg} = 0.40$ 的溶液，其中：

$$w_{Mg} = \frac{0.40 \times 24.3}{0.40 \times 24.3 + 0.60 \times 118.7} = 0.12$$

$$w_{Sn} = 0.88$$

含 Mg 174g 时对应的 Sn 质量应为 m'

则：174g：$m' = 0.12 : 0.88$，$m' = 1276g$

系统中原有 426g Sn，故应加入 Sn 质量 m_{Sn} 为

$$m_{Sn} = 1276 - 426 = 850g$$

四、解：

$$\kappa_{KCl} = \kappa_{溶液} - \kappa_{H_2O}$$

$$= 1.164\Omega^{-1} \cdot m^{-1} - 7.5 \times 10^{-6}\Omega^{-1} \cdot m^{-1}$$

$$= 1.164\Omega^{-1} \cdot m^{-1}$$

$$l/A = \kappa_{KCl} R_{KCl}$$

$$l/A = \kappa_{HAc} R_{HAc}$$

$$k_{HAc} = \frac{R_{KCl}}{R_{HAc}} \times k_{KCl} = \frac{24.36}{1982} \times 1.164 = 0.0143\Omega^{-1} \cdot m^{-1}$$

$$\Lambda_{m\ HAc} = \frac{k_{HAc}}{c} = \frac{0.0143}{0.01 \times 10^3} = 1.43 \times 10^{-3}\Omega^{-1} \cdot m^2 \cdot mol^{-1}$$

五、解：

(1) $E(Fe^{2+}|Fe) = -0.44 - \frac{0.05916}{2}\lg\frac{1}{0.01} = -0.44 - 0.0592 = -0.4992V$

$$E(Cu^{2+}|Cu) = 0.337 - \frac{0.05916}{2}\lg\frac{1}{0.02} = 0.337 - 0.0503 = 0.2867V$$

由于 $E(Cu^{2+}|Cu) > E(Fe^{2+}|Fe)$，所以，Cu 先析出。

(2) 当在阴极上析出第二种离子 Fe^{2+}时，在阳极上将有 O_2气析出，即

$$\frac{1}{2}H_2O(l) = \frac{1}{4}O_2(p^{\ominus}) + H^+ + e^-$$

$$E(\text{阳极}) = E^{\ominus}(H^+|O_2|Pt) - \frac{RT}{F}\ln\frac{1}{a_{H^+}} = 1.229 - 0.05916\text{pH}$$

$$= 1.229 - 0.05916 \times 7 = 0.815V$$

所以至少需加的外加电压 E(外)：

$$E(\text{外}) = E(\text{阳极}) - E(\text{阴极}) = E(H^+|O_2|Pt) - E(Fe^{2+}|Fe)$$
$$= 0.815 - (-0.4992) = 1.3142V$$

六、解：

$$n = 1 + \frac{\ln(t_{1/2})_1 - \ln(t_{1/2})_2}{\ln p_{A0,2} - \ln p_{A0,1}} = 1 + \frac{\ln(135\text{min}/13.5)}{\ln(101325\text{Pa}/10132.5\text{Pa})} = 2$$

$$k_{A,p} = \frac{1}{t_{1/2}p_{A0}} = \frac{1}{135\text{min} \times 60\text{s}\cdot\text{min}^{-1} \times 10132.5\text{Pa}}$$
$$= 1.22 \times 10^{-8}\text{Pa}^{-1}\cdot\text{s}^{-1}$$

而 $k_{A,c} = k_{A,p}(RT)$

$$= 1.22 \times 10^{-8}\text{ Pa}^{-1}\cdot\text{s}^{-1} \times (8.314\text{J}\cdot\text{mol}^{-1}\cdot\text{K}^{-1} \times 781.15\text{K})$$
$$= 7.92 \times 10^{-5}\text{m}^3\cdot\text{mol}^{-1}\cdot\text{s}^{-1}$$
$$= 7.92 \times 10^{-2}\text{dm}^3\cdot\text{mol}^{-1}\cdot\text{s}^{-1}$$

七、解：

$$\frac{(c_{CH_3})^2}{c_{C_2H_4}} = K,\ \text{即}\ c_{CH_3} = (Kc_{C_2H_6})^{1/2}$$

$$\frac{dc_H}{dt} = k_1 c_{CH_3} c_{H_2} - k_2\, c_H c_{C_2H_6} = 0$$

$$\frac{dc_{CH_4}}{dt} = k_1 c_{CH_3} c_{H_2} + k_2 c_H c_{C_2H_6}$$
$$= 2k_1 c_{CH_3} c_{H_2}$$
$$= 2k_1 K^{1/2} (c_{C_2H_6})^{1/2} c_{H_2}$$
$$= k (c_{C_2H_6})^{1/2} c_{H_2}$$

八、解：

$$\begin{array}{ccc} H_2O(-10℃,100kPa,l,1kg) & \longrightarrow & H_2O(-10℃,100kPa,s,1kg) \\ \downarrow & & \uparrow \\ H_2O(0℃,100kPa,l,1kg) & \longrightarrow & H_2O(0℃,100kPa,s,1kg) \end{array}$$

$$Q = \Delta H = mc_p(l)(T_2 - T_1) - \Delta_{fus}H + mc_p(s)(T_1 - T_2)$$
$$= 1000 \times 4.184 \times (0 + 10) - 1000 \times 333.3 + 1000 \times 2.000 \times (-10)$$
$$= 41840 - 333300 - 20000 = -311.46kJ$$

$$\Delta S = m\int_{T_1}^{T_2} \frac{c_p(l)\,dT}{T} + \frac{\Delta H}{T_2} + m\int_{T_2}^{T_1} \frac{c_p(s)\,dT}{T}$$

$$\Delta S = 1000 \times 4.184 \ln\frac{273.15}{263.15} + \frac{-333.3 \times 1000}{273.15} + 1000 \times 2.000 \times \ln\frac{263.15}{273.15}$$
$$= 156.05 - 1220.21 - 74.59 = -1.14kJ \cdot K^{-1} \cdot mol^{-1}$$

$$\Delta S_{ex} = \frac{-Q_{sys}}{T} = \frac{311.46 \times 10^3}{263.15} = 1.18 \times 10^3 J \cdot K^{-1} \cdot mol^{-1}$$
$$= 1.18kJ \cdot K^{-1} \cdot mol^{-1}$$

$$\Delta S_{iso} = -1.14 + 1.18 = 0.04kJ \cdot K^{-1} \cdot mol^{-1}$$
$$= 40J \cdot K^{-1} \cdot mol^{-1}$$